高等职业技术教育土建类专业"十三五"规划教材

建 筑 CAD

主　编　张丽军
副主编　张祖斌　陈　畅
　　　　　宋红宇　傅文清

武汉理工大学出版社
·武汉·

内 容 提 要

本书结合建筑工程制图的实际情况,面向实际应用,面向初学者,较详尽地介绍了用计算机绘图软件 AutoCAD 2016 绘制建筑工程图纸的方法。全书共 8 个模块,4 个附录,模块 1 介绍 AutoCAD 2016 基础知识;模块 2 介绍基本图形的绘制与编辑;模块 3 介绍高级绘图与建筑图形技术;模块 4~模块 6 介绍建筑平面图、立面图、剖面图及大样详图的绘制;模块 7 介绍三维建模知识;模块 8 介绍建筑图形输出与数据交换;附录 1 介绍建筑制图标准;附录 2 介绍建筑 CAD 绘图设置说明;附录 3 介绍房屋建筑施工图相关概念;附录 4 提供某别墅套图。

本书结构合理、实例丰富、内容翔实、系统性强,适合作为建筑工程及相关专业的计算机绘图教材,同时也可作为相关专业工程技术人员的自学参考书。

图书在版编目(CIP)数据

建筑 CAD/张丽军主编. —武汉:武汉理工大学出版社,2017.7(2020.11 重印)
ISBN 978-7-5629-5504-7

Ⅰ.①建…　Ⅱ.①张…　Ⅲ.①建筑设计-计算机辅助设计-AutoCAD 软件-高等职业教育-教材　Ⅳ.①TU201.4

中国版本图书馆 CIP 数据核字(2017)第 086268 号

项目负责人:张淑芳　戴皓华	责任编辑:戴皓华
责 任 校 对:张明华	封面设计:芳华时代

出 版 发 行:武汉理工大学出版社
社　　　　址:武汉市洪山区珞狮路 122 号
邮　　　　编:430070
网　　　　址:http://www.wutp.com.cn
邮　　　　箱:1029102381@qq.com
印　刷　者:荆州市鸿盛印务有限公司
经　销　者:各地新华书店
开　　　　本:787×1092　1/16
印　　　　张:19
字　　　　数:474 千字
版　　　　次:2017 年 7 月第 1 版
印　　　　次:2020 年 11 月第 3 次印刷
印　　　　数:3000 册
定　　　　价:39.00 元

前　言

本书根据国家普通高等职业教育教学改革的要求编写,考虑到建筑工程施工技术的实际,由浅入深、循序渐进,以满足高等职业教育人才培养的需要,提高学生 AutoCAD 绘图的应用能力。

本书的主要特点是:①围绕 AutoCAD 在建筑工程施工中实际绘图过程,讲解基本知识点,基本知识点应用的实例尽量选择建筑图中的构件。②采用"项目教学法",通过典型建筑平面图、立面图、剖面图等绘制过程的举例,对所学知识点进行系统化梳理。③淡化理论知识、突出职业能力的培养,对每一模块均提供综合训练。

本书主要包括以下 8 个模块:

模块 1:介绍 AutoCAD 2016 的基础知识,围绕 AutoCAD 的用户界面、命令的特点与调用方法、坐标系与坐标值、图形对象选择、辅助绘图工具及视图调整展开,并介绍了图层的知识及其特性。

模块 2:介绍基本图形的绘制与编辑,按类区分基本二维图形的绘制,按功能区分基本二维图形的编辑,并加入了复杂线型和对象编辑等高级编辑方法。

模块 3:介绍高级绘图与建筑图形技术,主要包括图块及外部参照、样板图的创建及使用、资源管理、文字技术、尺寸标注和常用符号的标注技术、表格技术等相关内容。

模块 4:介绍建筑平面图的绘制,主要包括建筑平面图的定义、绘制内容及绘图要求,绘图环境设置和绘制平面图的步骤,本模块中的平面图均按照实际工程图绘制方法绘制,即首先绘制轴网与标注轴号,其次按绘制顺序介绍墙体、门窗、柱网、楼梯及文字和尺寸标注,形成完整的建筑平面图。

模块 5:介绍绘制建筑立面图的方法,主要包括建筑立面图的定义、绘制内容、绘制要求及绘制步骤。本模块的立面图均按照实际工程图绘制方法绘制,即先设置绘图环境,再绘制立面外轮廓线,绘制门窗及细部、文字和尺寸标注、图纸说明、目录及门窗表,形成完整的建筑立面图。

模块 6:介绍建筑剖面图及大样详图的绘制,主要包括建筑剖面图的定义、绘制内容、绘制要求及绘制步骤。按实际工程图绘制顺序介绍绘制建筑剖面图的步骤和方法,包括绘图环境设置,绘制轴线、编号、墙体、楼板与楼梯、开门洞与窗洞,绘制门窗以及文字和尺寸标注;大样详图主要绘制外墙轮廓大样,同时解决大样图中比例问题。

模块 7:介绍三维建模知识,主要包括三维坐标定位空间中的点,UCS 及动态 UCS 的使用方法,利用导航栏工具集在三维空间进行导航,三维图元的创建方法,三维实体的常见创建及编辑方法,并简要给出了某别墅三维建筑模型的创建方法。

　　模块 8:介绍建筑图形输出与数据交换,主要介绍模型空间与图纸空间的区别,在模型空间和图纸空间中输出图形的方法,特别强调单一比例打印出图和多比例打印出图问题。模块中还提供了 AutoCAD 与 Word、3ds Max 及 Photoshop 间的数据交换方法。

　　为方便读者快速查找相关知识,本书提供了 4 个附录。附录 1 提供了建筑制图标准,可方便读者按照国家制图标准绘图;附录 2 提供了建筑 CAD 绘图设置说明,方便读者快速查找设置过程;附录 3 介绍了房屋建筑施工图中的相关概念,帮助读者巩固相关识图概念;附录 4 提供了本书模块 4、模块 5 和模块 6 所涉及的整套建筑图,供读者学习与使用,通过对本套图纸的绘制,使读者能更系统地学习建筑平面图、立面图、剖面图以及大样详图的绘制技巧。

　　本书特别适合作为高等职业院校建筑工程技术等专业的计算机绘图教材,同时也可作为建筑设计工程技术人员的参考书。

　　本书由河北省唐山市建筑工程学校张丽军任主编,湖北职业技术学院张祖斌、长江工程职业技术学院陈畅、河北省唐山市市政建设总公司宋红宇和河北省石家庄市城乡建设学校傅文清担任副主编。具体的编写分工为:模块 1 和模块 8 由张祖斌编写;模块 2、模块 5、附录 1～附录 3 由张丽军编写;模块 3、模块 6 由宋红宇编写;模块 4 由陈畅编写;模块 7 和附录 4 由傅文清编写。

　　由于水平有限,加之时间仓促,书中难免存在遗漏和错误之处,恳请广大读者批评指正。

　　　　　　　　　　　　　　　　　　　　　　　　　　　　　编　者
　　　　　　　　　　　　　　　　　　　　　　　　　　　　2017 年 1 月

目　　录

模块 1　AutoCAD 2016 的基础知识

教学目标

1. 熟悉 AutoCAD 2016 的操作界面，掌握菜单的使用及命令的特点与调用方法；
2. 掌握坐标系及坐标值的输入，区分相对直角坐标和相对极坐标；
3. 掌握 AutoCAD 2016 图层的相关操作；
4. 了解绘制建筑图的基本知识。

项目 1.1　AutoCAD 2016 用户界面

1.1.1　AutoCAD 2016 的启动

在 Windows 操作系统下，启动 AutoCAD 2016 的方法有以下几种：

(1)从"开始"菜单启动 AutoCAD 2016。

安装程序会将 AutoCAD 2016 应用程序的快捷方式放在"开始"→"所有程序"→"Autodesk"→"AutoCAD 2016"菜单下，单击即可启动。

(2)在"开始"菜单的"运行"中启动 AutoCAD 2016。

在"运行"对话框中，输入完整的 AutoCAD 2016 启动文件 acad. exe 的路径，即可启动 AutoCAD 2016。

(3)利用桌面快捷方式启动 AutoCAD 2016。

AutoCAD 2016 默认安装时，会在 Windows 桌面上创建一个快捷方式图标，双击此图标即可启动 AutoCAD 2016，这是启动 AutoCAD 2016 最简单的方法。

(4)直接打开 AutoCAD 2016 启动文件。

在 AutoCAD 2016 的安装文件夹中，打开 AutoCAD 2016 启动文件：acad. exe。

1.1.2　AutoCAD 2016 的退出

在 Windows 操作系统下，退出 AutoCAD 2016 的方法有下列几种：

(1)使用关闭图标退出 AutoCAD 2016。

单击标题栏(最上面一栏)右侧的关闭图标可以退出 AutoCAD 2016。如果当前图形没有存盘，屏幕上会弹出一个"AutoCAD"对话框询问是否存盘，如图 1.1 所示。

(2)使用快捷键 Ctrl＋Q 退出 AutoCAD 2016。

(3)单击【文件】/【退出】，退出 AutoCAD 2016。

(4)在命令界面中，使用退出命令。

(5)在"命令"提示符下，使用"Quit"命令即可退出 AutoCAD 2016。

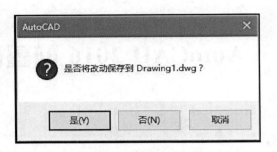

图 1.1　"是否存盘"对话框

1.1.3　AutoCAD 2016 的用户界面介绍

AutoCAD 用户操作界面是显示、创建、修改图形和出图的区域,启动 AutoCAD 2016 后的默认界面如图 1.2 所示,这个界面主要由以下几个部分组成。

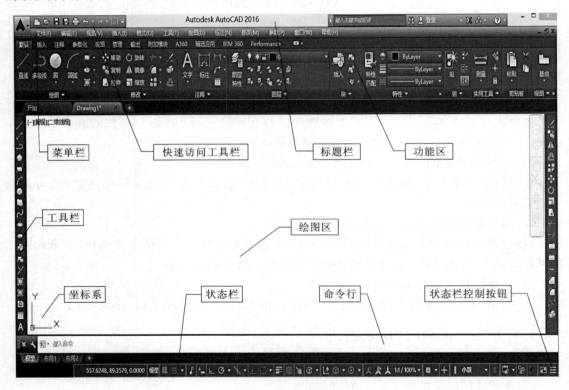

图 1.2　用户界面

(1)快速访问工具栏:提供对定义的命令集的直接访问。另外,单击"快速访问工具栏"右侧的倒三角按钮,可出现下拉菜单,如图 1.3 所示。选中"显示菜单栏"选项,则操作界面上出现菜单栏,如图 1.4 所示。

(2)标题栏:位于应用程序窗口的顶部,显示系统当前正在运行的应用程序和用户正在使用的图形文件。在标题栏的右侧有三个按钮,依次为"最小化"、"最大化"和"关闭"按钮。

图 1.3　"快速访问工具栏"下拉菜单

图 1.4　有菜单项的操作界面

　　(3)菜单栏:位于标题栏下方的是 AutoCAD 2016 的标准菜单栏,它包括 12 个主菜单项,分别对应 12 个下拉菜单。用户单击某个菜单一下,便可打开其下拉菜单。通常情况下,下拉菜单中的大多数菜单项都代表了相应的 AutoCAD 命令,如果某菜单项后面有省略符号(...),则表明此命令激活后会弹出一个对话框,供用户选择使用;若菜单项后面有" ▶ "符号,表明此菜单后面有下一级子菜单项。

（4）功能区：由行、子面板和滑出式元素组成，包括常用、插入、注释等选项卡，每个选项卡中又包含子面板，如"常用"选项卡又包括绘图、修改、图层等子面板。

（5）绘图区：是显示界面最大的一块区域，是用户绘图的工作窗口，其左下方显示当前绘图状态所在的坐标系，右边和下边分别有两个滚动条，可使视窗上下、左右移动，便于观察。十字光标在这个窗口内出现，是用于绘图的基本工具，移动鼠标，十字光标做相应的移动。绘图窗口内的模型和布局选项卡用于在模型空间和图纸空间之间切换。

（6）坐标系：绘图窗口的左下方有一个标有 X 和 Y 方向的坐标系，这是用户坐标系（UCS）图标，它指示了绘图的方位，图标上的 X 和 Y 指出了 X 轴和 Y 轴的方向。

提示：
选择【视图】/【显示】，再选择"UCS 图标"，单击鼠标去掉"开"前面的"√"，可以在绘图窗口中不显示用户坐标系（UCS）图标。

图 1.5　状态栏自定义图　　图 1.6　工具栏快捷菜单

（7）命令窗口：用于输入命令、命令执行后显示正在执行的命令及相关信息。用户可以用鼠标拖动改变命令提示行的高度。

（8）状态栏：包括坐标、模型空间/图纸空间、栅格和捕捉模式、推断约束、动态输入、正交模式、极轴追踪、等轴测草图、对象捕捉追踪、二维对象捕捉、线宽、透明度、选择循环、三维对象捕捉、动态 UCS、选择过滤、小控件、图形单位特性、快捷特性等。

（9）状态栏控制按钮：用户可以点击此按钮进行状态栏自定义，在需要显示的项前面打"√"即可，控制内容如图 1.5 所示。

（10）工具栏：在 AutoCAD 2016 中，工具栏是一种代替命令的简便工具，它们可以完成大部分的绘图操作。用户可以选择菜单【工具】/【AutoCAD】，即可选中所要的工具栏；用户也可以在已有的工具栏上单击鼠标右键，在弹出的快捷菜单（图 1.6）中选择需要显示的工具栏，选中显示的工具栏前面有"√"，再次单击带有"√"的工具栏，可以取消选中。

1.1.4　图形文件的管理

图形文件的管理一般包括新建图形文件，打开已有文件，保存当前文件，关闭当前文件以及浏览、搜索文件等。

1.1.4.1　新建图形文件

在绘制一幅新图形之前,先要建立一个新的图形文件。在 AutoCAD 2016 中,可以通过如下几种方式创建新的图形文件:

(1)选择【文件】/【新建】。

(2)单击工具栏中的"新建"按钮 。

(3)在命令行中输入"new"并按 Enter 键。

(4)使用快捷键 Ctrl+N。

启动新建命令后,AutoCAD 2016 打开"选择样板"对话框,如图 1.7 所示。

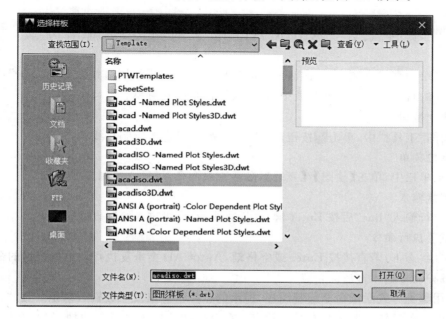

图 1.7　"选择样板"对话框

在设计工作中,为了使图样统一,许多项目都需要一个相同的标准,如字体、线型、标注样式等。一般使用样板文件就能建立标准统一的绘图环境。在软件中,已经有按照各种标准设置的样板文件,它们都保存在 AutoCAD 2016 的安装目录中的"Template"文件夹中,扩展名为".dwt"。当然也可以自己创建样板文件。

1.1.4.2　打开已有文件

若在已有的图形文件基础上进行相关操作时,需要打开已有的图形文件,方法如下:

(1)选择【文件】/【打开】。

(2)单击工具栏中的"打开"按钮 。

(3)在命令行中输入"open"并按 Enter 键。

(4)使用快捷键 Ctrl+O。

(5)在"资源管理器"或"我的电脑"中找到要打开的文件,双击文件图标。

1.1.4.3　保存当前文件

在 AutoCAD 2016 中,可以通过如下几种方式保存当前的图形文件:

（1）选择【文件】/【保存】。

（2）单击工具栏中的"保存"按钮 📙。

（3）在命令行中输入"save"并按 Enter 键。

（4）使用快捷键 Ctrl＋S。

也可以使用"另存为"进行换名保存文件，图形文件的扩展名为".dwg"。

1.1.4.4　关闭当前文件

单击绘图区域右侧上角的关闭图标可以退出 AutoCAD 2016。如果当前图形没有存盘，屏幕上会弹出一个"AutoCAD"对话框询问是否存盘，如图 1.1 所示。

项目 1.2　AutoCAD 命令的特点与调用方法

本节以绘制直线为例，讲解激活命令的几种方法。使用绘制直线段命令"line"，可以创建一系列连续的直线段。这些连续线中，每条线段都是独立对象。

（1）命令按钮

在"绘图"工具栏中，单击 ▨ 按钮，激活直线命令，可进入绘制直线状态。

（2）下拉菜单

在主菜单栏中，单击【绘图】/【直线】，激活直线命令，可进入绘制直线状态。

（3）键盘输入

在命令行输入"line"后按 Enter 键，激活直线命令，可进入绘制直线状态。

（4）重复执行命令

在命令状态下，若直接按 Enter 或空格键，AutoCAD 会重复执行最近执行过的命令。

（5）各种命令输入方法的特点

无论用哪种方式激活命令绘制图形，提示的相关信息以及参数输入都是一致的，操作过程也是相同的。各种输入方法都有其优缺点。命令按钮法输入命令较快捷，但命令按钮要占用大量的屏幕空间；下拉菜单法调用命令不需要记忆命令单词，且下拉菜单不用时折叠在菜单栏上，占用较少的屏幕空间，但使用时要翻菜单，因而效率较低；键盘输入法虽然需要记忆命令，但一些常用命令，AutoCAD 设置了简化输入形式，对于这些命令用键盘输入尤为方便，其效率远远高于命令按钮法。

提示：最常用命令，特别是有简化输入形式的命令，视情况从键盘输入或单击按钮输入；较常用命令，单击按钮输入；不常用命令，调用菜单输入。

另外，AutoCAD 2016 还提供了一些快捷键，用户可以利用快捷键配合鼠标来提高工作效率。AutoCAD 2016 的快捷键有功能键与控制键两种，其功能分别见表 1.1 和表 1.2。

表 1.1　　AutoCAD 2016 的功能键

功能键	功　　能
F1	获取 AutoCAD 2016 帮助
F2	实现绘图窗口与文本窗口的切换
F3	控制是否实现自动对象捕捉

功能键	功　　能
F4	数字化仪控制
F5	等轴测平面切换
F6	控制状态栏上的坐标显示方式
F7	栅格显示与模式控制
F8	正交模式控制
F9	栅格捕捉模式控制
F10	极轴追踪模式控制
F11	对象捕捉追踪模式控制

表 1.2　AutoCAD 2016 的控制键

控制键	功　　能
Ctrl＋A	对象编辑开、关切换
Ctrl＋B	栅格捕捉模式开、关切换
Ctrl＋C	将选择的对象复制到剪贴板上
Ctrl＋D	控制状态栏上的坐标显示方式
Ctrl＋E	等轴测平面切换
Ctrl＋F	对象自动捕捉模式开、关切换
Ctrl＋G	栅格显示模式开、关切换
Ctrl＋H	与退格键功能相同
Ctrl＋J	重复执行前一个命令
Ctrl＋K	超级链接
Ctrl＋L	正交模式开、关切换
Ctrl＋M	打开 Options(选项)对话框
Ctrl＋N	创建新的图形文件
Ctrl＋O	打开已经存在的图形文件
Ctrl＋P	打印图形文件
Ctrl＋S	保存图形文件
Ctrl＋T	数字化仪控制
Ctrl＋U	极轴模式开、关切换
Ctrl＋V	粘贴剪贴板上的内容
Ctrl＋W	对象追踪模式的开、关控制
Ctrl＋X	剪切选定对象到剪贴板
Ctrl＋Z	取消前一次操作

项目 1.3　坐标系与坐标输入

1.3.1　坐标系

AutoCAD 的基本功能是绘制图形,它默认一切绘图操作都是在坐标系中进行的。要正确绘图,必须先熟悉坐标。AutoCAD 采用了多种坐标系,常用的有以下三种:

(1)笛卡儿坐标系(CCS)

AutoCAD 采用三维笛卡儿坐标系来确定点的位置。屏幕状态栏上所显示的三维坐标值就是笛卡儿坐标,它能准确无误地反映当前十字光标所处的位置。

(2)世界坐标系(WCS)

AutoCAD 的基本坐标系,由相互垂直并相交的 X、Y、Z 轴组成,默认水平向右为 X 轴正向,垂直向上为 Y 轴正向,垂直于 XY 平面指向用户的是 Z 轴正向,它是 AutoCAD 的默认坐标系。

(3)用户坐标系(UCS)

AutoCAD 提供可变的用户坐标系以方便绘制图形,默认情况下与世界坐标系重合,用户可在绘图过程中根据具体需要来定义 UCS。

1.3.2　坐标输入

在 AutoCAD 二维绘图中,一般使用直角坐标系或极坐标系输入坐标值。对于这两种坐标系,都可以用绝对坐标或相对坐标输入。

(1)绝对坐标:是指相对于当前坐标系原点$(0,0,0)$的坐标。在二维空间中,绝对坐标可以用绝对直角坐标(X,Y)和绝对极坐标$(\rho\langle\theta)$来表示。

(2)相对直角坐标:下一点相对于上一点坐标的变化量。在 AutoCAD 中,指定相对坐标用"@"符号放在输入值之前。三维中输入相对坐标的方式为"$@\Delta X,\Delta Y,\Delta Z$"。在二维平面中,输入相对坐标的方式为"$@\Delta X,\Delta Y$"

(3)相对极坐标:下一点相对于上一点距离和极角的变化。在 AutoCAD 中,通过指定点距前一点的距离以及指定点和前一点的连线与极坐标轴的夹角来确定极坐标值。测量角度值的默认方向是逆时针方向为正方向,输入数值前加上"@"符号,距离与角度之间用符号"〈"分开,输入方式为"$@\rho\langle\theta$"。

【例题 1.1】　利用相对直角坐标系和相对极坐标系绘制图 1.8 所示的正方形。

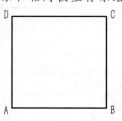

图 1.8　例题 1.1 图

【解】　(1)相对直角坐标系

命令：_line 指定第一点：　　　　　　　　　　　　　　　//在屏幕上点击一点作为 A 点
指定下一点或［放弃(U)］：@100,0　　　　　　　　　　//输入 B 点坐标
指定下一点或［放弃(U)］：@0,100　　　　　　　　　　//输入 C 点坐标
指定下一点或［闭合(C)/放弃(U)］：@-100,0　　　　　//输入 D 点坐标
指定下一点或［闭合(C)/放弃(U)］：C　　　　　　　　//输入 C 选项,图形闭合

(2)相对极坐标系

命令：_line 指定第一点：　　　　　　　　　　　　　　　//在屏幕上点击一点作为 A 点
指定下一点或［放弃(U)］：@100<0　　　　　　　　　　//输入 B 点坐标
指定下一点或［放弃(U)］：@100<90　　　　　　　　　//输入 C 点坐标
指定下一点或［闭合(C)/放弃(U)］：@100<180　　　　//输入 D 点坐标
指定下一点或［闭合(C)/放弃(U)］：C　　　　　　　　//输入 C 选项,图形闭合

项目 1.4　对象选择

AutoCAD 提供了两种编辑图形的顺序:一是先输入命令,后选择要编辑的对象;二是先选择对象,然后进行编辑。用户可以结合自己的习惯和命令要求灵活使用这两种方法。

用户在进行复制、粘贴等编辑操作的时候都需要选择对象,也就是构造选择集。建立了一个选择集以后,这一组对象将作为一个整体操作。用户通常可以用以下几种方式构造选择集。

1.4.1　单击选择

当命令行提示"选择对象:"时,需要用户选择对象,绘图区出现拾取框光标,将光标移动到某个图形对象上单击,则可以选择与光标有公共点的图形对象,被选中的对象呈高亮显示。选择图 1.9 所示的正五边形,关闭"动态输入"的效果如图 1.9 所示,打开"动态输入"的效果如图 1.10 所示。

图 1.9　关闭"动态输入"单击选择　　　　　图 1.10　打开"动态输入"单击选择

1.4.2　窗口选择

当需要选择的对象较多的时候,可以使用窗口选择方式。窗口选择简称左选,也称 W 窗选,即由左向右开选择窗口。操作方法是:在被选择图形左上角或左下角区域单击鼠标左键,分别对应在右下角或右上角点击鼠标,形成选择窗口,被选择区域完全包容的对象就被选择。

关闭"动态输入"选择效果如图 1.11 所示,打开"动态输入"选择效果如图 1.12 所示,窗口选择结果如图 1.13 所示,五角星和小圆被选择窗口完全包容,被选中并亮显。

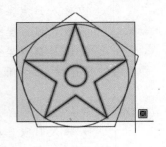 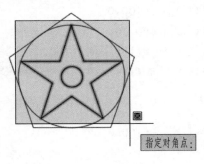 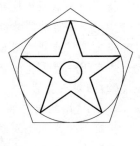

图 1.11　关闭"动态输入"　　　　　图 1.12　打开"动态输入"　　　　图 1.13　窗口选择结果
　　　　　窗口选择　　　　　　　　　　　　窗口选择

1.4.3　交叉窗口选择

交叉窗口选择简称右选,也称 C 窗选。交叉窗口选择(右选)与窗口选择(左选)类似,所不同的是右选时光标由右向左移动形成选择框,只要与交叉窗口相交或者被交叉窗口包容的对象都将被选中。交叉窗口选择关闭"动态输入"选择效果如图 1.14 所示,打开"动态输入"选择效果如图 1.15 所示,选择结果如图 1.16 所示。

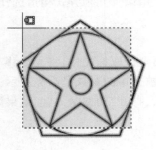 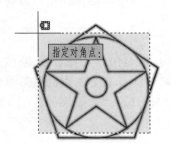 

图 1.14　关闭"动态　　　　　图 1.15　打开"动态输　　　　图 1.16　交叉窗口
　　　　输入"交叉窗口选择　　　　　　　入"交叉窗口选择　　　　　　　选择结果

1.4.4　Previous、Fence、Remove 选择方式

Previous:上次选择集方式,可以选择上一次选择集。

Fence:栏选方式,即可以画出多条直线轨迹,轨迹之间可以相交,凡与轨迹相交的对象均被选中。

Remove:删除方式,用于把选择集由加入方式转换为退出方式,可以让被误选到选择集中的对象退出选择集。

1.4.5　Wpolygon、Cpolygon 选择方式

Wpolygon:圈围选择方式,它与窗口选择方式相似,当命令行提示选择对象时,在命令行

输入字母"WP"后回车,圈围选择窗口由多边形框构成。如使用"WP"选择方式执行删除命令时(图 1.17),颜色变浅的小圆及右侧五角星的一个角被选中(图 1.18)。

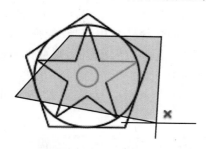
图 1.17　"WP"选择方式

图 1.18　"WP"选择结果

　　Cpolygon:圈交选择方式,当命令行提示选择对象时,在命令行输入字母"CP"后回车。它与交叉窗口选择方式相似,只是圈交选择窗口由多边形框构成。如使用"CP"选择方式执行删除命令时(图 1.19),颜色变浅的所有图形被选中(图 1.20)。

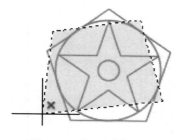
图 1.19　"CP"选择方式

图 1.20　"CP"选择结果

1.4.6　All 选择方式

　　All:当命令行提示选择对象时,在命令行输入字母"All"后回车。选择图层上未锁定、未冻结的所有对象。

项目 1.5　辅助绘图工具

　　AutoCAD 为用户提供了"捕捉"、"栅格"、"正交"、"极轴"、"对象捕捉"、"对象追踪"、"动态输入"等辅助绘图工具,来帮助用户快速绘图。

1.5.1　捕捉

　　捕捉设定了光标移动间距,即在图形区域内提供了不可见的参考栅格。当打开捕捉模式时,光标只能处于离光标最近的捕捉栅格点上。当使用键盘输入点的坐标或者关闭了捕捉模式时,系统将忽略捕捉间距的设置。当捕捉模式设置为关闭状态时,捕捉模式对光标不再起任何作用。而当捕捉模式设置为打开状态时,光标则不能放置在指定的捕捉设置点以外的地方。

　　1.5.1.1　捕捉的打开与关闭

　　捕捉的打开与关闭方法有以下几种。

（1）在状态栏中，单击"捕捉"按钮 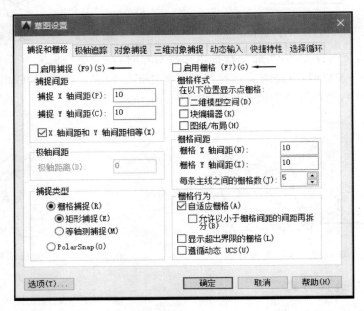 即可打开捕捉模式；再次单击"捕捉"按钮，则关闭捕捉模式。

（2）AutoCAD 系统默认 F9 键为控制捕捉的快捷键，用户可用它打开和关闭捕捉模式。

（3）鼠标右键单击状态栏中"捕捉"按钮，在弹出的快捷菜单中选择"捕捉设置"选项，打开"草图设置"对话框，在"捕捉和栅格"选项卡中选中"启用捕捉"复选框，则可打开捕捉模式；如果不选中"启用捕捉"复选框，则是关闭捕捉模式（图 1.21）。

（4）选择菜单【工具】/【绘图设置】，同样弹出图 1.21 所示的"草图设置"对话框，打开和关闭方法同（3）中的方法。

图 1.21　"草图设置"对话框设置"启用捕捉"和"启用栅格"

1.5.1.2　捕捉参数设置

通过"SNAP"命令或打开"草图设置"对话框（图 1.21）后选择"捕捉和栅格"选项卡，此选项卡中包含了"捕捉"命令的全部设置。选项卡中各项含义如下：

（1）捕捉 X 轴间距：沿 X 轴方向的捕捉间距。

（2）捕捉 Y 轴间距：沿 Y 轴方向的捕捉间距。

（3）捕捉类型：设置为栅格捕捉或极轴捕捉。

栅格捕捉分为矩形捕捉和等轴测捕捉两种样式。其中矩形捕捉是栅格捕捉的常规标准样式，也是系统的默认选项。而等轴测捕捉样式指的是为绘制轴测图设计的栅格和捕捉。

提示：X 轴方向与 Y 轴方向的捕捉间距可以不同，这样在绘制一些特殊图形时，会方便很多。

1.5.2　栅格

栅格为绘图窗口中的一些标定位置的点，以帮助用户准确定位。用户还可以根据打开或关闭栅格显示,来改变点的间距。但是栅格只是绘图的辅助工具而不是图形中的一部分,所以不进行打印机输出,栅格显示如图 1.22 所示。

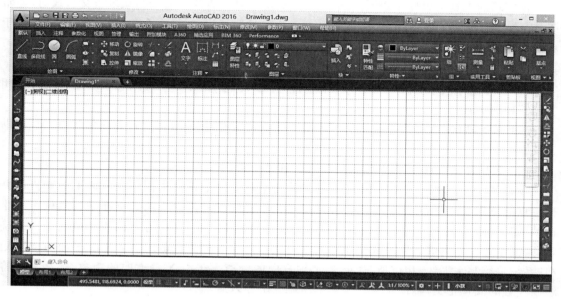

图 1.22　栅格显示

1.5.2.1　栅格显示的打开与关闭

在 AutoCAD 中,用户可以用以下多种方法打开或关闭栅格显示。

(1) 在状态栏中,单击"栅格"按钮▦即可打开栅格显示,再次单击"栅格"按钮,将关闭栅格显示。

(2) 默认 F7 键为控制栅格显示的快捷键,用户可用它打开或关闭栅格显示。

(3) 鼠标右键单击状态栏中"栅格"按钮,在弹出的快捷菜单中选择"网格设置"选项,打开"草图设置"对话框,在"捕捉和栅格"选项卡中选中"启用栅格"复选框,则可打开栅格模式;如果不选中"启用栅格"复选框,则是关闭栅格模式(图 1.21)。

(4) 选择菜单【工具】/【绘图设置】,同样可弹出图 1.21 所示的"草图设置"对话框,打开和关闭方法同(3)中的方法。

1.5.2.2　栅格间距设置

在图 1.21"草图设置"对话框中选择"捕捉和栅格"选项卡进行栅格间距设置,通过"栅格 X 轴间距"和"栅格 Y 轴间距"两个文本框,分别设置所需的栅格沿 X 轴和 Y 轴方向间距。

1.5.2.3　捕捉设置与栅格设置的关系

栅格和捕捉这两个辅助绘图工具之间有着很多联系,尤其是两者间距的设置。有时为了方便绘图,可将栅格间距设置成与捕捉间距相同,或者使捕捉间距为栅格间距的倍数。这样的设置可以通过在"草图设置"对话框中设置两者间距的具体操作中完成,同时也可通过"grid"命令更为简捷地进行设置。

1.5.3　正交

正交辅助工具可以使用户能绘制平行于 X 或 Y 轴的直线。当绘制众多正交直线时,通常要打开"正交"辅助工具。另外,当捕捉类型设为等轴测捕捉时,该命令将使绘制的直线平行于当前轴测平面中正交的坐标轴。

在 AutoCAD 中,可以通过以下几种方法打开正交辅助工具。

(1) 在状态栏中,单击"正交"按钮，打开"正交"辅助工具,再次单击"正交"按钮,关闭"正交"辅助工具。

(2) 系统默认 F8 键为控制"正交"辅助工具的快捷键,用户可用它打开或关闭"正交"辅助工具。

(3) 利用命令"ortho"打开或关闭"正交"辅助工具。

在打开"正交"辅助工具后,就只用在平面内平行于两个正交坐标轴的方向上绘制直线并指定点的位置,而不用考虑屏幕上光标的位置。绘图的方向是由当前光标在平行其中一条坐标轴(如 X 轴)方向上的距离值与在平行于另一条坐标轴(如 Y 轴)方向的距离值的大小来确定的,哪个方向距离值大则直线位于哪个方向。如果沿 X 轴方向的距离大于沿 Y 轴方向的距离,系统将绘制水平线;相反地,如果沿 Y 轴方向的距离大于沿 X 轴方向的距离,那么系统将绘制竖直的线,"正交"辅助工具并不影响从键盘上输入点。

1.5.4　对象捕捉

对象捕捉可以利用已经绘制的图形上的几何特征点定位新的点。对象捕捉的打开方法与前几种辅助工具类似:①可以通过状态栏中的"对象捕捉"按钮；②通过快捷键 F3 控制对象捕捉的打开或关闭;③在"草图设置"对话框(图 1.21)的"对象捕捉"选项卡中进行设置,如图 1.23 所示。

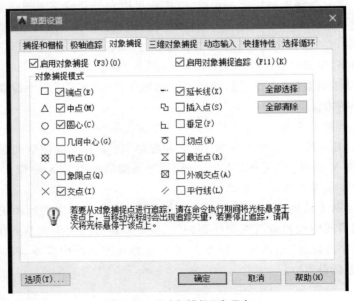

图 1.23　"对象捕捉"选项卡

　　在图 1.23 所示的"对象捕捉"选项卡中提供了多种对象捕捉模式。用户可选中某一种或几种模式,具体对象捕捉模式功能见表 1.3。

表 1.3　对象捕捉模式功能表

对象捕捉	功 能 阐 述
端点	捕捉直线、圆弧、椭圆弧、多段线、多段线线段上的最近端点,以及捕捉直线、图形或三维面域最近的封闭角点
中点	捕捉直线、圆弧、椭圆弧、多线、多段线线段、参照线、图形或样条曲线的中点
圆心	捕捉圆弧、圆、椭圆或椭圆的圆心
几何中心	捕捉连续的封闭图形的中心点
节点	捕捉点对象
象限点	捕捉圆、圆弧、椭圆、椭圆弧的象限点。象限点分别位于从圆或圆弧的圆心到 0°、90°、180°、270° 圆上的点。象限点的 0° 方向是由当前坐标的 0° 方向确定的
交点	捕捉两个对象的交点,包括圆弧、圆、椭圆、椭圆弧、直线、多线、多段线、射线、样条曲线或参照线
延伸线	光标从一个对象的端点移出时,系统将显示并捕捉沿对象轨迹延伸出来的虚拟点
插入点	捕捉插入图形文件中的块、文本、属性及图形的插入点,即它们插入时的原点
垂足	捕捉直线、圆弧、圆、椭圆弧、多线、多段线、射线、图形、样条曲线或参照线上的一点,该点与用户指定的一点形成一条直线,此直线与用户当前选择的对象正交(垂直)。但该点不一定在对象上,有可能在对象的延长线上
切点	捕捉圆弧、圆、椭圆或椭圆弧的切点。此切点与用户所指定的一点形成一条直线,这条直线将与用户当前所选择的圆弧、圆、椭圆或椭圆弧相切
最近点	捕捉对象上最近的一点,一般是端点、垂足或交点
外观交点	捕捉三维空间中两个对象的视图交点(这两个对象实际上不一定相交,但看上去相交)。在二维空间中,外观交点捕捉模式与交点捕捉模式是等效的
平行线	绘制平行于另一对象的直线。在指定了直线的第一点后,用光标选定一个对象(此时不用单击鼠标指定,AutoCAD 将自动帮助用户指定,并且可以选取多个对象)之后再移动光标,这时经过第一点且与选定对象平行的方向上将出现一条参照线,这条参照线是可见的,在此方向上指定一点,那么该直线将平行于选定的对象

【例题 1.2】　充分利用辅助绘图工具绘制图 1.24(a)所示的图形。

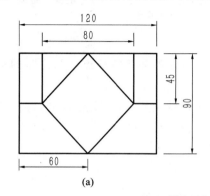
(a)

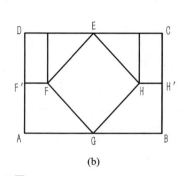
(b)

图 1.24　例题 1.2 图

【解】　参照图 1.24(b),具体操作如下:

命令:_line 指定第一点:　　　　　　　　　　　　　　　//屏幕上任取一点 A

指定下一点或 [放弃(U)]:＜正交 开＞120　//打开正交,向右画长为 120 的直线至 B 点

指定下一点或 [放弃(U)]:90　　　　　　　　　　//向上绘制长为 90 的直线至 C 点

指定下一点或 [闭合(C)/放弃(U)]:120　　　　　//向左绘制长为 120 的直线至 D 点

指定下一点或 [闭合(C)/放弃(U)]:C　　　　　　//闭合,矩形 ABCD 绘制完成

命令:_line 指定第一点:＜对象捕捉 开＞　　　//打开对象捕捉,选取 AD 边上的中点 F'

指定下一点或 [放弃(U)]:＜正交 开＞20

　　　　　　　　　　　　　　　　　　　　//打开正交,向右绘制长度为 20 的直线至 F 点

指定下一点或 [放弃(U)]:45　　　　　　　　　　//从 F 点向 CD 作垂线

指定下一点或 [闭合(C)/放弃(U)]:　//左上角小矩形绘制完成,同理绘制右上角小矩形

命令:_line 指定第一点:　　　　　　　//打开中点、交点对象捕捉,捕捉 E 点

指定下一点或 [放弃(U)]:　　　　　　　　　　　　　　　//捕捉 F 点

指定下一点或 [闭合(C)/放弃(U)]:　　　　　　　　　　//捕捉 G 点

指定下一点或 [闭合(C)/放弃(U)]:　　　　　　　　　　//捕捉 H 点

指定下一点或 [闭合(C)/放弃(U)]:C　　　　　　//输入 C 闭合,得到棱形 EFGH

1.5.5　对象追踪

当自动追踪打开时,作图窗口中将出现追踪线(追踪线可以是水平或垂直,也可以有一定角度),可以帮助用户精确确定位置和角度来创建对象。在用户界面的状态栏中可以看到 AutoCAD 提供了两种追踪模式,即"极轴追踪"、"对象捕捉追踪"。

1.5.5.1　极轴追踪

极轴追踪模式可以通过用户界面底部状态栏中的"极轴追踪"按钮或者通过快捷键 F10 控制极轴追踪模式的打开和关闭。在"草图设置"对话框(图 1.21)中选择"极轴追踪"选项卡,也可以完成设置。在打开极轴追踪模式后,追踪线由相对于起点和端点的极轴角定义。

在打开极轴捕捉后,用户就可以沿极轴追踪线移动精确的距离。极轴长度和极轴角度两个参数均可以精确指定,实现了快捷使用极轴坐标进行点的定位。

提示:"正交"辅助工具和极轴追踪模式不能同时打开。若打开了"正交"辅助工具,极轴追踪模式将自动关闭;反之亦然。

1.5.5.2　对象捕捉追踪

在 AutoCAD 中,通过使用对象捕捉追踪可以使对象的某些特征点成为追踪的基准点,根据此基准点沿正交方向或极轴方向形成追踪线,进行追踪。

通过状态栏中的"对象捕捉追踪"按钮或者通过快捷键 F11 控制对象捕捉追踪模式的打开或关闭;也可在"草图设置"对话框(图 1.21)中选择"对象捕捉"选项卡,勾选"启用对象捕捉追踪"复选框(F11)即可进行对象捕捉追踪控制。

提示:
要使用"对象捕捉追踪"功能,必须启用"对象捕捉"功能。

【**例题 1.3**】　利用对象捕捉追踪和极轴追踪方式绘制边长为 100 的正三角形，AB 边平行于 X 轴，如图 1.25 所示。

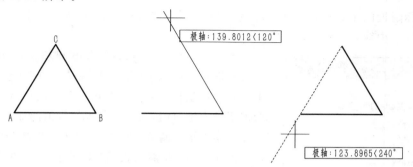

图 1.25　例题 1.3 图

【**解**】　首先设置极轴追踪角度为 120°、240°，打开极轴追踪和对象捕捉追踪。

命令：_line 指定第一点：　　　　　　　　　　　　　　//在屏幕上任取 A 点
指定下一点或［放弃（U）］：100　　　　　　//B 点，当极轴提示角度 0°时，输入长度 100
指定下一点或［放弃（U）］：100　　　　　　// C 点，当极轴提示角度 120°时，输入长度 100
指定下一点或［闭合（C）/放弃（U）］：100 // A 点，当极轴提示角度 240°时，输入长度 100

1.5.6　动态输入

用户使用动态输入功能可以在工具栏提示中输入坐标值或者进行其他操作，而不必在命令行中进行输入，这样可以帮助用户专注于绘图区域。

通过单击状态栏中的"动态输入"按钮▭可以打开和关闭"动态输入"。通过"草图设置"对话框（图 1.21）的"动态输入"选项卡可以对指针输入、标注输入和动态提示 3 个组件进行设置，如图 1.26 所示。

图 1.26　"动态输入"选项卡

1.5.6.1　指针输入

在"动态输入"选项卡中(图 1.26),选中"启用指针输入"复选框,执行命令时,十字光标的位置将在光标附近的工具栏提示中显示为坐标。用户可以直接在工具栏提示中输入坐标值,而不用在命令行中输入。

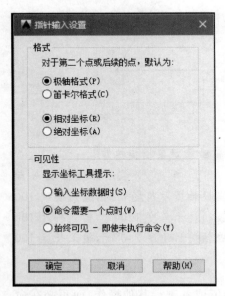

图 1.27　"指针输入设置"对话框

要输入坐标,用户可以按 Tab 键将指针切换到下一个工具栏提示,然后输入下一坐标值。在指定点时,第一个坐标是绝对坐标,第二个或下一个点的格式是相对坐标。如果要输入绝对值,则需在输入的数值前加上前缀"♯"号。

单击"指针输入"选项组中的"设置"按钮,弹出图 1.27 所示的"指针输入设置"对话框,在"格式"选项组中可以设置指针输入时第二个点或者后续点的默认格式,"可见性"选项组中可以设置什么情况下显示坐标工具栏提示。

1.5.6.2　标注输入

在"动态输入"选项卡中(图 1.26),选中"可能时启用标注输入"复选框,当命令提示输入第二点时,工具栏提示将显示距离和角度值。在工具栏提示中的值将随着光标移动而改变。按 Tab 键可以移动到要更改的值。标注输入可用于 ARC、CIRCLE、ELLIPSE、LINE 和 PLINE 等命令。

启用"标注输入"后,坐标输入字段会与正在创建或编辑的几何图形上的标注绑定。

1.5.6.3　动态提示

在"动态输入"选项卡中(图 1.26),选中"在十字光标附近显示命令提示和命令输入"复选框后,可以在工具栏提示中输入命令以及对提示做出响应。如果提示包含多个选项,则按下箭头键查看这些选项,然后单击选择一个选项。动态提示可以与指针输入和标注输入一起使用。

项目 1.6　视图调整

AutoCAD 提供了视图缩放和视图平移功能,供用户在绘图过程中不断地对视图进行调整,以方便用户观察和编辑图形对象。

1.6.1　视图缩放

在 AutoCAD 中视图缩放使用方法有以下种:

①选择菜单【视图】/【缩放】中的命令(图 1.28);②使用"缩放"工具栏中的命令(图 1.29);③在命令行输入命令 z(或者 zoom)。zoom 命令执行后命令行提示如下:

命令:zoom
指定窗口的角点,输入比例因子 (nX 或 nXP),或者
[全部(A)/中心(C)/动态(D)/范围(E)/上一个(P)/比例(S)/窗口(W)/对象(O)]<实时>:

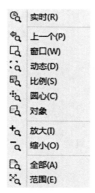

图 1.28　"缩放"菜单

图 1.29　"缩放"工具栏

命令行中不同的选项代表了不同的缩放方法,常用的缩放方式如下:

（1）全部（A）

在视图中将显示整个图形的全貌,显示用户定义的图形界限和图形范围。

（2）范围（E）

在视图中以尽可能大的、包含图形中所有对象的放大比例显示视图,视图包含已关闭图层上的对象,但不包含冻结图层上的对象。

（3）上一个（P）

显示上一个视图。

（4）窗口（W）

窗口缩放方式用于缩放一个由两个对角点所确定的矩形区域,在图形中指定一个缩放区域,AutoCAD 将快速地放大包含在该区域中的图形。窗口缩放使用非常频繁,但这种缩放仅能用来放大视图。

（5）＜实时＞

视图会随着鼠标左键的操作同时进行缩放。当执行"实时缩放"后,在绘图区光标将变成一个放大镜形状,按住鼠标左键向上移动将放大视图,向下移动将缩小视图。如果鼠标移动到窗口的尽头,可以松开鼠标左键,将鼠标移回到绘图区域,然后再按住鼠标左键拖动光标继续缩放。视图缩放完成后按 Esc 键或 Enter 键完成视图的缩放。

1.6.2　视图平移

当图形窗口不能显示所有的图形时,需进行平移操作,以便用户查看图形的其他部分。点击工具栏中的"实时平移"按钮🖐,此时在绘图区光标变成手形光标🖐,用户就可以按住鼠标左移向各个方向拖动,就能对图形对象进行实时移动。其他视图平移方法有:

①选择菜单【视图】/【平移】中的命令（图 1.30）;②使用平面绘图区右方工具栏中的命令（图 1.31）;③在命令行输入命令 P(或者 PAN)。

图 1.30　"平移"菜单　　　　　　图 1.31　绘图区工具栏

项目 1.7　图　　层

在绘制复杂图形时,由于表达的对象繁多,通常用不同的颜色和线型对对象予以区别。在 AutoCAD 中,用图层来组织和管理图形。一个图层就像一张没有厚度的透明纸,可以在上面分别绘制不同的实体,最后再将这些透明纸叠加起来,从而得到最终的复杂图形。用户不仅可以将不同内容分门别类地绘制在不同的层上,还可以将各层图形任意组合,按需要输出。

选择菜单【格式】/【图层】,可弹出"图层特性管理器"对话框,如图 1.32 所示。

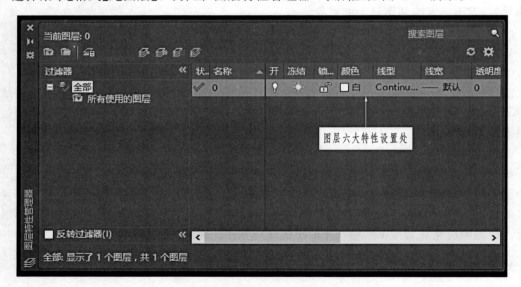

图 1.32　"图层特性管理器"对话框

1.7.1　图层性质

(1)每一个图层都有一个图层名。

(2)原则上一幅图中的图层数目没有限制,每层能容纳的实体数目也没有限制。

(3)图层的可见性:打开图层上的实体是可见的。

(4)图层的颜色号:每层具有一个颜色号,每个颜色号对应着一种颜色,颜色号是从 1 到 255 中的一个数。不同的图层可设置不同的颜色,其中有 7 种标准颜色。

(5)图层的线型名。每个图层可设置一种线型,不同图层可设置相同的线型,也可设置不同的线型,缺省值为实线型。

1.7.2　图层特性管理器按钮功能

　　:"新建图层"按钮,可以新建一个图层。

　　:"冻结图层"按钮,可以冻结一个选中的图层。

　　:"删除图层"按钮,可以删除一个选中的图层。

　　:"置为当前"按钮,可以将选中的图层置为当前状态。

　　:"刷新"按钮,通过扫描图形中的所有图元来刷新图层使用信息。

　　:"设置"按钮,显示"图层设置"对话框,可以设置新图层通知设置、是否将图层过滤器更改应用于"图层"工具栏以及更改图层特性替代的背景色。

　　:"新建特性过滤器"按钮,显示"图层过滤器特性"对话框,从中可以根据图层的一个或多个特性创建图层过滤器。

　　:"新建组过滤器"按钮,创建图层过滤器,其中包含选择并添加到该过滤器的图层。

　　:"图层状态管理器"按钮,可以将图层的当前特性设置保存到一个命名图层状态中,以后可以再恢复这些设置。

1.7.3　图层特性设置方法

　　AutoCAD 图层具有六大特性,对应关系为:打开/关闭、冻结/解冻、锁定/解锁,图层的分类、定义及特点见表1.4。

表 1.4　图层的分类、定义及特点

名称	定　　义	特点
当前层	接受用户当前输入实体的图层	解冻的
初始层	一个新图开始绘制时自动建立的图层,图名为"0"	打开的、解冻的
新建层	用户自行定义的图层、缺省状态为打开的且解冻的。线型为实线型,颜色为白色	状态可以变化
打开且解冻层	图层上的图形可见,可编辑、可输出的图层	打开的、解冻的
关闭层	图层上的图形不可见、不能编辑但可运算,不能输出图形	可运算、关闭的、不可见
冻结层	图层上的图形不可见、不能被生成、不能输出、不能运算	冻结的、不可见、不可运算
锁定层	图形可见、不能编辑的图层	可见,不能编辑
解锁层	图形可见、可编辑的图层	可见,可编辑

　　具体图层设置内容包括:

　　(1)设置图层状态

　　图层的打开/关闭、冻结/解冻、锁定/解锁设置方法:直接用鼠标左键点击图层特性管理器中的对应图标(图1.32)。

(2)设置图层颜色

在图 1.32 中,单击"颜色"列表中的颜色特性图标,弹出图 1.33 所示的"选择颜色"对话框,用户可以对图层颜色进行设置。

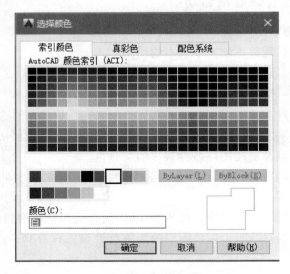

图 1.33　"选择颜色"对话框

提示:

AutoCAD 中使用的颜色数目与显示器有关,一般有 255 种,前 7 种为基本颜色,可以用名字或数字来引用,其他颜色只能用数字引用,并为每层分配一种颜色,缺省值为白色。

(3)设置图层线型

在图 1.32 中,单击"线型"列表下的线型特性图标,弹出图 1.34 所示的"选择线型"对话框。默认状态下,"选择线型"对话框中只有 Continuous 一种线型。单击"加载"按钮,弹出图 1.35 所示的"加载或重载线型"对话框,用户可以在"可用线型"列表框中选择所需要的线型,然后回到"选择线型"对话框选择合适的线型。

图 1.34　"选择线型"对话框

提示：

（1）AutoCAD 为每个图层分配一种线型，缺省为 Continuous。线型决定了组成图形对象的线条以什么样的形式显示和输出。所有线型宽度均为 0，输出到图纸上的线型宽度由绘图笔尖的直径决定。

（2）单击需加载的第一种线型后，按住 Shift 键，再单击最后一种线型，可以一次连续加载多种线型；单击需加载的第一种线型后，按住 Ctrl 键，再依次单击需加载的每一种线型，可以一次不连续加载多种线型。

（4）设置图层线宽

在图 1.32 所示的对话框中，单击"线宽"列表下的线宽特性图标，可弹出图 1.36 所示的"线宽"对话框，在其"线宽"列表中可以选择合适的线宽。

图 1.35　"加载或重载线型"对话框　　　　　　图 1.36　"线宽"对话框

（5）其他属性设置

①在"打印"列表下，用户可通过在对应的图标上单击鼠标左键，进行该层图形可打印/不可打印的切换。

②在"透明度"列表下，用户可通过在对应的图标上单击鼠标左键，进行该层透明度值的设置（图 1.37）。

图 1.37　"图层"工具栏

③利用"图层工具栏"对图层进行管理（图 1.37）。在该工具栏中可以调用图层特性管理器进行图层的相关操作，但不能直接对图层颜色、线型、线宽进行设置和修改，改变对象的颜色、线型、线宽则可利用对象特性工具栏。

 本模块小结

本模块主要阐述了 AutoCAD 的基础知识，介绍了 AutoCAD 2016 的操作界面及相关操作。通过对坐标系的学习,进一步掌握常用相对直角坐标系和相对极坐标系的使用方法。进而通过对坐标的简化引入了对象追踪和极轴追踪等辅助绘图工具。为了能更高效地绘图,对AutoCAD命令执行方式和对象选择方式做了比较。同时,为更好地绘制图形和观看图形介绍了视图调整方式、图层的概念及相关操作。

综合训练

1. 用 3 种方法启动 AutoCAD 2016。

2. 将 AutoCAD 2016 绘图环境优化至最佳画面。

【绘图提示】

(1)输入"options"命令或调用菜单【工具】/【选项】,对 AutoCAD 做如下几项优化。

①打开和保存选项卡。将"AutoCAD 2013 图形(□. dwg)"改为"AutoCAD 2004/LT2004",解决版本兼容问题;去掉勾选"自动保存"和"每次保存时创建备份副本"。

②绘图选项卡。去掉"显示极轴追踪矢量"、"显示全屏追踪矢量"、"显示自动追踪工具提示"勾选。

③选择集选项卡。单击视觉效果设置,去掉"指示选择区域"勾选。

(2)动态输入优化。

在状态行右击动态输入按钮,打开"草图设置"对话框,不勾选"启用指针输入"、"可能时启用标注输入"、"在十字光标附近显示命令提示和命令输入"以及"随命令提示显示更多提示"。

提示:AutoCAD 通过上述几项优化,在进行大型图绘制时会明显提高运行速度,减少绘图时的提示干扰,软件运行流畅。

3. 按下列要求设置图层后绘制图 1.38 所示图形。

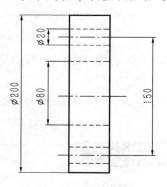

图 1.38　某零件图

(1)图层名称:轮廓线、中心线、虚线。

(2)对应(1)中图层设置颜色:黑色、红色、蓝色。

(3)对应(1)中图层设置线型:Continuous、CAD_ISO04W100、DASHED2。

(4)对应(1)中图层设置线宽:轮廓线设置为 0.7 mm,其他层为默认。

(5)对图层进行图层特性(打开/关闭、冻结/解冻、锁定/解锁)的操作。

(6)设置图层的可打印性。

【绘图提示】

(1)在图层特性管理器中进行图层、颜色、线型、线宽的设置。

(2)转换当前层,绘制图形。

(3)利用图层特性进行操作,观察显示结果。

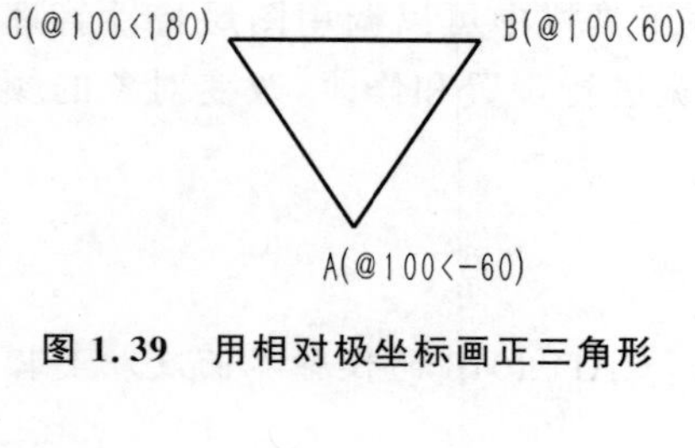

4. 用相对极坐标画边长为 100 的正三角形(图 1.39)。

【绘图提示】

C(@100〈180)　　　　B(@100〈60)

A(@100〈-60)

图 1.39　用相对极坐标画正三角形

命令:_line 指定第一点:　　　　　　　　　　　　　　　　　　//在屏幕上任选一点作为 A 点
指定下一点或[放弃(U)]:@100<60　　　　　　　　　　　　　　//B 点
指定下一点或[放弃(U)]:@100<180　　　　　　　　　　　　　//C 点
指定下一点或[闭合(C)/放弃(U)]:@100<−60　　　　　　　　//回到 A 点
指定下一点或[闭合(C)/放弃(U)]:　　　　　　　　　　　　　//按 Enter 键结束

5.利用极轴追踪和对象捕捉追踪绘制直角边为 100 的等腰直角三角形。

【绘图提示】

设置极轴追踪角度,并打开极轴追踪和对象捕捉追踪。

模块 2　基本图形的绘制与编辑

 教学目标

1. 掌握基本绘图命令的使用方法；
2. 掌握基本编辑命令的使用方法；
3. 掌握图形分析和绘制技巧。

　　在绘图过程中，无论多么复杂的几何图形都是由基本图形要素组成的，这些基本图形包括直线、圆、圆弧等。绘制和修改这些基本图形的命令就构成了 AutoCAD 最基本的绘图命令。要想熟练地绘制图形，还需熟悉和掌握这些最基本的绘图命令和图形编辑方法。绘图工具栏见图 2.1。

图 2.1　绘图工具栏

　　在学习过程中主要讲解命令行提示的内容以及作图步骤，AutoCAD 命令的启动方式——菜单、工具栏、命令行，用户可以根据个人习惯自由选择。

项目 2.1　基本二维图形的绘制

2.1.1　点类命令

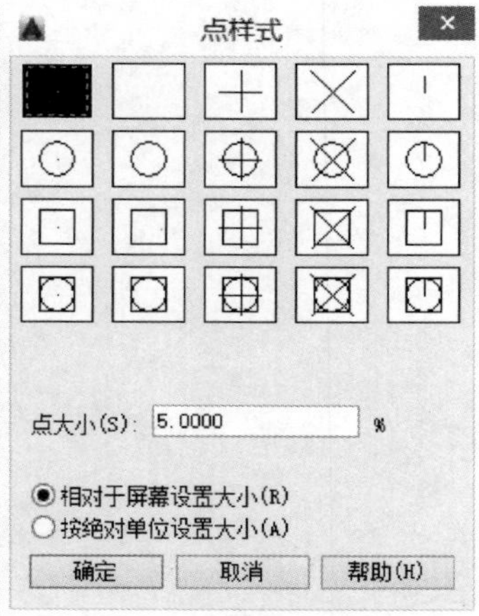

图 2.2　"点样式"对话框

　　在 AutoCAD 中，用户可以像创建直线、圆和圆弧等图形对象一样创建点。点可以作为实体，作为实体的点与其他实体相比没有任何区别，同样具有各种实体属性，而且也可以被编辑。绘制的点常作为一些辅助点来准确定位，完成图形后再删除。AutoCAD 既可以绘制单独的点，也可以绘制定数等分点和定距等分点，在绘制点之前用户可先设置点的样式。

2.1.1.1　设置点的样式（ddptype）

菜单:【格式】/【点样式】。

　　系统打开图 2.2 所示的"点样式"对话框。对话框上部是可供用户选择的点样式图标。可以在"点大小"右边的文本框内输入点样式尺寸，缺省样式为一小圆点。

2.1.1.2　绘制多点(point，·)

菜单：【绘图】/【点】/【多点】。

"多点"命令可绘制多个点。

2.1.1.3　绘制定数等分点(divide，⚡)

菜单：【绘图】/【点】/【定数等分】。

定数等分点可在选定的单个对象上等间隔地放置点。此时需要输入的是等分数，不是放置点的个数。

2.1.1.4　绘制定距等分点(measure，⚡)

菜单：【绘图】/【点】/【定距等分】。

定距等分点即按指定间隔放置点。放置点的起始位置从离对象选取点较近的端点开始。

【例题 2.1】　点在建筑施工图中的排列应用如图 2.3 所示。

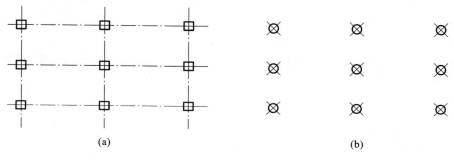

(a)　　　　　　　　　　　　　　　　　(b)

图 2.3　点在建筑施工图中的排列应用

(a)建筑施工图中柱子排列；(b)建筑装饰平面图顶棚灯具布置

提示：

(1)一个图形文件中点的样式都是一致的，一旦更改了一个点的样式，该文件中所有的点的样式都会发生变化。

(2)使用菜单：【绘图】/【点】/【单点】执行一次命令仅绘制一个点。

2.1.2　线类命令

2.1.2.1　绘制直线(line，✏)

直线是基本的图形对象之一，利用本命令可以绘制直线或折线。

【例题 2.2】　用相对直角坐标逆时针画边长为 100mm 的正方形，如图 2.4 所示。

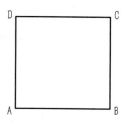

图 2.4　用相对直角坐标逆时针画正方形

【解】

命令：line

指定第一点：　　　　　　　　　　　　　　　　　　　//屏幕上任意点单击作为 A 点

指定下一点或［放弃(U)］：@100,0　　　　　　　　　　//输入 B 点坐标

指定下一点或［放弃(U)］：@0,100　　　　　　　　　　//输入 C 点坐标

指定下一点或［闭合(C)/放弃(U)］：@−100,0　　　　　//输入 D 点坐标

指定下一点或［闭合(C)/放弃(U)］：C　　　　　　　//选择 C 选项得到图 2.4 所示图形

提示：

(1)若用回车键响应"指定第一点"的提示,系统会把上次绘制的线(或弧)的终点作为本次操作的起始点。

(2)在"指定下一点"提示下,用户可以指定多个端点,绘制出多条独立的线段。

(3)闭合(C)：C 是"close"的意思,系统将从折线当前端点向折线起始点画一条封闭线,从而形成封闭的图形,并自动结束命令。

(4)放弃(U)：U 是"undo"的意思,可以取消刚画的一段直线,再键入一次,再取消前一段,以此类推。

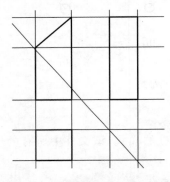

图 2.5　构造线辅助绘制三视图

2.1.2.2　绘制射线(ray,　)

射线命令可绘制向一个方向无限延伸的直线。执行此命令时,给定起点和通过点即可绘制射线。

2.1.2.3　绘制构造线(xline,　)

构造线命令可以绘制向两个方向无限延伸的直线,即无穷长直线,在绘制工程图中常用来辅助作图。该命令可以按指定的方式和距离画一条或一组无穷长直线。

【例题 2.3】　使用构造线辅助绘制三视图,如图 2.5 所示。

【解】

命令：xline

指定点或［水平(H)/垂直(V)/角度(A)/二等分(B)/偏移(O)］：　　　//选定绘制方式

指定通过点：　　　　　　　　　　　　　　　　　　　　　//给定通过点

提示：

(1)选项中有"指定点"、"水平"、"垂直"、"角度"、"二等分"、"偏移"六种方式绘制构造线。

(2)这种线常用于模拟手工作图中的辅助作图线且可以不作输出,比如三视图的绘制使用构造线可以保证"主俯视图长对正,主左视图高平齐,俯左视图宽相等"的对应关系。

2.1.2.4　绘制样条曲线(spline,　)

在 AutoCAD 中,样条曲线命令可以绘制通过或接近所给一系列点的光滑曲线,可以控制曲线与点的拟合程度,样条曲线可以是 2D 或 3D 图形。工程图中常利用样条曲线绘制局部剖的隔断线。

2.1.2.5　绘制多段线(pline,⊃)

多段线是作为单个对象创建的相互连接的序列线段,可以创建直线段、弧段以及两者的结合线段,同时可画等宽或不等宽的有宽度的线段,是 AutoCAD 中最常用且功能较强的图形对象之一。

【例题 2.4】　使用多段线命令绘制箭头,如图 2.6 所示。

图 2.6　箭头

【解】

命令:pline

指定起点:　　　　　　　　　　　　　　　　　　　　　　　　//在屏幕绘图区单击一点

当前线宽为 0.0000

指定下一个点或[圆弧(A)/半宽(H)/长度(L)/放弃(U)/宽度(W)]:20

　　　　　　　　　　　　　　　　　　　　　　//打开正交,输入箭头直线部分长度值 20

指定下一点或 [圆弧(A)/闭合(C)/半宽(H)/长度(L)/放弃(U)/宽度(W)]:W

指定起点宽度 <0.0000>:6　　　　　　　　　　　　　　　　//输入箭头起点宽度值

指定端点宽度 <6.0000>:0　　　　　　　　　　　　　　　　//输入箭头终点宽度值

指定下一点或 [圆弧(A)/闭合(C)/半宽(H)/长度(L)/放弃(U)/宽度(W)]:

　　　　　　　　　　　　　　　　　　//在箭头的终点单击鼠标左键,确定箭头的长度

指定下一点或 [圆弧(A)/闭合(C)/半宽(H)/长度(L)/放弃(U)/宽度(W)]:

　　　　　　　　　　　　　　　　　　　　　　　　　　　　//回车或鼠标右键结束

提示:

多段线命令的提示分直线方式和圆弧方式两种,初始提示为直线方式。

(1)直线方式提示:

指定下一点或[圆弧(A)/闭合(C)/半宽(H)/长度(L)/放弃(U)/宽度(W)]。

(2)圆弧方式提示:

指定圆弧的端点或[角度(A)/圆心(CE)/闭合(CL)/方向(D)/半宽(H)/直线(L)/半径(R)/第二个点(S)/放弃(U)/宽度(W)]。

(3)可进行直线和圆弧的转换绘制——圆弧(A)和直线(L)。

(4)可设置绘制直线的长度与宽度及圆弧的宽度——长度(L)、宽度(W)和半宽(H)。

(5)圆弧可以使用指定圆弧的端点、角度(A)、半径(R)的方式绘制。

(6)可以取消刚画的直线或弧段——放弃(U)。

2.1.2.6　绘制多线(multiline,＼)

在 AutoCAD 中,多线命令可以按当前多线样式指定的线型、条数、比例及端口形式绘制多条平行线段,同时可以在命令中重新指定多线的间距。

多线由若干称为元素的平行线组成,每条线有各自的偏移量、颜色、线型等特性。每一元素由其到中心的距离或偏移来定义,中心的偏移为 0。用户可以使用缺省样式,也可以创建和保存多线样式。

【例题 2.5】 利用多线命令绘制 240mm 宽墙上的窗,宽度为 1200mm。

【解】

(1)240 窗多线样式的创建

菜单:【格式】/【多线样式】,显示"多线样式"对话框,如图 2.7 所示。

图 2.7 "多线样式"对话框

单击图 2.7 所示"多线样式"对话框中的"新建"按钮,显示"创建新的多线样式"对话框,在新样式名后输入"240 窗",如图 2.8 所示。

图 2.8 "创建新的多线样式"对话框

单击图 2.8 所示"创建新的多线样式"对话框中"继续"按钮,弹出"新建多线样式"对话框(图 2.9)。"封口"采用直线封口,勾选起点和端点;"图元"设置输入偏移量。在该对话框中可进行多线的"填充"、"线型"、"颜色"等设置。单击"确定"按钮,返回"多线样式"对话框,在该对话框内将显示出所设多线样式的形状,如图 2.10 所示。

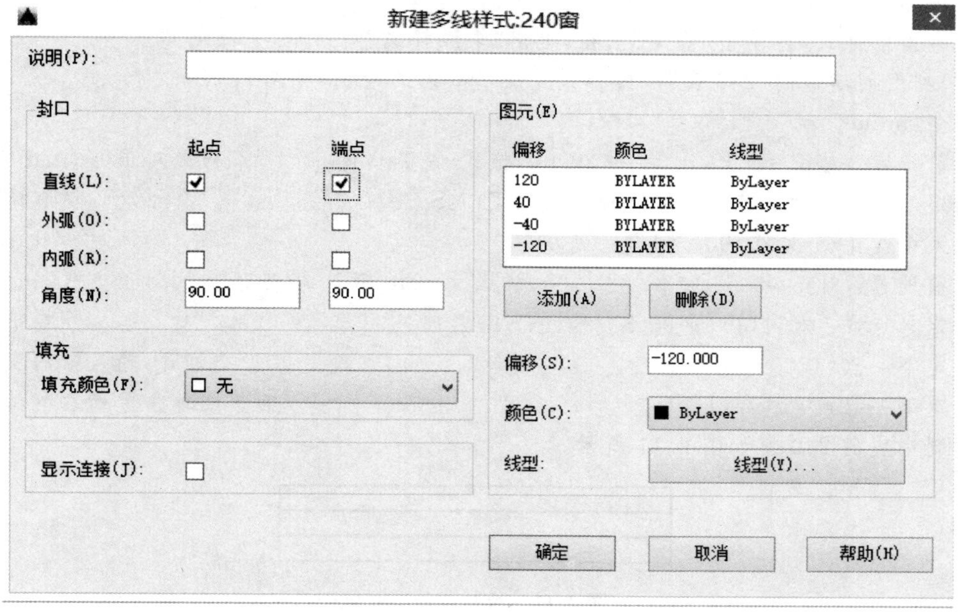

图 2.9　“新建多线样式”对话框

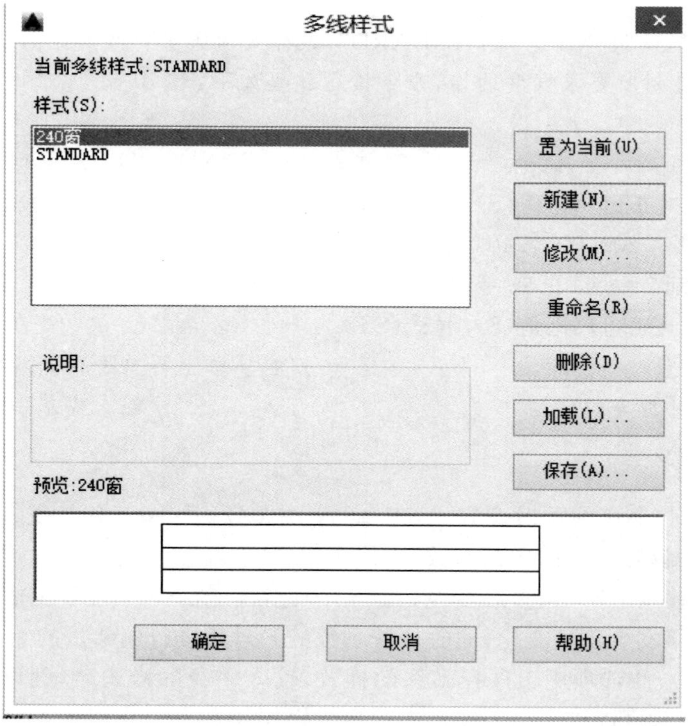

图 2.10　“多线样式”对话框(240 窗)

选中图 2.10"多线样式"对话框中的"240 窗",单击"置为当前"按钮,即将"240 窗"多线样式设置为当前样式,再单击"确定"按钮,退出"多线样式"对话框,完成创建。

(2)利用创建好的"240 窗"多线样式完成 240 窗的绘制,见图 2.11。

命令:mline

当前设置:对正 = 上,比例 = 20.00,样式 = 240 窗　　//当前对正方式、比例、样式

指定起点或 [对正(J)/比例(S)/样式(ST)]:S　　　　//选择 S 选项

输入多线比例 <20.00>:1　　　　　　//比例 S 为 1

当前设置:对正 = 上,比例 = 1.00,样式 = 240 窗　　//改动后的对正方式、比例、样式

指定起点或 [对正(J)/比例(S)/样式(ST)]:　　　　//捕捉对正点

指定下一点:1200　　　　　　　//正交打开,输入窗的宽度数值

指定下一点或 [放弃(U)]:　　　　　　//回车或单击鼠标右键结束命令

绘制完成的 240 窗如图 2.11 所示。

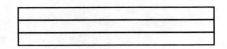

图 2.11　绘制成的 240 窗

【例题 2.6】　利用调整比例方式绘制 240mm 宽的墙体。

【解】

在多线命令中,默认样式是"STANDARD",该样式两条平行线间距为 1,故通过调整比例 S 的值,可以直接绘制所要求宽度的墙,命令执行过程如下:

命令:mline

当前设置:对正 = 上,比例 = 20.00,样式 = STANDARD　　//平行线间距为 1 的样式

指定起点或 [对正(J)/比例(S)/样式(ST)]:S　　　　//选择 S 选项

输入多线比例 <20.00>:240　　　　　　//比例 S 为 240

当前设置:对正 = 上,比例 = 240.00,样式 = STANDARD　　//当前设置

指定起点或 [对正(J)/比例(S)/样式(ST)]:　　　　//在屏幕上单击一点

指定下一点:　　　　　　//在屏幕上再单击一点或输入指定墙的长度

指定下一点或 [放弃(U)]:　　　　　　//回车或单击鼠标右键结束命令

提示:

(1)对正(J):控制多线的对齐方式,有上(T)、中(Z)、下(B)三种对正方式。

(2)比例(S):设置多线的比例系数,影响多线的宽度,多线的各元素用该系数乘以其偏移量得到新的偏移量。S>1,多线变宽;1>S>0,多线变窄;S=0,多线重合为单一直线;S<0,多线元素偏移发生正负变化,同时按该系数的绝对值进行偏移量的缩放。

(3)样式(ST):此选项用于选择多线的样式,输入多线的样式名,则设置该样式为当前多线样式;输入"?",可以查询当前图形中的多线样式列表。

2.1.3　圆类命令

2.1.3.1　绘制圆（circle，⊘）

圆是一种最常见的基本图形对象，可以用来表示轴号、详图符号等。在 AutoCAD 中提供了 6 种绘制圆的方式，见图 2.12。这些方式是根据圆心、半径、直径和圆上的点等参数来绘制图的。

图 2.12　绘制圆的 6 种方式

【例题 2.7】　已知边长为 100mm 的正三角形[图 2.13(a)]，按要求绘制图 2.13(b)中的圆。

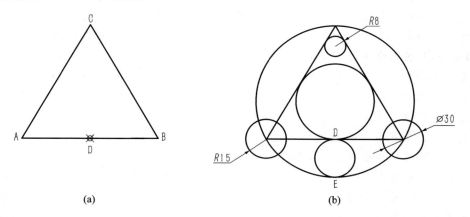

(a)　　　　　　　　　　　　(b)

图 2.13　圆的绘制

(1) 以 A 点为圆心，画 $R=15$mm 的圆。

(2) 以 B 点为圆心，画 $\phi=30$mm 的圆。

(3) 画与 AC 和 BC 边相切且 $R=8$mm 的圆。

(4) 画出△ABC 的内切圆。

(5) 画出△ABC 的外接圆。

(6) 画出以 AB 边中点 D 点和△ABC 外接圆象限点 E 点为直径的圆。

【解】

首先绘制边长为 100mm 正三角形（△ABC），再按要求绘制各圆。

(1) 单击 ⊘，根据命令提示输入圆心和半径

命令：_circle 指定圆的圆心或 [三点(3P)/两点(2P)/切点、切点、半径(T)]：

　　　　　　　　　　　　　　　　　　　　　　　　　　　　　// 捕捉 A 点为圆心

指定圆的半径或 [直径(D)] <13.0910>：15

　　　　　　　　　　　　　　　　　　　　　　　　　　　　　// 输入半径值

(2) 单击 ⊘，根据命令提示输入圆心和直径

命令：_circle 指定圆的圆心或 [三点(3P)/两点(2P)/切点、切点、半径(T)]：

　　　　　　　　　　　　　　　　　　　　　　　　　　　　　// 捕捉 B 点为圆心

指定圆的半径或 [直径(D)] <15.0000>：_D

指定圆的直径 <30.0000>：30

　　　　　　　　　　　　　　　　　　　　　　　　　　　　　// 输入直径

(3)单击⊗,根据命令提示捕捉两个切点然后输入半径

命令：_circle 指定圆的圆心或［三点(3P)/两点(2P)/切点、切点、半径(T)］：_ttr

指定对象与圆的第一个切点：　　　　//移动光标靠近 AC,显示切点标记后单击鼠标左键

指定对象与圆的第二个切点：　　　　//移动光标靠近 BC,显示切点标记后单击鼠标左键

指定圆的半径 ＜15.0000＞：8　　　　　　　　　　　　　　　　　//输入半径值

(4)单击⟳,根据命令提示捕捉三个切点

命令：_circle 指定圆的圆心或［三点(3P)/两点(2P)/切点、切点、半径(T)］：_3p

指定圆上的第一个点：_tan 到　　　//移动光标靠近 AB,显示切点标记后单击鼠标左键

指定圆上的第二个点：_tan 到　　　//移动光标靠近 BC,显示切点标记后单击鼠标左键

指定圆上的第三个点：_tan 到　　　//移动光标靠近 AC,显示切点标记后单击鼠标左键

(5)单击◎,根据命令提示捕捉三个顶点

命令：_circle 指定圆的圆心或［三点(3P)/两点(2P)/切点、切点、半径(T)］：_3p

指定圆上的第一个点：　　　　　　　　　　　　　　　　　　　　//捕捉 A 点

指定圆上的第二个点：　　　　　　　　　　　　　　　　　　　　//捕捉 B 点

指定圆上的第三个点：　　　　　　　　　　　　　　　　　　　　//捕捉 C 点

(6)单击◯,根据命令提示捕捉两个端点

命令：_circle 指定圆的圆心或［三点(3P)/两点(2P)/切点、切点、半径(T)］：_2p

指定圆直径的第一个端点：　　　　　　　　　　　　　　　　　　//捕捉 D 点

指定圆直径的第二个端点：　　　　　　　　　　　　　　//捕捉象限点 E

提示：

　　选相切选项后,屏幕上的十字光标变成切点捕捉光标,移动捕捉光标到与所绘圆相切的目标,单击左键即可。选取目标时单击点的位置决定所画圆与被切实体的相对位置。

2.1.3.2　绘制圆环(donut,◎)

绘制圆环时,用户只需指定内径和外径,便可连续点取圆心绘制出多个圆环。

【例题 2.8】　利用圆环命令绘制图 2.14 所示图形。

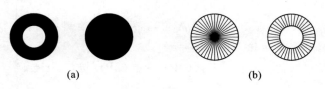

(a)　　　　　　　　　　　　　　　(b)

图 2.14　圆环绘制

(a)填充圆环；(b)　非填充圆环

【解】

(1)绘制填充圆环

命令：donut

指定圆环的内径 ＜10.0000＞：　　　　　　　　　　　//内径值为默认值 10

指定圆环的外径 ＜20.0000＞：　　　　　　　　　　　//外径值为默认值 20

指定圆环的中心点或＜退出＞：　　　　　　　　　　　　　　//指定圆心
指定圆环的中心点或＜退出＞：　　　　　　　　　　//回车或单击鼠标右键结束命令
命令：dount
指定圆环的内径＜10.0000＞：0　　　　　　　　　　　　　//指定内径值0
指定圆环的外径＜20.0000＞：　　　　　　　　　　　　//外径为默认值20
指定圆环的中心点或＜退出＞：　　　　　　　　　　　　//指定圆心
指定圆环的中心点或＜退出＞：　　　　　　　　//回车或单击鼠标右键结束命令
(2)绘制非填充圆环
命令：fill
输入模式［开(ON)/关(OFF)］＜开＞：OFF　　　　　　　　//设置圆环不填充
命令：donut
指定圆环的内径＜0.0000＞：　　　　　　　　//直接回车,则内径为默认值0
指定圆环的外径＜20.0000＞：　　　　　　　　//直接回车,则外径为默认值20
指定圆环的中心点或＜退出＞：　　　　　　　　　　//指定圆心
命令：donut
指定圆环的内径＜0.0000＞：10　　　　　　　　　　//指定内径值10
指定圆环的外径＜20.0000＞：　　　　　　　　//回车,外径值为默认值20
指定圆环的中心点或＜退出＞：　　　　　　　　　　//指定圆心

> 提示：
> (1)若指定内径为零,则画出实心圆。
> (2)命令"fill"可以控制圆环是否填充。具体方法是:
> 命令：fill
> 输入模式［开(ON)/关(OFF)］＜开＞：　　　//选 ON 表示填充,选 OFF 表示不填充

2.1.3.3　绘制椭圆(ellipse,⬮)

椭圆命令可以按指定轴端点方式、椭圆心方式和旋转角方式绘制椭圆。

【例题 2.9】　利用椭圆绘制的三种方式,绘制图 2.15 中的椭圆。

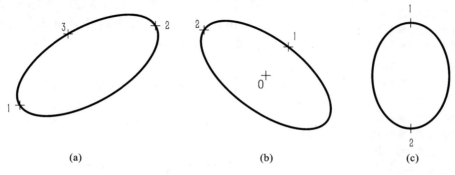

(a)　　　　　　　　　　　(b)　　　　　　　　　　　(c)

图 2.15　椭圆绘制方式

(a)轴端点方式;(b)椭圆心方式;(c)旋转角方式 $R=45$

【解】

(1)轴端点方式

命令：ellipse

指定椭圆的轴端点或［圆弧(A)/中心点(C)]：   //单击鼠标确定轴端点"1"

指定轴的另一个端点：   //单击鼠标确定另一个轴端点"2"

指定另一条半轴长度或［旋转(R)]：   //单击鼠标确定另一条半轴长度

(2)椭圆心方式

命令：ellipse

指定椭圆的轴端点或［圆弧(A)/中心点(C)]：C   //转为椭圆心方式

指定椭圆的中心点：   //单击鼠标确定中心点"O"

指定轴的端点：   //单击鼠标确定轴端点"1"

指定另一条半轴长度或［旋转(R)]：   //单击鼠标确定另一条半轴长度

(3)旋转角方式 $R=45$

命令：ellipse

指定椭圆的轴端点或［圆弧(A)/中心点(C)]：   //单击鼠标确定轴端点"1"

指定轴的另一个端点： ＜正交 开＞   //单击鼠标确定另一个端点"2"

指定另一条半轴长度或［旋转(R)]：R   //选择 R 选项

指定绕长轴旋转的角度：45   //输入角度值

提示：

(1)轴端点方式：指定椭圆与轴的三个交点(即轴端点)。

(2)椭圆心方式(C)：指定椭圆心和椭圆与两轴的各一个交点(即两半轴长)。

(3)旋转角方式(R)：指定椭圆一个轴的两个端点，然后再指定一个旋转角度。

2.1.4 弧类命令

2.1.4.1 绘制圆弧(arc,)

AutoCAD 提供了多种画弧方式，见图 2.16。这些方式是根据起点、方向、中点、包含角、终点、弦长等控制点来确定圆弧的。

【例题 2.10】 利用圆弧命令在给定墙体上绘制宽度为900mm，打开角度为 60°的平开门(图 2.17)。

【解】

(1)用起点、圆心、端点方式画圆弧，单击

图 2.16 圆弧绘制方式

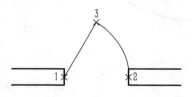

图 2.17 平开门示意

命令：_arc 指定圆弧的起点或［圆心（C）］：　　　　　　　　　　　　//捕捉 2 点

指定圆弧的第二个点或［圆心（C）/端点（E）］：_C 指定圆弧的圆心：　　//捕捉 1 点

指定圆弧的端点或［角度（A）/弦长（L）］：@900〈60　　　　　　　//输入 3 点坐标值

（2）用起点、圆心、角度方式画圆弧，单击

命令：_arc 指定圆弧的起点或［圆心（C）］：　　　　　　　　　　　　//捕捉 2 点

指定圆弧的第二个点或［圆心（C）/端点（E）］：_C 指定圆弧的圆心：　　//捕捉 1 点

指定圆弧的端点或［角度（A）/弦长（L）］：_A 指定包含角：60　　　　//输入角度

（3）用起点、端点、角度方式画圆弧，单击

命令：_arc 指定圆弧的起点或［圆心（C）］：　　　　　　　　　　　　//捕捉 2 点

指定圆弧的第二个点或［圆心（C）/端点（E）］：_E

指定圆弧的端点：_from 基点：＜偏移＞：@900〈60

　　　　　　　　　　　　//调用 from 捕捉，基点为 1 点，输入 3 点坐标值

指定圆弧的圆心或［角度（A）/方向（D）/半径（R）］：_A 指定包含角：60　//输入角度

（4）用起点、端点、半径方式画圆弧，单击

命令：_arc 指定圆弧的起点或［圆心（C）］：　　　　　　　　　　　　//捕捉 2 点

指定圆弧的第二个点或［圆心（C）/端点（E）］：_E

指定圆弧的端点：_from 基点：＜偏移＞：@900〈60

　　　　　　　　　　　　//调用 from 捕捉，基点为 1 点，输入 3 点坐标值

指定圆弧的圆心或［角度（A）/方向（D）/半径（R）］：_R

指定圆弧的半径：900　　　　　　　　　　　　　　　　　　　　　//输入半径

（5）用圆心、起点、端点方式画圆弧，单击

命令：_arc 指定圆弧的起点或［圆心（C）］：_C 指定圆弧的圆心：　　//捕捉 1 点

指定圆弧的起点：　　　　　　　　　　　　　　　　　　　　　　//捕捉 2 点

指定圆弧的端点或［角度（A）/弦长（L）］：@900〈60　　　　　　　//输入 3 点坐标值

（6）用圆心、起点、角度方式画圆弧，单击

命令：_arc 指定圆弧的起点或［圆心（C）］：_C 指定圆弧的圆心：　　//捕捉 1 点

指定圆弧的起点：　　　　　　　　　　　　　　　　　　　　　　//捕捉 2 点

指定圆弧的端点或［角度（A）/弦长（L）］：_A 指定包含角：60　　　　//输入角度

提示：

（1）用命令方式画圆弧时，可以根据系统提示选择不同的选项，具体功能与绘图中"圆弧"子菜单提供的 11 种方式相似。

（2）"继续"方式绘制的圆弧与上一线段圆弧相切，继续画圆弧段只需提供端点即可。

2.1.4.2　绘制椭圆弧（ellipse/a，）

先构造母体椭圆，出现的选项和提示与椭圆相同，然后确定椭圆弧的起始角和终止角绘制椭圆弧，或者指定起始角和夹角度数以确定绘制的椭圆弧。

【例题 2.11】　利用椭圆弧命令绘制图 2.18 中的椭圆弧。

【解】

（1）绘制图 2.18（a）所示椭圆弧

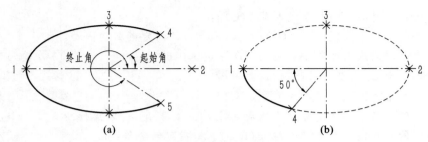

图 2.18　椭圆弧绘制

命令：ellipse

指定椭圆的轴端点或〔圆弧(A)/中心点(C)〕：_A　　　　　　　　//切换至绘制椭圆弧命令

指定椭圆弧的轴端点或〔中心点(C)〕：　　　　　　　　　　　　//点击 1 点

指定轴的另一个端点：　　　　　　　　　　　　　　　　　　　//点击 2 点

指定另一条半轴长度或〔旋转(R)〕：　　　　　　　　　　　　//点击 3 点

指定起始角度或〔参数(P)〕：　　　　　　　　　　　　　　　//点击 4 点

指定终止角度或〔参数(P)/包含角度(I)〕：　　　　　　　　　//点击 5 点

(2)绘制图 2.18(b)所示 50°椭圆弧

命令：ellipse

指定椭圆的轴端点或〔圆弧(A)/中心点(C)〕：A　　　　　　　//切换至绘制椭圆弧命令

指定椭圆弧的轴端点或〔中心点(C)〕：　　　　　　　　　　　　//点击 1 点

指定轴的另一个端点：　　　　　　　　　　　　　　　　　　　//点击 2 点

指定另一条半轴长度或〔旋转(R)〕：　　　　　　　　　　　　//点击 3 点

指定起始角度或〔参数(P)〕：0　　　　　　　　　　　　　　//输入起始角度值

指定终止角度或〔参数(P)/包含角度(I)〕：50　　　　　　　　//输入终止角度值

　提示：

　(1)图 2.18(a)的绘制说明中前两个点(点 1、2)确定第一条轴的位置和长度。第三个点(点 3)确定椭圆弧的圆心与第二条轴的端点之间的距离,第四个点(点 4)和第五个点(点 5)确定起始和终止角度。

　(2)第一条轴的起始点确定了椭圆弧的起始边。

2.1.5　形类命令

2.1.5.1　绘制矩形(rectang,▭)

矩形命令可以画直角矩形,还可以画四角是斜角或者是圆角的矩形,如图 2.19 所示。

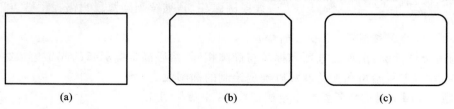

图 2.19　矩形绘制方式

(a)直角矩形;(b)倒角矩形;(c)圆角矩形

【例题 2.12】　绘制建筑平面图中 50mm×50mm 的柱子,要求中心线交点与矩形中心重合,见图 2.20。

【解】

命令:_rectang

指定第一个角点或〔倒角(C)/标高(E)/圆角(F)/厚度(T)/宽度(W)〕:_from 基点:<偏移>:@25,25

　　　　　　　//调用 from 捕捉,基准点 O,输入偏移距离确定 2 点

指定另一个角点或〔面积(A)/尺寸(D)/旋转(R)〕:@-50,-50

//输入矩形的值,确定 1 点

图 2.20　绘制柱子

> 提示:
> (1)宽度(W)选项可以设置所画矩形的线宽。
> (2)当不需要已设置参数时,再设置为所需要参数即可。

2.1.5.2　绘制正多边形(polygon, ⬠)

正多边形命令可以按指定方式画正多边形。AutoCAD 提供了 3 种画正多边形的方式,即边(E)方式、外切于圆(C)方式和内接于圆(I)方式,见图 2.21。

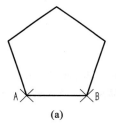 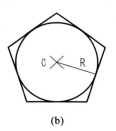 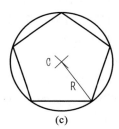

(a) (b) (c)

图 2.21　正多边形的绘制方式

(a)边(E);(b)外切于圆(C);(c)内接于圆(I)

【例题 2.13】　画五角星,要求如图 2.22(a)所示。

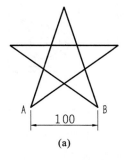 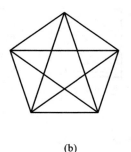

(a) (b)

图 2.22　绘制五角星

【解】

(1)绘制辅助正五边形

命令:_polygon 输入边的数目 <4>:5

指定正多边形的中心点或 [边(E)]：E //使用边(E)方式
指定边的第一个端点： //单击鼠标指定第一个端点 A，打开正交
指定边的第二个端点：100 //鼠标移至 A 点右，输入 100 确定 B 点
(2)绘制五角星
命令：_line 指定第一点：
指定下一点或[放弃(U)]： //依次连接正五边形各顶点

> 提示：
> (1)边(E)：指定正多边形一条边的两个端点，然后从边的端点开始按逆时针方向画出正多边形，该指定边确定了正多边形的放置方向。
> (2)外切于圆(C)：指定正多边形内切圆的圆心和半径。
> (3)内接于圆(I)：指定正多边形外接圆的圆心和半径。

2.1.6　图案填充命令(hatch,▨)

为了区别图形中不同形体的组成部分或需要用一个重复的图案填充一个区域从而增强图形的表现效果，AutoCAD 使用填充图案和渐变色功能对图形进行填充，使用图案填充命令建立一个相关联的填充阴影对象，即图案填充。

2.1.6.1　基本概念

(1)图案边界

在进行图案填充时，首先要确定填充图案的边界。定义边界的对象只能是直线、圆弧、圆等对象或用这些对象定义的块，而且作为边界的对象在当前屏幕上必须全部可见。

(2)孤岛

在进行图案填充时，把位于总填充域内的封闭区域称为孤岛。

(3)填充方式

在进行图案填充时，AutoCAD 设置了三种填充方式来控制填充范围，如图 2.23 所示。

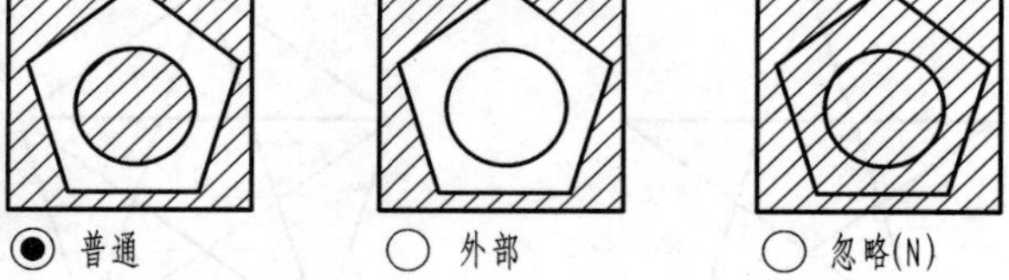

◉ 普通　　　○ 外部　　　○ 忽略(N)

图 2.23　图案填充方式

①普通方式：该方式从边界开始，由每条填充线或每个填充符号的两端向里画，遇到内部对象与之相交时，填充线或符号断开，直到遇到下一次相交时再继续画。

②外部方式：该方式从边界向里画填充对象，只要在边界内部与对象相交，填充对象由此断开，而不再继续画。

③忽略方式：该方式忽略边界内的对象，所有内部结构都被填充。

2.1.6.2　"图案填充和渐变色"对话框(图 2.24)

图 2.24　"图案填充和渐变色"对话框的"图案填充"选项卡

"图案填充和渐变色"对话框的"图案填充"选项卡分为"图案填充"区、"边界"区、"选项"区、"继承特性"按钮和"预览"按钮 5 部分。

(1)"图案填充"区

"图案填充"区包括类型和图案、角度和比例以及图案填充原点三部分,其中图案类型包括如下三种形式:

①"预定义"类型填充图案的选择和定义

选用已定义在文件 ACAD.PAT 中的图案,这种预定义图案的选择有三种方法:

a. 从图案下拉列表框中选择所需图案。

b. 单击图案下拉列表框后面的 … 按钮,打开"填充图案选项板"对话框,从中选择一种图案,如图 2.25 所示。

c. 单击样例图案预览小窗口,也可打开图 2.25 所示的"填充图案选项板"对话框。

选好图案后,需在角度、比例文本框中设定图案绘制角度和缩放比例。角度为图案的旋转角;缩放比例影响图案中线的间距,比例越大线间距越大。

②"用户定义"类型填充图案的选择和定义

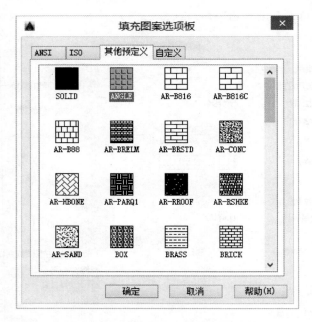

图 2.25　"填充图案选项板"对话框

选用当前线型定义的图案。选择了"用户定义"类型后,"双向"开关和"间距"文字编辑框也变为可用,可输入间距值和角度值。

③"自定义"类型填充图案的选择和定义

选用定义在其他 PAT 文件中的图案。选择"自定义"类型,应在该区"自定义图案"文字编辑框中键入名称来选择。另外可在"角度"和"比例"文字编辑框中改变自定义图案的缩放比例和角度值。

(2)"边界"区

用来选择填充图案的边界并定义填充图案边界的方法。

①"添加:拾取点"⊞按钮

根据构成封闭区域的选定对象确定边界。单击该按钮,对话框暂时关闭,返回图纸,此时可在所要绘制填充图案的封闭区域内各拾取一点来选择边界,点击鼠标右键,选择"设置(T)"选项,返回图 2.24 所示"图案填充和渐变色"对话框。

②"添加:选择对象"⊡按钮

根据构成封闭区域的选定对象确定边界。单击该按钮,对话框暂时关闭,返回图纸,可按"选择对象"的各种方式指定边界,该方式要求作为边界的多个图形对象必须封闭。

③"删除边界"按钮⊡

从边界定义中删除之前添加的任何对象。单击该按钮,将返回图纸,可用拾取框选择该命令中已定义的边界,选择一个取消一个。当没有选择边界或没有定义边界时,此项不能用。

④"重新创建边界"按钮⊡

围绕选定的图案填充或填充对象创建多段线或面域。该按钮在执行修改图案填充命令时才可用。

⑤"查看选择集"按钮 🔍

单击该按钮,将返回图纸,并使用当前的图案填充或填充设置显示当前定义的边界。当没有选择边界或没有定义边界时,此项不能用。

(3)"选项"区

在此区域可以设置注释性、关联性以及创建独立的图案填充;可以调整绘图次序,选择图层,设置图案透明度。

①"关联"开关

此开关控制当前边界改变时,填充图案是否跟随变化。

②"创建独立的图案填充"开关

关闭"创建独立的图案填充"开关时,同一个命令中指定的各边界所绘制的填充图案是一个实体。打开"创建独立的图案填充"开关时,同一个命令指定的各边界所绘制的填充图案是一个独立的实体。

③"绘图次序"下拉列表

绘图次序指绘制的填充图案与其边界的绘图次序,此下拉列表控制两者重叠处的显示顺序。"置于边界之后"是默认状态。

④"图层"下拉列表

在图案填充过程中,用户可以选择需要填充的图案,在默认情况下,这些图案的颜色和线型将使用当前图层的颜色和线型。

⑤"透明度"下拉列表

可以使用当前项,也可随层、随块或自己设定值。

(4)"继承特性" 🔳 按钮

单击"继承特性"按钮,允许将已填充在实体中的填充图案选择为当前填充图案。

(5)"预览"按钮

定义了图案填充类型、参数和边界后,单击"预览"按钮,可显示绘制填充图案的效果,预览完毕后,按 ESC 键返回"图案填充和渐变色"对话框,可进行修改直到填充图案满意为止。单击"确定"按钮,绘制出满意的填充图案。

提示:
执行"图案填充"命令,在"图案填充创建"功能区中可以设置填充的边界和填充的图案;对于已经填充完毕的可以选中填充图案,在"图案填充编辑器"中进行内容修改。

2.1.6.3　渐变色(图 2.26)

渐变填充是实体图案填充,能够体现出光照在平面上而产生的过渡颜色效果。可以使用渐变填充在二维图形中表示实体。渐变填充使用与实体填充相同的方式应用到对象,并可以与其边界相关联,也可以不与其边界进行关联。当边界更改时,关联的填充将自动随之更新。

(1)颜色

单色:指定使用从较深色调到较浅色调平滑过渡的单色填充。

双色:指定在两种颜色之间平滑过渡的双色渐变填充。

颜色样本:指定渐变填充的颜色。

图 2.26　"图案填充和渐变色"对话框的"渐变色"选项卡

（2）渐变图案

显示用于渐变填充的 9 种固定图案。

（3）方向

指定渐变色的角度以及其是否对称。

【例题 2.14】　用"ANSI31、TRIANG、AR. SAND"3 种图案依次代表钢筋、石子、砂子在矩形中进行填充，完成混凝土、钢筋混凝土的图案填充，见图 2.27。

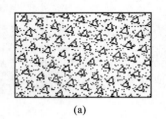
　　　　（a）

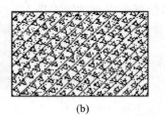
　　　　（b）

图 2.27　混凝土、钢筋混凝土剖面图

（a）混凝土；（b）钢筋混凝土

【解】

（1）填充图案"ANSI31"

命令：_hatch

拾取内部点或［选择对象（S）/放弃（U）/设置（T）］：T

// 输入"设置（T）"选项，打开"图案填充和渐变色"对话框，选择图案 ANSI31，调整角度

和比例并选择边界,正确填充后确定

拾取内部点或[选择对象(S)/放弃(U)/设置(T)]:

//单击"添加:拾取点"⊞按钮,在矩形内部单击一点

拾取内部点或[选择对象(S)/放弃(U)/设置(T)]:正在选择所有对象...

正在选择所有可见对象...

正在分析所选数据...

正在分析内部孤岛..

拾取内部点或[选择对象(S)/放弃(U)/设置(T)]:

(2)填充图案"TRIANG"

命令:_hatch

拾取内部点或[选择对象(S)/放弃(U)/设置(T)]:T

//输入"设置(T)"选项,打开"图案填充和渐变色"对话框,选择图案 TRIANG,调整角度和比例并选择边界,正确填充后确定

拾取内部点或[选择对象(S)/放弃(U)/设置(T)]:

//单击"添加:选择对象"▩按钮,选择矩形

拾取内部点或[选择对象(S)/放弃(U)/设置(T)]:正在选择所有对象...

正在选择所有可见对象...

正在分析所选数据...

正在分析内部孤岛..

拾取内部点或[选择对象(S)/放弃(U)/设置(T)]:

(3)填充图案"AR. SAND"

命令:_hatch

拾取内部点或[选择对象(S)/放弃(U)/设置(T)]:T

//输入"设置(T)"选项,打开"图案填充和渐变色"对话框,选择图案 AR. SAND,调整角度和比例并选择边界,正确填充后确定。

拾取内部点或[选择对象(S)/放弃(U)/设置(T)]:

//单击"添加:选择对象"▩按钮,选择矩形

拾取内部点或[选择对象(S)/放弃(U)/设置(T)]:正在选择所有对象...

正在选择所有可见对象...

正在分析所选数据...

正在分析内部孤岛..

拾取内部点或[选择对象(S)/放弃(U)/设置(T)]:

提示:

(1)同一边界在进行图案填充时可以被使用多次。

(2)通过调整填充图案的角度和比例达到所需填充效果。

(3)进入和返回"图案填充和渐变色"对话框的方法:

命令:_hatch

拾取内部点或[选择对象(S)/放弃(U)/设置(T)]:T　　　　　　//选择"设置"选项

项目 2.2 基本二维图形的编辑

AutoCAD 具有强大的图形编辑功能,在绘图时,编辑并不仅仅是删除对象和修改对象,如果在绘图时就能灵活地使用绘图命令和图形编辑命令,可以极大地提高计算机绘图的效率和绘图精度。编辑命令实施的对象是图形对象,可对一个对象或多个对象进行编辑。

AutoCAD 提供了两种编辑方式:一种是先调用编辑命令再建立选择集;另一种是建立选择集后再调用编辑命令。其修改工具栏见图 2.28。

图 2.28 修改工具栏

2.2.1 删除、撤销、恢复命令

2.2.1.1 删除命令(erase, ✐)

可以在图形中删除用户所选中的一个或多个图形对象,在图形文件没有被关闭之前,用户可以利用"undo"或"oops"命令进行恢复。当图形文件被关闭后,该对象将被永久地删除。

2.2.1.2 撤销命令(undo, ↰)

允许用户从最后一个命令开始,逐一向前撤销以前输入执行过的命令,可以一直撤销到本次 AutoCAD 刚启动时的状态。

2.2.1.3 恢复命令(redo, ↱)

恢复命令又叫重做命令。功能与撤销命令相反,调用该命令将恢复一次撤销操作,重复执行一遍所撤销的命令。

2.2.2 绘制相同结构——复制命令(copy, ⌗)

在同一图形上经常会出现相同结构,用 AutoCAD 绘图时,可以只绘制一次该结构,其他的相同结构通过复制生成。相同结构越复杂,数量越多,越能显示出复制命令的优越性。在复制过程中图形做平行移动,不旋转。

复制命令是将源对象从一点复制到另一点,这两点之间的距离称为位移。位移的第一点称为基准点,位移的另一点称位移的第二点。复制生成的图形的位置由这两个点控制,即把基准点移到了第二点。

【例题 2.15】 用复制命令绘制图 2.29 所示间距为 20mm 的 5 条平行线。

【解】

(1)绘制以 A 为起点的垂直线

命令:_line 指定第一点: //在屏幕上指定 A 点

指定下一点或 [放弃(U)]:   //打开正交,在屏幕上任意指定垂直线上的另一点 F

(2)绘制其余直线

命令:_copy

选择对象:找到 1 个   //选择直线 AF

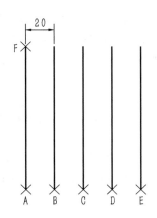

图 2.29　绘制平行线

选择对象：　　　　　　　　　　　　　　　　　　//回车或单击鼠标右键结束对象选择
当前设置:复制模式 ＝ 多个　　　　　　　　　　//系统显示为"多个"复制模式
指定基点或［位移(D)/模式(O)］＜位移＞：　　　//捕捉 A 点为基准点
指定第二个点或［阵列(A)］＜使用第一个点作为位移＞：20
　　　　　　　　　　　　　　　　　　　//打开正交,输入 B 点与基准点的距离
指定第二个点或［阵列(A)/退出(E)/放弃(U)］＜退出＞：40　　//输入 C 与基准点的距离
指定第二个点或［阵列(A)/退出(E)/放弃(U)］＜退出＞：60　　//输入 D 与基准点的距离
指定第二个点或［阵列(A)/退出(E)/放弃(U)］＜退出＞：80　　//输入 E 与基准点的距离
指定第二个点或［阵列(A)/退出(E)/放弃(U)］＜退出＞：//回车或单击鼠标右键结束命令

提示：
(1)模式(O):通过模式选项确定复制命令是单个复制(S)还是多个复制(M)。
(2)阵列(A):当复制对象具有阵列特征时,可以直接使用此选项,简化复制操作。
命令：_copy
选择对象：指定对角点：找到 1 个　　　　　　　　//选择直线 AF
选择对象：
当前设置:复制模式 ＝ 多个
指定基点或［位移(D)/模式(O)］＜位移＞：　　　//捕捉 A 点为基准点
指定第二个点或［阵列(A)］＜使用第一个点作为位移＞：A　　//选择阵列选项 A
输入要进行阵列的项目数:5　　　　　　　　　　//输入阵列项目数
指定第二个点或［布满(F)］:@20,0　　　　　　//第二点与基准点的相对坐标值
指定第二个点或［阵列(A)/退出(E)/放弃(U)］＜退出＞//回车或单击鼠标右键结束命令

2.2.3　绘制平行结构——偏移命令(offset, 🖱)

在绘制图形时经常会出现平行结构,包括直线的平行线和圆弧等曲线的等距曲线等。
偏移命令是一条连续执行的复制命令,命令执行时,可在输入偏移距离后选择偏移源对象

（一次只能选择一个图形元素）并指定向哪个方向偏移。偏移距离相同,调用一次命令可以绘制出多个源对象,偏移距离不同,需重复调用偏移命令绘制多个源对象。

【例题 2.16】 用偏移命令绘制图 2.29 所示间距为 20mm 的 5 条平行线。

(1)绘制以 A 为起点的垂直线

命令：_line 指定第一点：　　　　　　　　　　　　　　　　　　//在屏幕上指定 A 点

指定下一点或［放弃(U)］：　　　　　//打开正交,在屏幕上任意指定垂直线上的另一点 F

(2)绘制其余直线

命令：_offset

当前设置：删除源＝否　图层＝源　OFFSETGAPTYPE＝0

指定偏移距离或［通过(T)/删除(E)/图层(L)］<15.0000>:20　　　　　//输入偏移距离

选择要偏移的对象,或［退出(E)/放弃(U)］<退出>：　　　　　　　//选择 AF 直线

指定要偏移的那一侧上的点,或［退出(E)/多个(M)/放弃(U)］<退出>：

　　　　　//在 AF 右侧单击鼠标左键,依次重复选择偏移生成的直线,用鼠标指明偏移方向

选择要偏移的对象,或［退出(E)/放弃(U)］<退出>：　　　　　　　　　//结束命令

> 提示：
>
> (1)距离：必为正值,输入等距线与原对象之间的距离。
>
> (2)通过(T)：选择等距目标及指定等距线要通过的一点。
>
> (3)删除(E)：偏移源对象后是否将其删除。
>
> (4)图层(L)：询问将偏移对象创建在当前层上还是源对象所在的图层上。
>
> (5)多个(M)：对于多次偏移相同间距,只需选择一次源图形对象,在指定偏移方向的一方,直接单击鼠标左键即可。
>
> 命令：_offset
>
> 当前设置：删除源＝否　图层＝源　OFFSETGAPTYPE＝0
>
> 指定偏移距离或［通过(T)/删除(E)/图层(L)］<20.0000>：
>
> 选择要偏移的对象,或［退出(E)/放弃(U)］<退出>：　　　　　　　//选择 AF 直线
>
> 指定要偏移的那一侧上的点,或［退出(E)/多个(M)/放弃(U)］<退出>:M
>
> 　　　　　　　　　　　　　　　　　　　　　　　　　　　//选择多个选项
>
> 指定要偏移的那一侧上的点,或［退出(E)/放弃(U)］<下一个对象>：
>
> 　　　　　　　　　　　　　　　　　　　　//右侧连续单击鼠标左键 4 次

2.2.4　绘制多个相同结构——阵列命令(array,⌗)

AutoCAD 2016 的阵列命令用于将所选择的对象按照矩形⌗、环形❖ 或路径❧方式进行多重复制。

【例题 2.17】 用阵列命令绘制图 2.29 所示间距为 20mm 的 5 条平行线。

【解】

(1)绘制以 A 为起点的垂直线

命令：_line 指定第一点：　　　　　　　　　　　　　　　　　　　//在屏幕上指定 A 点

指定下一点或［放弃(U)］:　　　　//打开正交,在屏幕上任意指定垂直线上的另一点 F

(2)绘制其余直线

命令:arrayclassic　　//执行阵列命令,得到"阵列"对话框(图 2.30),在此对话框中,选择"矩形阵列",输入"行数"为 1,"列数"为 5,输入"列偏移"距离 20,单击"选择对象"按钮,选择已知直线 AF,选择"确定"按钮,即生成 5 条平行线

图 2.30　"阵列"对话框(矩形阵列)

提示:

(1)AutoCAD 2016 中阵列分为矩形阵列、环形阵列和路径阵列,可以分别输入"array-rect"、"arraypolar"、"arraypath"命令,根据命令提示操作完成相应阵列绘图。

(2)在 AutoCAD 2016 中,执行"arrayclassic"命令,可以调用图 2.30 所示以前版本中的对话框进行阵列操作。

(3)矩形阵列(图 2.30)。需要指定阵列的行数、列数、行偏移距离、列偏移距离以及阵列方向角。行间距与列间距的正负直接影响图形生成的位置。行间距、列间距同为正,生成图形在已知图形右上方,包括右方和上方;行间距为正、列间距为负,生成图形在已知图形左上方,包括左方和上方;行间距、列间距同为负,生成图形在已知图形左下方,包括左方和下方;行间距为负、列间距为正,生成图形在已知图形右下方,包括右方和下方。

(4)环形阵列(图 2.31)。需要确定阵列中心,在阵列项目总数、填充角度和阵列项目间角度中需要确定其中的两项,还需确定阵列时图形是否绕阵列中心旋转。

(5)路径阵列。沿整个路径或部分路径平均分布对象副本。路径可以是直线、多段线、三维多段线、样条曲线、螺旋线、圆弧、圆或椭圆。

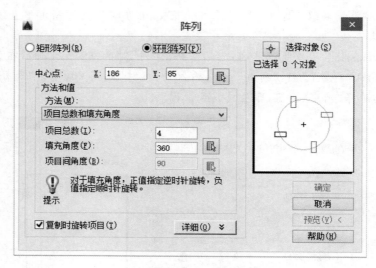

图 2.31 "阵列"对话框（环形阵列）

2.2.5 绘制对称结构——镜像命令（mirror，⚠）

在一些图形上经常会出现一种轴对称结构，镜像命令是按指定的对称线对选定的图形对象进行镜像操作，用这种方法绘制这种对称图形可以减少近 1/2 的绘图工作量。

镜像命令需要选择源对象，并指定对称中心线，镜像时可以删除源对象也可以不删除源对象。

【例题 2.18】 绘制图 2.32(f)。

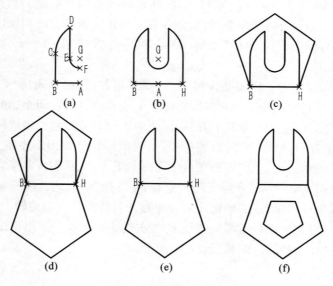

图 2.32 用镜像命令绘图

【解】

(1)绘制图 2.32(a)

命令：_pline

指定起点：　　　　　　　　　　　　　　　　　//在屏幕上任意单击一点，作为 A 点

当前线宽为 0.0000

指定下一个点或［圆弧（A）/半宽（H）/长度（L）/放弃（U）/宽度（W）］：

　　　　　　　　　　　　　　　　　　　　　　//在屏幕上确定 B 点

指定下一点或［圆弧（A）/闭合（C）/半宽（H）/长度（L）/放弃（U）/宽度（W）］：

　　　　　　　　　　　　　　　　　　　　　　//确定 C 点

指定下一点或［圆弧（A）/闭合（C）/半宽（H）/长度（L）/放弃（U）/宽度（W）］：A

　　　　　　　　　　　　　　　　　　　　　　//圆弧选项

指定圆弧的端点或［角度（A）/圆心（CE）/闭合（CL）/方向（D）/半宽（H）/直线（L）/半径（R）/第二个点（S）/放弃（U）/宽度（W）］：　　　　//在屏幕上确定 D 点

指定圆弧的端点或［角度（A）/圆心（CE）/闭合（CL）/方向（D）/半宽（H）/直线（L）/半径（R）/第二个点（S）/放弃（U）/宽度（W）］:I　　　　　　//选择直线选项

指定下一点或［圆弧（A）/闭合（C）/半宽（H）/长度（L）/放弃（U）/宽度（W）］：

　　　　　　　　　　　　　　　　　　　　　　//确定 E 点

指定下一点或［圆弧（A）/闭合（C）/半宽（H）/长度（L）/放弃（U）/宽度（W）］：A

　　　　　　　　　　　　　　　　　　　　　　//圆弧选项

指定圆弧的端点或［角度（A）/圆心（CE）/闭合（CL）/方向（D）/半宽（H）/直线（L）/半径（R）/第二个点（S）/放弃（U）/宽度（W）］：CE　　　　//选择圆心选项

指定圆弧的圆心：　　　　　　　　　　//在屏幕上确定 G 点为圆弧的圆心

指定圆弧的端点或［角度（A）/长度（L）］：　　　　//在屏幕上确定 F 点

指定圆弧的端点或［角度（A）/圆心（CE）/闭合（CL）/方向（D）/半宽（H）/直线（L）/半径（R）/第二个点（S）/放弃（U）/宽度（W）］：　　//回车或单击鼠标右键结束命令

（2）绘制图 2.32(b)：

本图为轴对称图形，对称轴为 AG，使用镜像命令。

命令：_mirror

选择对象：找到 1 个　　　　　　　　　//选择图 2.32(a)中绘制的图形对象

选择对象：　　　　　　　　　　　//回车或单击鼠标右键结束选择

指定镜像线的第一点：指定镜像线的第二点：　　//捕捉圆弧的圆心 G 点和 A 点

要删除源对象吗？［是（Y）/否（N）］＜N＞：　　　//不删除源对象

（3）绘制图 2.32(c)

命令：_polygon 输入边的数目 ＜5＞：　　　　　　//绘制正五边形

指定正多边形的中心点或［边（E）］:E　　　　//使用"边（E）"方式

指定边的第一个端点：

指定边的第二个端点：　　　　　　//第一个端点捕捉 B，第二个端点捕捉 H

（4）绘制图 2.32(d)

如果得到图 2.32(c)，使用镜像命令将正五边形镜像。

命令：_mirror

选择对象：找到 1 个   //选择正五边形

选择对象：   //回车或单击鼠标右键结束选择

指定镜像线的第一点：指定镜像线的第二点：   //捕捉 BH 为镜像线

要删除源对象吗？［是(Y)/否(N)］＜N＞：Y

//选择 N 得到图 2.32(d),选择 Y 得到图 2.32(e)

(5)绘制图 2.32(f)：

命令：_offset   //使用偏移命令

当前设置：删除源＝否   图层＝源   OFFSETGAPTYPE＝0

指定偏移距离或［通过(T)/删除(E)/图层(L)］＜2.0000＞:15   //输入偏移间距

选择要偏移的对象，或［退出(E)/放弃(U)］＜退出＞：   //选择正五边形

指定要偏移的那一侧上的点，或［退出(E)/多个(M)/放弃(U)］＜退出＞：

//在正五边形内单击一点

选择要偏移的对象，或［退出(E)/放弃(U)］＜退出＞：   //回车结束命令

提示：
(1)镜像命令绘制的是轴对称图形,通常使用捕捉确定对称线上两点。
(2)删除源图形对象与否,只需键入 Y 或 N 响应即可。

2.2.6 绘制倾斜结构——旋转命令(rotate,○)

将所选择的一个或多个对象绕某个基点和一个相对或绝对的旋转角进行旋转,可以实现将图形旋转一定角度。

【例题 2.19】 将图 2.33(a)中图像绕 A 点逆时针旋转 30°,如图 2.33(b)所示。

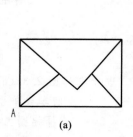
(a)

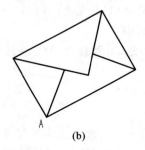
(b)

图 2.33 用旋转命令绘图
(a)旋转前;(b)旋转后

命令：_rotate

UCS 当前的正角方向：   ANGDIR＝逆时针   ANGBASE＝0

选择对象：找到 5 个   //选择要旋转的图形对象

选择对象：   //结束对象选择

指定基点：   //捕捉旋转围绕的基准点 A 点

指定旋转角度,或［复制(C)/参照(R)］＜143＞:30   //输入 30°

提示：

(1)指定旋转角度：以当前的正角方向为基准，按指定角度旋转。

(2)复制(C)：创建要旋转的选定对象的副本。

(3)参照(R)：提示指定一个参照角，然后再指定以参照角为基准的新的角度。

2.2.7　绘制倒角——倒角命令(chamfer，⌐)

倒角命令可以按指定的距离或角度对图形中的对象倒斜角。该命令可以在一对相交直线上倒斜角，也可对封闭的一组线(包括多段线、多边形、矩形)各线交点处同时倒斜角。

【例题 2.20】　将图 2.34(a)倒角为图 2.34(b)和图 2.34(c)。

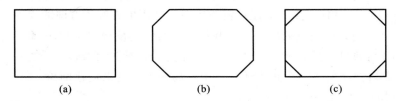

(a)　　　　　　　　　　(b)　　　　　　　　　(c)

图 2.34　用倒角命令倒直角
(a)原图；(b)"修剪"模式；(c)"不修剪"模式

【解】

(1)将图 2.34(a)使用"修剪"模式生成图 2.34(b)

命令：_chamfer

("修剪"模式) 当前倒角距离 1 = 0.0000，距离 2 = 0.0000

　　　　　　　　　　　　　　　//当前状态倒角距离 $D_1=0$、$D_2=0$，模式是"修剪"模式

选择第一条直线或[放弃(U)/多段线(P)/距离(D)/角度(A)/修剪(T)/方式(E)/多个(M)]：D　　　　　　　　　　　　　//选择"距离(D)"方式

　指定第一个倒角距离 <0.0000>：10　　　　　　　　　　//指定 D_1 值

　指定第二个倒角距离 <10.0000>：10　　　　　　　　　//指定 D_2 值

　选择第一条直线或[放弃(U)/多段线(P)/距离(D)/角度(A)/修剪(T)/方式(E)/多个(M)]：M　　　　　　　　　//选择"多个(M)"选项(多次倒角)

　选择第一条直线或 [放弃(U)/多段线(P)/距离(D)/角度(A)/修剪(T)/方式(E)/多个(M)]：　　　　　　　　　　//选择第一条倒角边

　选择第二条直线，或按住 Shift 键选择要应用角点的直线：　　　//选择第二条倒角边

　重复选择 4 次完成本命令，得到图 2.34(b)。

(2)将图 2.34(a)使用"不修剪"模式生成图 2.34(c)

命令：_chamfer

("修剪"模式) 当前倒角距离 1 = 10.0000，距离 2 = 10.0000　　　//当前设置

选择第一条直线或[放弃(U)/多段线(P)/距离(D)/角度(A)/修剪(T)/方式(E)/多个(M)]：T　　　　　　　　　　　//选择"修剪(T)"选项

输入修剪模式选项［修剪(T)/不修剪(N)］＜修剪＞:N　　　　　　　　//修剪模式为"不修剪"

选择第一条直线或［放弃(U)/多段线(P)/距离(D)/角度(A)/修剪(T)/方式(E)/多个(M)］:M　　　　　　　　　　　　　　　　　　　　　//选择"多个(M)"选项(多次倒角)

选择第一条直线或［放弃(U)/多段线(P)/距离(D)/角度(A)/修剪(T)/方式(E)/多个(M)］:　　　　　　　　　　　　　　　　　　　　//选择第一条倒角边

选择第二条直线,或按住 Shift 键选择要应用角点的直线:　　　//选择第二条倒角边

重复选择 4 次完成本命令,得到图 2.34(c)。

提示:

(1)多段线(P):用于对多段线的所有顶点倒角。

(2)距离(D):设置倒角决定倒角形状的两个距离值,这两个值可以相等,也可以不等。当两个距离值设定不同时应注意选择对象的次序不同所生成倒角方向的规律。

(3)角度(A):用第一条线的倒角距离和第二条线的角度设置倒角距离。

(4)修剪(T):通过选择修剪模式选项,来设定是否修剪过渡线段。

(5)方式(E):控制使用两个距离还是一个距离一个角度来创建倒角。

(6)多个(M):为多组对象的边倒角。

(7)当 $D_1=0$、$D_2=0$ 时,两条不相交的直线会变成相交直线。

2.2.8　绘制相切弧——圆角命令(fillet, ◻)

圆角命令可以按指定的半径来建立一条圆弧,用该圆弧可光滑连接两条线段(直线、圆弧或圆等图形),还可用该圆弧对封闭的二维多段线中的各线段交点倒圆角。该命令不仅用于倒圆角,还常常结合修剪命令用于两线段间圆弧连接。

【例题 2.21】　用圆角命令将图 2.35(a)倒角为图 2.35(b)和图 2.35(c)。

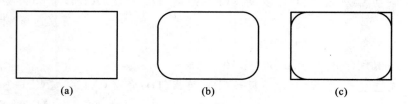

(a)　　　　　　　　　(b)　　　　　　　　　(c)

图 2.35　用圆角命令倒圆角

(a)原图;(b)"修剪"模式;(c)"不修剪"模式

【解】

(1)将原图 2.35(a)使用"修剪"模式生成图 2.35(b)

命令:_fillet

当前设置:模式 ＝ 修剪,半径 ＝ 0.0000　　　　　　//当前设置圆角半径 $R=0$,"修剪"模式

选择第一个对象或［放弃(U)/多段线(P)/半径(R)/修剪(T)/多个(M)］:R

　　　　　　　　　　　　　　　　　　　　　　　　　//选择"半径(R)"选项

指定圆角半径 ＜0.0000＞:10　　　　　　　　　　　　　　//输入 $R=10$

选择第一个对象或［放弃(U)/多段线(P)/半径(R)/修剪(T)/多个(M)］：M
　　　　　　　　　　　　　　　　　//选择"多个(M)"选项(多次倒圆角)
选择第一个对象或［放弃(U)/多段线(P)/半径(R)/修剪(T)/多个(M)］：
　　　　　　　　　　　　　　　　　　　　　　　　//选择第一条圆角边
选择第二个对象,或按住 Shift 键选择要应用角点的对象：　　//选择第二条圆角边
重复选择 4 次完成本命令,得到图 2.35(b)。
(2)将原图 2.35(a)使用"不修剪"模式生成图 2.35(c)
命令：_fillet
当前设置：模式 = 修剪,半径 = 10.0000　　　　　　　　　　//当前设置
选择第一个对象或［放弃(U)/多段线(P)/半径(R)/修剪(T)/多个(M)］：T
　　　　　　　　　　　　　　　　　　　　　//选择"修剪(T)"选项
输入修剪模式选项［修剪(T)/不修剪(N)］＜修剪＞：N　　　//修剪模式为"不修剪"
选择第一个对象或［放弃(U)/多段线(P)/半径(R)/修剪(T)/多个(M)］：M
　　　　　　　　　　　　　　　　　//选择"多个(M)"选项(多次倒圆角)
选择第一个对象或［放弃(U)/多段线(P)/半径(R)/修剪(T)/多个(M)］：
　　　　　　　　　　　　　　　　　　　　　　　　//选择第一条倒圆角边
选择第二个对象,或按住 Shift 键选择要应用角点的对象：　//选择第二条倒圆角边
重复选择 4 次完成本命令,得到图 2.35(c)。

提示：
(1)各选项意义与倒角基本相同。
(2)使用 $R=0$,可以延长对象至交点或删除交点以外的线,使倒圆角的两个基本对象形成一个角。

2.2.9　改变图形位置——移动命令(move, ✛)

可以将选中的一个或多个对象平移到指定的位置,但不改变对象的方向和大小。
移动命令不仅能改变图形之间的距离,也能改变同一图形中各部分之间的相对位置。其命令行提示如下：
命令：_move
选择对象：找到 1 个　　　　　　　　　　　　　　//选择要移动的图形对象
选择对象：　　　　　　　　　　　　　　　　　　//结束对象选择
指定基点或［位移(D)］＜位移＞：　　　　　　　//基准点一般要捕捉
指定第二个点或 ＜使用第一个点作为位移＞：　　　//目标点

提示：
移动命令中的选项同复制命令。两个命令不同之处是,复制命令执行后源对象保留,而移动命令不保留源对象。

2.2.10　改变图形长度——拉伸命令（stretch，▯）

可以将已经画出的图形，拉伸或缩短一段长度。

【例题 2.22】　用拉伸命令将图 2.36(a)拉伸 50mm。

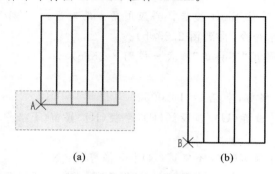

(a)　　　　　　　　　　　(b)

图 2.36　用拉伸命令拉伸图
(a)拉伸前；(b)拉伸后

【解】

命令：_stretch

以交叉窗口或交叉多边形选择要拉伸的对象...

选择对象：　　　　　　　　　　　　　　　　　　　//用图 2.36(a)中的交叉窗口选择

选择对象：　　　　　　　　　　　　　　　　　　　　　　　　　　//结束选择

指定基点或［位移(D)］＜位移＞：　　　　　　　　　　　　　　　//捕捉 A 点

指定第二个点或 ＜使用第一个点作为位移＞：50

　　　　　　　　　　　　　　　　　　　//打开正交，鼠标指明方向，再输入拉伸值

提示：

(1)选择拉伸对象必须用交叉窗口选择。

(2)如果选择全部对象，相当于移动；如果选择部分对象，则只移动选择范围内的对象的端点，其他端点保持不变。

2.2.11　改变图线长度——拉长命令（lengthen，▱）

用于改变圆弧的角度，也可用于改变包括直线、圆弧、非闭合多段线、椭圆弧和非闭合样条曲线等非闭合对象的长度。其命令行提示如下：

命令：_lengthen

选择要测量的对象或［增量(DE)/百分数(P)/全部(T)/动态(DY)］＜全部(T)＞：

提示：

(1)增量(DE)：指定一个长度或角度的增量，对象从距离选择点最近的端点开始增加或缩短一个增量长度（角度）。

(2)百分数(P)：按照指定对象总长度或总角度的百分比来改变对象长度或角度。

　　（3）全部（T）：指定对象修改后的总长度（总角度）的绝对值，即将被拉长对象拉长或缩短到给定尺寸。
　　（4）动态（DY）：选择拉长对象后，单击待拉长的一端，移动鼠标将该端对应的端点移到一个新位置，动态改变拉长对象的尺寸。

2.2.12　改变作图比例——比例缩放命令（scale，）

　　利用 AutoCAD 作图，完全没有必要选择作图比例，无论画什么图形都可以按照 1∶1 的比例绘制，画完后再进行放大或缩小。

　　比例缩放命令就是相对于基点按比例放大和缩小所选择的一个或多个图形对象，即在 X、Y、Z 方向等比例放大或缩小图形对象。该命令可以根据需要选用比例值方式或参照方式进行缩放，并能实现复制缩放。其命令行提示如下：

　　命令：_scale
　　选择对象：找到 1 个
　　选择对象：
　　指定基点：　　　　　　　　　　　　　　　　　　　　　　　//指定基准点
　　指定比例因子或［复制（C）/参照（R）］＜1.0000＞：　　　　//输入比例值

　　提示：
　　（1）比例因子方式：直接指定比例因子。比例因子大于 1，图形对象放大；比例因子在 0～1 之间，图形对象缩小。
　　（2）复制方式：创建要缩放的选定对象的副本。
　　（3）参照方式：指定参照长度，然后指定一个新长度，比例因子的值是新长度与参照长度之比。

2.2.13　修正图线长度——延伸命令（extend，-|）

　　延伸命令可以将选中的实体延伸到指定的边界。

　　【例题 2.23】　用延伸命令将图 2.37(a)改为图 2.37(b)。

图 2.37　用延伸命令编辑图

(a)延伸前；(b)延伸后

　　【解】
　　命令：_extend
　　当前设置：投影＝UCS,边＝无
　　选择边界的边...　　　　　　　　　　　　　　　　　　　　　//选择延伸到的边界

选择对象或＜全部选择＞：找到 1 个　　　　　　　　　　　　　//选择圆作为延伸边界
选择对象：　　　　　　　　　　　　　　　//回车或单击鼠标右键结束边界选择
选择要延伸的对象，或按住 Shift 键选择要修剪的对象，或
[栏选(F)/窗交(C)/投影(P)/边(E)/放弃(U)]：C　　　//用"窗交(C)"方式选择延伸对象
指定第一个角点：指定对角点：　　　　　　//指定交叉窗口，框选 AB、CD 靠近 B、D 的部分
选择要延伸的对象，或按住 Shift 键选择要修剪的对象，
或[栏选(F)/窗交(C)/投影(P)/边(E)/放弃(U)]：　　　//回车或单击鼠标右键结束命令

提示：
（1）有效的延伸边界对象包括多段线、圆、椭圆、直线、射线、区域、样条曲线、文本和构造线等。对象既可以作为界限边也可以作为延伸边。
（2）选择被延伸边时，延伸边靠近选点的一端被延伸。
（3）选择要延伸的对象时，按住 Shift 键可将"延伸"命令转换为"修剪"命令。
（4）边(E)：用于指定延伸的边方式。有"延伸"和"不延伸"方式。"延伸"方式对延伸后被延伸实体是否与边界相交没有限制；"不延伸"方式限制延伸后实体必须与边界相交才可延伸。

2.2.14　截取图线——修剪命令（trim, ⊬）

修剪命令可以将指定的实体部分修剪到指定的边界。

【例题 2.24】　用修剪命令将图 2.38(a)改为图 2.38(b)。

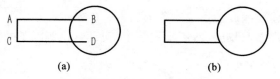

(a)　　　　　　　　　　　　(b)

图 2.38　用修剪命令编辑图
(a)修剪前；(b)修剪后

【解】
命令：_trim
当前设置：投影＝UCS，边＝无
选择剪切边…　　　　　　　　　　　　　　　　　　//选择剪切边界
选择对象或＜全部选择＞：找到 1 个　　　　　　　　　　//选定圆为剪切边界
选择对象：　　　　　　　　　　　　　//回车或单击鼠标右键结束边界选择
选择要修剪的对象，或按住 Shift 键选择要延伸的对象，或[栏选(F)/窗交(C)/投影(P)/边(E)/删除(R)/放弃(U)]：　　　　　　//用鼠标单击直线 AB 靠近 B 点处
选择要修剪的对象，或按住 Shift 键选择要延伸的对象，或[栏选(F)/窗交(C)/投影(P)/边(E)/删除(R)/放弃(U)]：　　　　　　//用鼠标单击直线 CD 靠近 D 点处
选择要修剪的对象，或按住 Shift 键选择要延伸的对象，或[栏选(F)/窗交(C)/投影(P)/边(E)/删除(R)/放弃(U)]：　　　　　　//回车或单击鼠标右键结束命令

提示：
(1)对象既可以作为修剪边也可以作为被修剪边。
(2)"修剪"命令中的提示选项与"延伸"命令的同类选项含义相同。

2.2.15　截取图线——打断命令(break, ▭▯)

打断命令可以擦除图形对象上不需要指定边界的某一部分,即打断命令▭,也可以将一个对象在一个点处打断即分成两个对象,即打断于点命令▯。

(1)打断命令

| 命令：_break 选择对象： | //选择要打断的对象 |
| 指定第二个打断点或[第一点(F)]： | //指定第二个断开点或键入 F |

(2)打断于点命令

命令：_break 选择对象：	//选择要打断的对象
指定第二个打断点或[第一点(F)]：F	//系统自动执行"第一点(F)"选项
指定第一个打断点：	//选择打断点
指定第二个打断点：@	//系统自动忽略此提示

2.2.16　化整为零——分解命令(explode, ▱)

分解命令可以将多段线、多线、矩形、正多边形、图块、剖面线、尺寸等对象分解成若干个独立的对象。当只需编辑这些对象中的一部分时,可执行此命令。

【例题 2.25】　将图 2.39(a)中矩形、正六边形和图块分解后删除图 2.39(b)所示的一条边。

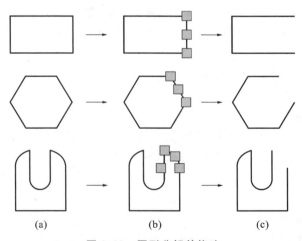

图 2.39　图形分解并修改
(a)原图；(b)分解后；(c)删除边

【解】

命令：_explode
选择对象：　　　　　　　　　　　　　　　　//选择矩形、多边形和图块等要被分解的图形对象

选择对象：　　　　　　　　　　　　　　　　　　　　　//结束命令

再用删除命令删除相应的边。

> **提示：**
>
> 执行分解命令时，选择的对象不同，分解的结果就不同。比如多段线被分解为各自独立的直线和圆弧对象时，将丢失宽度和切线信息。

项目 2.3　高级编辑技巧

2.3.1　复杂线型编辑

2.3.1.1　多段线编辑(pedit,⌐⌐)

多段线是 AutoCAD 中一种特殊的线型，其绘制方法在前面已做过介绍。作为一种图形对象，多段线也同样可以使用"move"、"copy"等基本编辑命令进行编辑，但这些命令无法编辑多段线本身所独有的内部特征。AutoCAD 专门为编辑多段线提供了"pedit"命令，可以对多段线本身的特性进行修改，也可以把单一独立的首尾相连的多条线段合并成多段线。

【例题 2.26】　将图 2.40(a)中对象合并为多段线，修改宽度使 $W=5$，并生成圆弧拟合曲线。

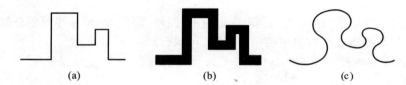

图 2.40　多段线编辑步骤
(a)用直线绘制的折线；(b)宽度 $W=5$ 的多段线；(c)生成拟合曲线

【解】

命令：_pedit 选择多段线或 [多条(M)]：

选定的对象不是多段线　　　　　　　　　　　　　　　//选中图中折线

是否将其转换为多段线？<Y>　　　　　　　　　　　//将选定的折线转换为多段线

输入选项[闭合(C)/合并(J)/宽度(W)/编辑顶点(E)/拟合(F)/样条曲线(S)/非曲线化(D)/线型生成(L)/反转(R)/放弃(U)]：J　　　　　　　　//选择"合并(J)"选项

选择对象：找到 8 个　　　　　　　　　　　　　　//选择要被转换成多段线的折线

选择对象：　　　　　　　　　　　　　　　　　　//结束选择

多段线已增加 8 条线段　　　　　　　　　　　　　//转换成功

输入选项 [闭合(C)/合并(J)/宽度(W)/编辑顶点(E)/拟合(F)/样条曲线(S)/非曲线化(D)/线型生成(L)/反转(R)/放弃(U)]：W　　　　　　　　//选择"宽度(W)"选项

指定所有线段的新宽度：5　　　　　　　　//设置线宽为5，见图 2.40(b)

输入选项 [闭合(C)/合并(J)/宽度(W)/编辑顶点(E)/拟合(F)/样条曲线(S)/非曲线化(D)/线型生成(L)/反转(R)/放弃(U)]：F　　　　　　//选择"拟合(F)"选项得到图 2.40(c)

输入选项［闭合（C）/合并（J）/宽度（W）/编辑顶点（E）/拟合（F）/样条曲线（S）/非曲线化（D）/线型生成（L）/反转（R）/放弃（U）］：　　　　　　　　　　　　　　// 结束命令

> 提示：
>
> （1）多段线编辑命令要求选择多段线作为编辑对象，如果选择的对象不是多段线，系统要求转换成多段线后执行编辑命令。
>
> （2）闭合（C）：封闭所选的多段线。
>
> （3）合并（J）：以选中的多段线为主体，合并其他直线段、圆弧和多段线，使其成为一条多段线，能合并的条件为各段端点首尾相连。
>
> （4）宽度（W）：修改整条多段线的线宽，使其具有同一线宽。
>
> （5）编辑顶点（E）：针对多段线某一顶点进行编辑，允许用户进行移动、插入顶点和修改任意两点间的线宽等操作。
>
> （6）拟合（F）：用指定的多段线生成由光滑圆弧连接的圆弧拟合曲线，该曲线经过多段线的各顶点。
>
> （7）样条曲线（S）：用指定的多段线以各顶点为控制点生成样条曲线。
>
> （8）非曲线化（D）：将拟合曲线修成的平滑曲线还原成多段线。
>
> （9）线型生成（L）：设置线型图案所表现的方式。
>
> （10）反转（R）：使对象反向。

2.3.1.2　多线编辑（mledit）

多线编辑命令可以编辑多线的交点；可以根据不同的交点类型（十字交叉、T 形相交或顶点），采用不同的工具进行编辑；还可使一条或多条平行多线断开或接合。具体如图 2.41 所示"多线编辑工具"对话框。

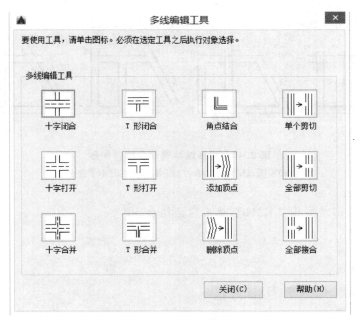

图 2.41　"多线编辑工具"对话框

提示：

在"多线编辑工具"对话框中单击其中的一个小图标,AutoCAD 将给出提示信息。对话框中第一列是编辑十字交叉多线交点的工具;第二列是编辑 T 形交叉多线交点的工具;第三列是编辑多线角点和顶点的工具;第四列是编辑要被断开或连接的多线工具。具体描述如下：

(1)十字闭合:在两条多线之间创建闭合的十字交叉。

(2)十字打开:在两条多线之间创建开放的十字交叉,AutoCAD 打断第一条多线的所有元素以及第二条多线的外部元素。

(3)十字合并:在两条多线之间创建合并的十字交叉,操作结果与多线的选择次序无关。

(4)T 形闭合:在两条多线之间创建闭合的 T 形交叉,AutoCAD 修剪第一条多线或将它延伸到与第二条多线的交点处。

(5)T 形打开:在两条多线之间创建开放的 T 形交叉,AutoCAD 修剪第一条多线或将它延伸到与第二条多线的交点处。

(6)T 形合并:在两条多线之间创建合并的 T 形交叉,AutoCAD 修剪第一条多线或将它延伸到与第二条多线的交点处。

(7)角点结合:在两条多线之间创建角点结合。AutoCAD 修剪第一条多线或将它延伸到与第二条多线的交点处。

(8)添加顶点:向多线上添加一个顶点。

(9)删除顶点:从多线上删除一个顶点。

(10)单个剪切:剪切多线上的选定元素。

(11)全部剪切:剪切多线上的所有元素并将其分为两个部分。

(12)全部接合:将已被剪切的多线线段重新接合起来。

【例题 2.27】 用多线编辑工具将图 2.42(a)编辑为图 2.42(b)、图 2.42 (c)和图 2.42 (d)。

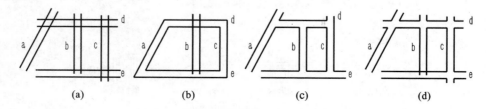

图 2.42　用多线编辑命令编辑图形
(a)原图;(b)角点接合;(c)T 形打开;(d)十字合并

【解】

(1)由图 2.42(a)生成图 2.42(b),单击角点结合 ⌞

命令：_mledit

选择第一条多线：   //单击 a 线

选择第二条多线：   //单击 d 线

选择第一条多线或[放弃(U)]：   //单击 a 线

选择第二条多线：   //单击 e 线

依次类推选择要做角点结合的第一条多线和第二条多线,得到图 2.42(b)。

（2）由图 2.42(a)生成图 2.42(c)，单击 T 形打开

命令：_mledit

选择第一条多线：　　　　　　　　　　　　　　　//单击 d 线

选择第二条多线：　　　　　　　　　　　　　　　//单击 a 线

选择第一条多线或[放弃(U)]：　　　　　　　　　//单击 b 线

选择第二条多线：　　　　　　　　　　　　　　　//单击 d 线

依次类推选择要做 T 形打开的第一条多线和第二条多线，选择顺序为先 d 线后 c 线、先 b 线后 e 线、先 c 线后 e 线得到图 2.42(c)。

（3）由图 2.42(a)生成图 2.42(d)，单击十字合并

命令：_mledit

选择第一条多线：　　　　　　　　　　　　　　　//单击 a 线

选择第二条多线：　　　　　　　　　　　　　　　//单击 d 线

选择第一条多线或[放弃(U)]：　　　　　　　　　//单击 b 线

选择第二条多线：　　　　　　　　　　　　　　　//单击 d 线

依次类推选择要做十字合并的第一条多线和第二条多线，与选择的先后顺序无关，得到图 2.42(d)。

2.3.1.3　图案编辑(hatchedit，)

利用图案编辑命令可以编辑已经填充的图案。图案编辑可以使用删除、移动、复制、镜像等基本编辑命令，也可以使用 AutoCAD 提供的图案编辑命令。利用图 2.43 所示"图案填充

图 2.43　"图案填充编辑"对话框

编辑"对话框,可以对已填充的图案进行一系列的编辑修改。该对话框与"图案填充和渐变色"对话框的各项含义相同。其命令行提示如下:

命令：_hatchedit

选择图案填充对象：　　　　　　　　　　　　　　　//选择要编辑的填充对象

提示：

　　"图案填充编辑"对话框与"图案填充和渐变色"对话框相比,除了不能使用的功能用灰色按钮表示外,其他选项完全相同。说明用户可以用与填充图案相同的方法来修改填充图案,用户可以改变填充图案式样,也可改变比例和角度等项。

2.3.2　对象编辑

2.3.2.1　夹点编辑

夹点编辑是用与 AutoCAD 修改命令完全不同的方式来快速完成在绘图中常用的"拉伸"、"移动"、"旋转"、"比例缩放"、"镜像"命令的操作。当打开了夹点功能并在"命令"状态下选择图形对象时,在图形对象的特征点上会出现一些彩色小方框,这些小方框称为图形对象的夹点,为了便于控制和操纵对象,AutoCAD 在每个图形对象上都设置有一个或几个夹点,如图 2.44 所示。

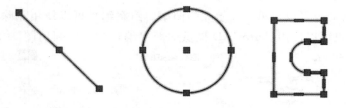

图 2.44　图形夹点

(1)启用夹点或进行相关设置

菜单:【工具】/【选项】,打开"选项"对话框(图 2.45),可以通过设置夹点尺寸、夹点颜色来确定夹点的状态。

夹点控制系统变量:缺省值 GRIPS＝1 时,为打开状态;GRIPS＝0 时,为关闭状态。

(2)夹点定义

冷夹点:图形对象没有被选择时,没有显示出的控制图形特征的点为冷夹点。

温夹点:图形对象被选择时,显示出的控制图形特征的点为温夹点。

热夹点:温夹点被选择后为热夹点。

(3)夹点功能

拉伸:可以通过将选定夹点移动到新位置来拉伸对象。

移动:可以通过选定的夹点来移动对象,将对象从一个位置移动到另一个位置。

旋转:可以通过拖动和指定点位置来绕基点旋转选定对象,还可以输入角度值。

比例缩放:可以相对于基点缩放选定对象。

镜像:可以沿临时镜像线为选定对象创建镜像,此时打开"正交"有助于指定垂直或水平的

图 2.45　"选项"对话框

镜像线。

【例题 2.28】　使用夹点编辑命令将图 2.46(a)编辑为图 2.46(b)、图 2.46(c)、图 2.46(d)、图 2.46(e)和图 2.46(f)。

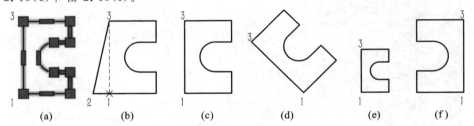

图 2.46　用夹点编辑命令编辑图形

(a)原图;(b)拉伸;(c)移动;(d)旋转;(e)比例缩放;(f)镜像

【解】

命令:

＊＊拉伸＊＊　　　　　　　　　　　　　//选定夹点1,将图 2.46(a)拉伸为图 2.46(b)

指定拉伸点或［基点(B)/复制(C)/放弃(U)/退出(X)］:　　　　　　//拉伸到2点

＊＊移动＊＊　　　　　　　　　　　　//选定夹点1,将图 2.46(a)移动得到图 2.46(c)

指定移动点或［基点(B)/复制(C)/放弃(U)/退出(X)］:　　　　//指定移动到目的点

＊＊旋转＊＊　　　　　　　　　　　　//选定夹点1,将图 2.46(a)旋转得到图 2.46(d)

指定旋转角度或［基点(B)/复制(C)/放弃(U)/参照(R)/退出(X)］:45

//输入旋转角度45°

＊＊比例缩放＊＊　　　　　　　　　//选定夹点1,将图 2.46(a)比例缩放为图 2.46(e)

指定比例因子或［基点(B)/复制(C)/放弃(U)/参照(R)/退出(X)］:0.6

//比例因子为 0.6

＊＊镜像＊＊　　　　　　　　　//选定夹点 1,将图 2.46(a)镜像为图 2.46(f)

指定第二点或［基点(B)/复制(C)/放弃(U)/退出(X)］:　　　//捕捉 3 点,完成编辑

提示:

(1)夹点编辑的 5 种操作,可用空格键、回车键或键盘上的快捷键循环选择这些功能。

(2)夹点编辑的 5 种操作中共有选项的含义:

基点(B):允许改变基点位置。

复制(C):可对同一选中的实体实现复制性控制操作。

放弃(U):用来撤销该命令中最后一次的操作。

退出(X):使该控制命令结束并返回提示"命令:"。

2.3.2.2　修改对象属性(properties,凹)

用对象特性命令可查看和全方位地修改单个图形对象的特性,也可以同时修改多个图形对象共有的对象特性。根据所选对象的不同,AutoCAD 将分别显示不同内容的"特性"选项板(图2.47)。可以采用"拾取点"方式、"输入新值"方式和"下拉列表框的选项"方式修改对象的属性。

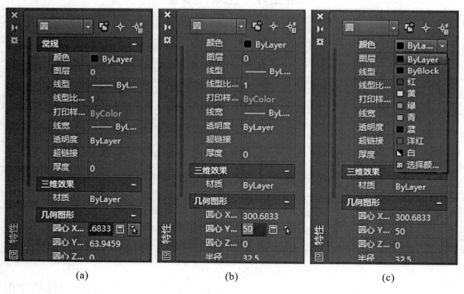

图 2.47　"特性"选项板

(a)"拾取点"方式;(b)"输入新值"方式;(c)"下拉列表框的选项"方式

提示:

(1)如果要查看或修改一个图形对象的特性,一次应选择一个图形对象。"特性"选项板中将显示这个实体的所有特性,可根据需要修改。

(2)如果要修改一组图形对象的共有特性,应一次选择多个图形对象,"特性"选项板中将显示这些图形对象的共有特性,可修改选项板中显示的内容。

(3)用"特性"选项板修改图形对象,对于修改数值选项,可以用"拾取点"或"输入新值"

的方式修改;对于有下拉列表框的选项,从下拉列表中选取所需的选项即可修改。如图 2.47所示的修改方式。

(4)AutoCAD 2016 中,选中图形对象时,就会直接显示该图形对象的快捷属性,一些基本属性可以直接在快捷属性中修改。

2.3.2.3　特性匹配(matchprop,📋)

利用特性匹配功能可以将目标对象的属性与源对象的属性进行匹配,使目标对象的属性变为与源对象相同的属性。

【例题 2.29】　将图 2.48 中矩形的属性与圆的属性进行匹配。

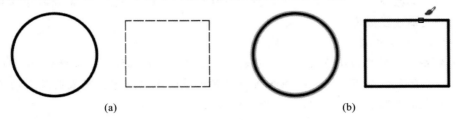

(a)　　　　　　　　　　　　　　　(b)

图 2.48　特性匹配

(a)特性匹配前;(b)特性匹配后

【解】

命令:_matchprop

选择源对象:　　　　　　　　　　　　　　　　　//选择圆作为源对象进行"全特性匹配"

当前活动设置:颜色/图层/线型/线型比例/线宽/透明度/厚度/打印样式/标注/文字/图案填充/多段线/视口/表格材质/阴影显示/多重引线　　　　　　　　　　//当前设置

选择目标对象或[设置(S)]://选择矩形作为目标对象,则"全特性匹配";

　　　　　　　　　　选择"设置(S)",进行"选择性特性匹配",见图 2.49

选择目标对象或[设置(S)]:　　　　　　　　　　　　　　　　　　　//结束命令

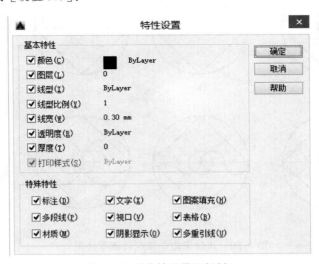

图 2.49　"特性设置"对话框

提示：

如果把特性全部复制称为"全特性匹配"；只把某些特性进行复制则称为"选择性特性匹配"。

 ## 本模块小结

绘制基本图形是绘制复杂建筑图样的基础。用户不仅要会利用命令按钮和菜单，还应掌握命令行简化输入方式，并逐步做到不看命令提示，就知道该按何种顺序输入全部参数。对于同一图形，初学者应使用一题多解的方式进行绘图练习，在多种绘制方法的比较中掌握基本绘图知识，从而提高绘图效率。

图形的编辑命令中应注意以下问题：

首先，要弄清图形结构及使用的绘图命令——复制命令用来绘制相同结构；偏移命令用来绘制平行结构；阵列命令用来绘制行距和列距分别相等或均匀分布在圆或圆弧上的多个相同结构；镜像命令用来绘制对称结构；旋转命令用来绘制倾斜结构。

其次，要弄清图形的细部编辑命令——用倒角和圆角命令绘制倒角和切线弧；用移动、拉伸、拉长、比例缩放命令分别改变图形位置、图形长度、图线长度和作图比例；用延伸命令修正图线长度；用修剪和打断命令截取图线；用分解命令化整为零。

最后对于复杂线型——多段线、多线和图案，使用各自的专用编辑命令可以简化编辑操作，针对不同情况使用对象编辑的夹点编辑、修改对象特性和特性匹配可以提高绘图效率。

 ## 综合训练

1.用所学绘图和编辑命令按要求绘制图 2.50(a)图。

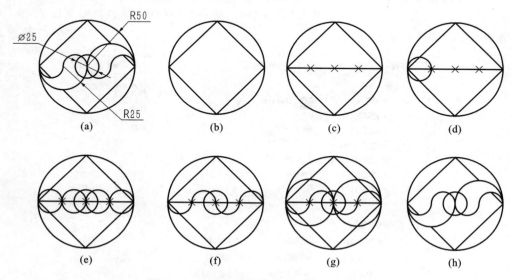

图 2.50　用绘图命令和编辑命令绘图(一)

【绘图提示】

(1)绘制半径为 50mm 的圆,用直线命令,捕捉圆的四个象限点画正方形得图 2.50(b)。

(2)绘制水平辅助线,即圆的水平直径。

①选择【格式】/【点样式】,选择点样式。

②选择【绘图】/【点】/【定数等分】,线段数目为 4,如图 2.50(c)所示。

(3)使用两点画圆法绘制图 2.50(d)中直径为 25mm 的圆。

(4)复制图 2.50(d)中的圆得到图 2.50(e)。

(5)修剪四个小圆结果如图 2.50(f)。

(6)用两点画圆法再绘制两个半径为 25mm 的圆,如图 2.50(g)所示。

(7)修剪图 2.50(g)中两个圆与正方形。

(8)删除点标记,得到图 2.50(h),保存图形。

2.用所学绘图和编辑命令按要求绘制图 2.51(i)。

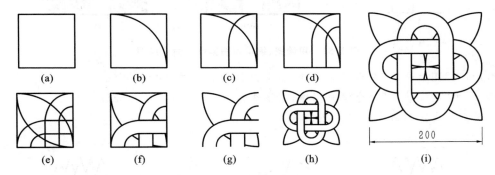

(a)　　　　(b)　　　　(c)　　　　(d)

(e)　　　　(f)　　　　(g)　　　　(h)　　　　(i)

图 2.51　用绘图命令和编辑命令绘图(二)

【绘图提示】

(1)绘制边长为 100mm 的正方形,得到图 2.51(a)。

(2)绘制四分之一圆弧,得到图 2.51(b)。

(3)用多段线命令绘制直线及圆弧,直线部分止于正方形中心,得到图 2.51(c)。

(4)用偏移命令将图 2.51(c)中的多段线向右偏移 25mm,得到图 2.51(d)。

(5)以正方形对角线 AB 为镜像线镜像图 2.51(d)矩形内曲线,得到图 2.51(e)。

(6)修剪圆弧与直线,得到图 2.51(f)。

(7)删除正方形,得到图 2.51(g)。

(8)用环形阵列命令,以 B 点为阵列中心(使用比例缩放命令,比例因子为 0.5)。最终得到图 2.51(h)。

3.用所学绘图命令绘制图 2.52(a)。

【绘图提示】

(1)利用矩形和直线命令绘制房屋外框,利用矩形命令绘制窗户,利用多段线命令绘制门,得到图 2.52(b)。

(2)利用"图案填充"命令填充房顶,图案为 GRASS,得到图 2.52(c)。

(3)利用"图案填充"命令填充窗户,图案为 ANGLE,得到图 2.52(d)。

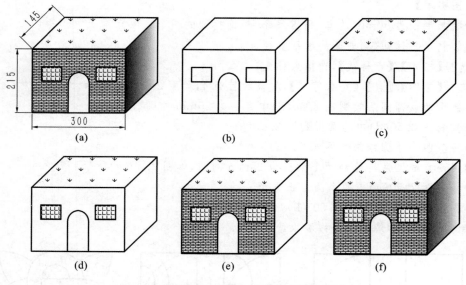

图 2.52　用绘图、编辑和图案填充命令绘图

（4）利用"图案填充"命令填充砖墙，图案为 BRSTD，得到图 2.52（e）。

（5）利用"图案填充"命令填充侧墙，图案选择渐变色，得到图 2.52（f）。

4.用复制或阵列命令绘制图 2.53（a）。

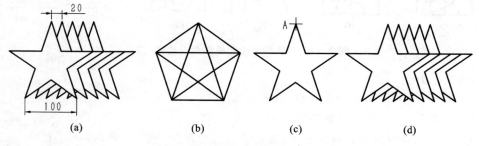

图 2.53　用复制和阵列命令绘图

【绘图提示】

（1）用正多边形命令绘制边长为 100mm 的正五边形，顶点两两连接，得到图 2.53（b）。

（2）删除正五边形，利用修剪命令对图形修剪，得到图 2.53（c）。

（3）使用复制命令，选择 A 点为基准点，打开正交，输入距离为 20、40、60、80，经修剪得到图 2.53（d）；或者使用阵列命令，做 1 行 5 列矩形阵列，列间距 20，将得到的图经修剪得到图 2.53（d）。

5.用复制命令完成图 2.54（a）中柱子的绘制。

【绘图提示】

（1）利用矩形命令和"图案填充"命令绘制一个柱子，得到图 2.54（b）。

（2）利用复制命令进行柱子的复制，选择轴线交点为基准点进行复制，得到图 2.54（c）。

（3）选择图 2.54（c）中生成的一行柱子，用复制命令选择轴线交点为基准点进行复制，得到图 2.54(d)。

(4)删除多余的柱子,得到所需绘制的图 2.54(a)。

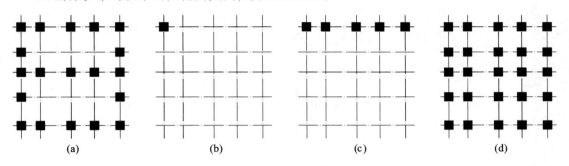

图 2.54　用复制命令绘制柱子

6.用倒角和圆角命令完成对图 2.55(a)的编辑。

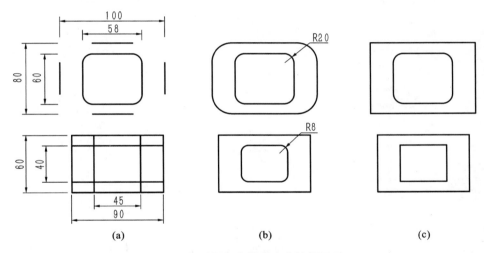

图 2.55　用倒角和圆角命令编辑图形

【绘图提示】

(1)利用矩形命令、直线命令和偏移命令绘制图 2.55(a)。

(2)利用圆角命令($R=20$ 和 $R=8$)将图 2.55(a)绘制成图 2.55(b)。

(3)利用圆角命令($R=0$)或利用倒角命令($D_1=0,D_2=0$)将图 2.55(a)绘制成图 2.55(c)。

7.按尺寸绘制完成图 2.56。

【绘图提示】

(1)分图层(可分为轴线层、墙体层、门窗层和标注层)。

(2)使用多线与多线编辑命令绘制墙体墙宽 240mm。

(3)使用多线命令或偏移命令绘制窗 C—1。

(4)使用圆弧命令绘制门 M—1。

(5)使用复制命令绘制图中轴号。

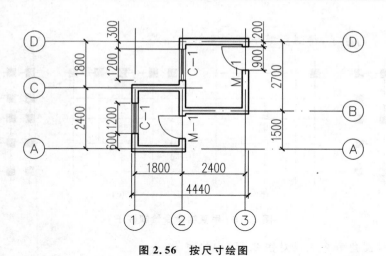

图 2.56　按尺寸绘图

模块 3 高级绘图与建筑图形技术

 教学目标

1. 了解图块的作用,掌握并区分内部块与外部块的制作与插入方法;
2. 掌握带有属性的块定义与块插入方法;
3. 掌握创建样板图和调用样板图的方法;
4. 了解建筑资源的组织、管理与共享;
5. 掌握文字样式的设置,单行文字和多行文字的编辑方法;
6. 掌握标注样式的创建、尺寸标注的常见类型及编辑;熟悉符号的输入方法;
7. 掌握表格样式的创建,表格及表格中文字的编辑方法。

项目 3.1 高级绘图技术

用 AutoCAD 进行绘图时,经常会遇到一些重复的图形,为了提高绘图效率,AutoCAD 提供了图形块、带有属性的块和外部参照等功能。块的使用可将许多对象作为一个部件进行组织和操作,如在建筑制图中的门、窗、家具等通用图件,将这些通用图件以图块文件形式保存起来以便随时插入,然后按“搭积木”的方法将各种块拼合组织成完整的图形,不用再重复绘制相同的图形部分。AutoCAD 的外部参照,可以将整个图形附着或覆盖到当前图形上,当用户打开当前图形时,在参照图形上的任何修改都会体现在当前图形上。

3.1.1 创建图块——绘制相同结构的一种有效方法

在 AutoCAD 中,有两种创建图块的方法,即使用“block”命令创建的内部块和“wblock”命令创建的外部块。这两种图块的区别是:内部块只能在定义图块的当前图形中调用,外部块则为共享资源,可以插入到任意图形文件中。

创建图块时,应把 0 层设置为当前层(有特殊需要时除外),即将原始图绘制在 0 层来创建图块。一般情况下 0 层就是用来定义图块,在 0 层上创建的图块,插入到其他图层时会随其他层特性而改变,非 0 层上创建的图块,插入到其他图层时块的特性不会继承其他层的特性。

> 提示:
> 创建图块的优点有避免重复绘制相同结构、建立常用结构库、便于修改、减少图形存储空间。

3.1.1.1 创建内部块(block,)

菜单:【绘图】/【块】/【创建】。

此命令用于创建在当前图形中调用的块。

【例题 3.1】 创建图 3.1 所示单开门的内部块,门宽为 1000mm。

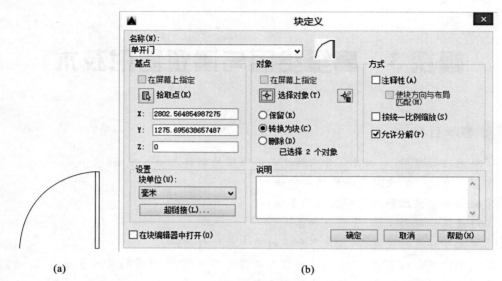

(a)　　　　　　　　　　　　　(b)

图 3.1　单开门及"块定义"对话框
(a)单开门；(b)"块定义"对话框

【解】

(1)绘制图 3.1(a)所示单开门。

①绘制门的外轮廓

命令：_rectang　　　　　　　　　　　　　　　　　　　　　　　　//输入"rectang"命令

指定第一个角点或［倒角(C)/标高(E)/圆角(F)/厚度(T)/宽度(W)］：800,300

指定另一个角点或［面积(A)/尺寸(D)/旋转(R)］：@45,1000　　　　　//门的外轮廓

②绘制门的开启方向(用圆心、起点、角度方式绘圆弧,如图 3.2 所示)

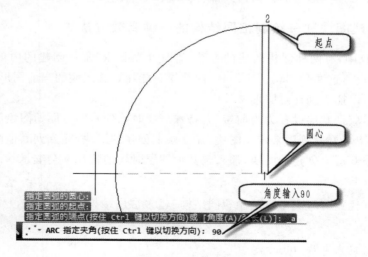

图 3.2　门平面图绘制过程

命令：_arc 指定圆弧的起点或［圆心(C)］：_C 指定圆弧的圆心：　　　　//捕捉 1 点

指定圆弧的起点：　　　　　　　　　　　　　　　　　　　　　　　　//捕捉 2 点

指定圆弧的端点或［角度（A）/弦长（L）］：_A 指定包含角：90　　　　　//输入角度

（2）定义单开门内部块

命令：block　　　　　　　　　　//执行块定义命令，弹出"块定义"对话框，如图 3.1（b）所示

选项：

①名称选择单开门；基点选择图 3.2 中的 1 点；选择对象将单开门全选。

②其他默认，点击"确定"。

> 提示：
>
> （1）"名称"下拉列表：输入新建块的名称。
>
> （2）"基点"栏：定义图块的基准插入点。单击"拾取点"按钮选择要插入的点或通过输入（X,Y,Z）的坐标值定义基点。
>
> （3）"对象"栏：单击"选择对象"按钮选择作为块的图形，对定义为块的图形对象可以选择"保留"、"转换为块"或"删除"方式完成对象选择操作。

3.1.1.2　创建外部块（wblock,w）

命令：wblock 或 w。

此命令用于创建在任意图形中调用的共享块。

【例题 3.2】　创建图 3.1（a）所示单开门的外部块，门宽为 1000mm。

【解】

（1）绘制图 3.1 单开门

绘制过程见例题 3.1。

（2）定义单开门外部块

命令：wblock　　　　　　　　　　//执行写块命令，打开图 3.3 所示"写块"对话框

图 3.3　"写块"对话框

选项:①源:对象;基点:选择图 3.2 中的"1"点;选择对象:单开门全选。

　　②目标文件名和路径:D:\模块 3\单开门.dwg。

　　③其他默认,点击"确定"。

提示:

(1)"源"选项组:指定外部块对象类型,包括"块"、"整个图形"和"对象"。

(2)"基点"栏:定义图块的基准插入点。单击"拾取点"按钮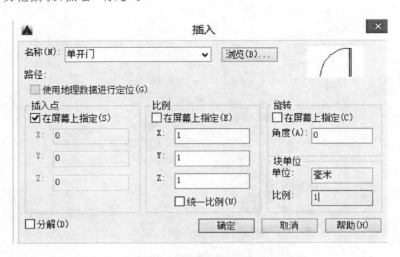选择要插入的点或通过输入(X,Y,Z)的坐标值定义基点。

(3)"对象"栏:单击"选择对象"按钮选择作为块的图形,对定义为块的图形对象可以选择"保留"、"转换为块"或"从图形中删除"方式进行对象选择操作。

(4)"目标"栏:设置保存外部存储的块文件名和路径并确定"插入单位"(图形的计量单位,默认 mm)。

3.1.2　插入块(Insert,)

菜单:【插入】/【块】。

此命令用于插入已定义的内部块和外部块。

【例题 3.3】　使用块插入命令,通过参数设置插入例题 3.1 单开门内部块。

【解】

命令:insert　　　　　　　　　// 执行"insert"命令,打开图 3.4 所示"插入"对话框。

选项:①"名称"栏:在下拉列表框中,选择当前图中已定义"单开门"内部块。

　　②"插入点"栏:当前图形的对齐基准点。

　　③"比例"栏:输入缩放比例;"旋转"栏:确定门的旋转角度。

　　④ 其他默认,点击"确定"。

图 3.4　"插入"对话框——"内部块"路径

提示：

(1)"名称"栏：可在下拉列表中选择当前图中已定义的内部块名，点击"浏览"按钮，可打开"选择图形文件"对话框选择已定义的"外部块"或图形文件。

(2)"插入点"栏：块的基点在当前图中的位置点。

(3)"比例"栏：设置图块在 X、Y、Z 方向的缩放比例或只勾选"统一比例"设置一个缩放值，本例中设置 X 方向比例，分别为 0.8、1、1.2，则分别绘制门的大小为 800mm、1000mm 和 1200mm。

(4)"旋转"栏：可输入旋转角度将图块插入现在绘制的图中。

(5)"分解"：勾选该项，可分解插入的图块。

【例题 3.4】 绘制图 3.5 传达室平面图(门窗尺寸见门窗表，细部尺寸自定)，其中门、窗定义为外部图块并插入到图 3.5 中。

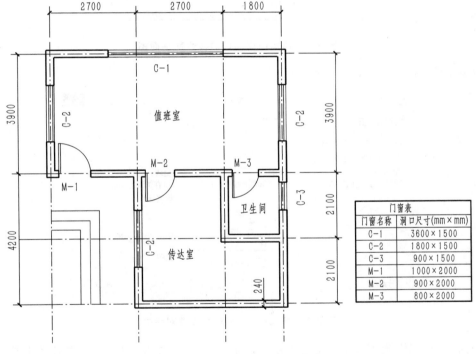

图 3.5　传达室平面图及门窗表

【解】

(1)绘制预留门窗洞口的传达室平面图(图 3.6)。

(2)创建"窗"外部块，参照例题 3.2 创建外部块过程，"窗"基准点为左下角点。

(3)插入"窗"外部块，参照例题 3.3 插入外部块过程。

(4)插入"窗"外部块时注意问题(以窗 C—1 为例)：

①"名称"项：单击"浏览"选择外部块"窗"的外部存储路径。

②"比例"栏：X 方向输入 3.6，Y 方向输入 2.4（C—1 长×宽平面尺寸：3600×240）。

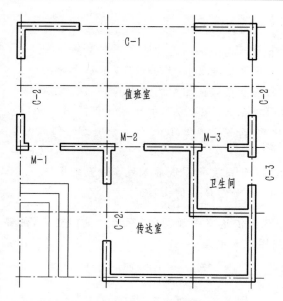

图 3.6　预留门窗洞口的传达室平面图

③"旋转"栏:角度输入 0,具体设置如图 3.7 所示。

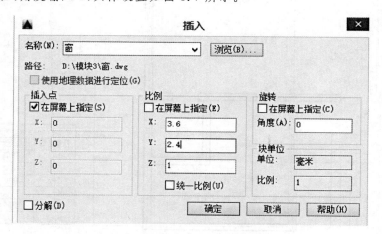

图 3.7　插入窗 C—1 参数设置对话框

(5)点击"确定",返回图形中,选窗洞左下角为插入点,插入窗 C—1 后如图 3.8 所示。

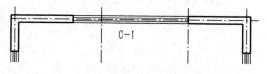

图 3.8　插入窗 C—1 后的效果

(6)用同样的方法,完成其他窗的插入,结果如图 3.9 所示。

(7)插入"单开门"外部块的方法与插入"窗"外部块(图 3.7)的方法相同,最终得到图 3.5 所示传达室平面图。

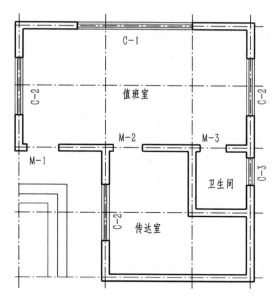

图 3.9 完成插入窗后的效果

3.1.3 图块属性(attdef/ddattdef,)

用来对图块进行说明的非图形信息被称为块属性,块属性是从属于块的非图形信息,即块中的文本对象,它是块的一个组成部分。属性包括属性标志和属性值两部分,在定义块前先定义属性,然后把属性附着于块,再插入已定义的块。

菜单:【绘图】/【块】/【定义属性】。

此命令用来定义块属性。

【例题 3.5】 如图 3.10 所示,创建带属性的"建筑标高"外部块,并插入该块。

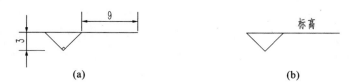

图 3.10 带有属性的"建筑标高"外部块创建
(a)"建筑标高"尺寸;(b)块属性定义

【解】

(1)按图 3.10(a)尺寸绘制标高符号。

(2)定义"建筑标高"属性。

命令:attdef　　　　　//执行"attdef"命令,打开"属性定义"对话框进行参数设置(图 3.11)。

(3)点击图 3.11"确定"按钮,返回绘图窗口,把鼠标移到建筑标高右端击一点作为属性的位置(图 3.12)。

(4)创建带属性的"建筑标高"外部块

命令:wblock　　　　　　　　　　//执行"wblock"命令,打开"写块"对话框(图 3.3)

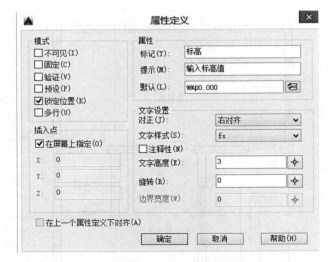

图 3.11 "属性定义"对话框——设置建筑标高参数

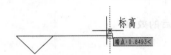

图 3.12 建筑标高"属性定义"的位置

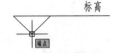

图 3.13 建筑标高"基点"

选项:①文件名和路径 D:\模块 3\建筑标高。

②基点:见图 3.13 十字光标捕捉的建筑标高"基点"。

(5)插入带属性的"建筑标高"外部块。

命令:insert   //执行"insert"命令,打开图 3.4"插入"对话框。

选项:①单击"浏览"按钮,找到"建筑标高"外部块。

②默认"插入"对话框设置,单击"确定"按钮。

指定插入点或 [基点(B)/比例(S)/X/Y/Z/旋转(R)]:

//鼠标在绘图窗口相应处确定插入点,在图 3.14"编辑属性"对话框直接点击"确定"或在"请输入标高值"文本框中输入 6.000 和 -0.450。得到建筑标高如图 3.15 所示。

提示:

(1)"模式"区属性

①"不可见":选择时表示在插入时不显示或不打印属性值。

②"固定":选择时表示在插入图块时给属性赋予固定值。即在插入时不再提示属性信息,也不能对该属性值进行修改。

③"验证":选择时表示在插入图块时将提示验证属性值是否正确。如果发现错误,可以在该提示下重新输入正确的属性值。读者一般情况下可以选用验证模式。

④"预设":选择时表示在插入包含预设属性值的图块时,系统不再提示读者输入属性值,而是自动插入默认值(即插入对话框中"属性"区域"值"编辑框中的内容)。

⑤"锁定位置":选择时表示锁定块参照中属性的位置。

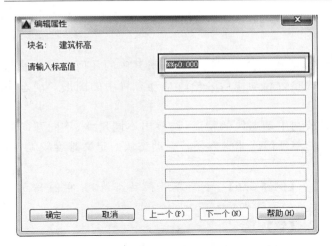

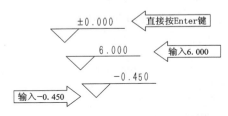

图 3.14 建筑标高符号"编辑属性"对话框   图 3.15 三个建筑标高图

⑥"多行":选择时表示属性是多行文字属性,未选择则为单行文字属性。

(2)"属性"区属性

①"标记":属性的名字,提取属性时要用此标记,它相当于数据库中的字段名。属性标记不能为空值,可以使用任何字符组合,最多可以选择 256 个字符。

②"提示":用于设置属性提示,在插入该属性图块时,命令提示行将显示相应的提示信息。

③"默认":属性文字,是插入块时显示在图形中的值或文字字符,该属性可以在块插入时改变。

(3)"插入点"区属性

该区用于设置属性的插入点,即属性值在图形中的排列起点。插入点可在屏幕上指定,也可以通过在 X、Y、Z 编辑框输入相应的坐标值作为属性的定位点。

(4)"文字设置"区属性

该区用于设置属性文字的对正、样式、高度和旋转样式。

①"对正":指定属性文字的对正方式。

②"文字样式":指定属性文字的预定义样式。显示当前加载的文字样式。

③"文字高度":指定属性文字的高度。输入值或选择"高度"用定点设备指定高度(此高度为从原点到指定的位置的测量值)。如果选择有固定高度(任何非 0 值)的文字样式,或者在"对正"列表中选择了"对齐",则"高度"选项不可用。

④"旋转":指定属性文字的旋转角度。输入值或选择"旋转"用定点设备指定旋转角度(此旋转角度为从原点到指定的位置的测量值)。如果在"对正"列表中选择了"对齐"或"调整",则"旋转"选项不可用。

(5)"在上一个属性定义下对齐"区属性

选中该复选框,表示使用与上一个属性文字相同的文字样式、文字高度以及旋转角度,并在上一个属性文字的下一行对齐。选中该复选框后,插入点和文字选项不能再定义,如果之前没有创建属性定义,则此选项不可用。

3.1.4 动态块（BEDIT,▣）

在 AutoCAD 早期版本中,要编辑图块,需要先分解图块才能编辑其中的几何图形。动态块功能出现后,用户可以在定义了动态块的参数和动作后轻松改动动态块中的图形。动态块是用动态块编辑器定义的。

如果我们把单开门定义成一个动态块,利用动态块的特点,调整出不同尺寸、不同开向的单开门,则绘制图 3.5 所示传达室平面图的单开门就非常方便了。动态块的定义难度较大,但应用范围更加广泛。

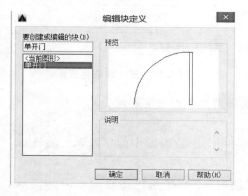

图 3.16 "编辑块定义"对话框

【例题 3.6】 创建单开门动态块,并在图 3.5 传达室平面图中插入门。

【解】

（1）将绘制好的单开门定义成块。

（2）选择菜单【工具】/【块编辑器】或块编辑器按钮▣或输入命令"BEDIT",打开"编辑块定义"对话框（图 3.16）,选择"单开门",单击"确定"按钮进入动态块编辑状态（图 3.17）,动态块编辑选项卡如图 3.18 所示。

（3）单开门动态块制作过程：

①选择"参数"选项卡,选择线性参数,捕捉矩形的左下角点为起点,左上角点为端点,然后单击图块左部适当位置为线性参数的标签位置（图 3.19）。

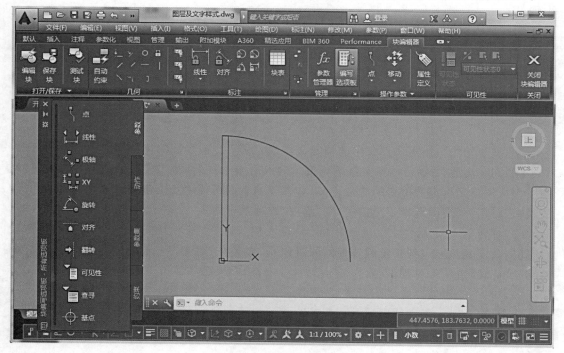

图 3.17 动态块编辑状态

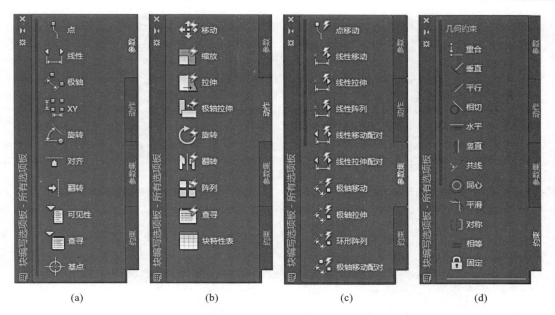

<table>
<tr><td>(a)</td><td>(b)</td><td>(c)</td><td>(d)</td></tr>
</table>

图 3.18　动态块编辑选项卡

(a)参数选项卡；(b)动作选项卡；(c)参数集；(d)约束

②选择"动作"选项卡,选择缩放动作后,选择线性参数标签,即指定缩放动作参数为线性参数,然后选择图块中的所有图元为参数作用对象,在适当位置单击鼠标左键确定动作位置(图 3.20)。

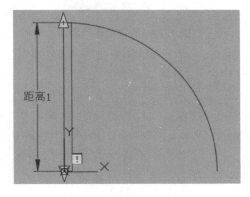

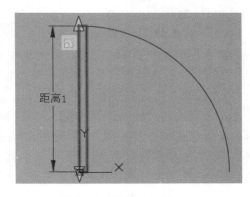

图 3.19　线性参数的添加　　　　　　　　**图 3.20　缩放动作的添加**

③选择"参数"选项卡中的翻转参数,捕捉圆弧的右下角点为投影线的基点,矩形的左下角点为端点,然后单击适当位置为翻转参数的标签位置(图 3.21)。

④选择"动作"选项卡,选择翻转动作后,选择翻转参数标签,即指定翻转动作参数为翻转参数,然后选择图块中的所有图元为参数作用对象,在适当位置单击鼠标左键确定动作位置(图 3.22)。

⑤选择"参数"选项卡中的旋转参数,选取矩形的左下角点为基点,输入半径 500,在"默认旋转角度"提示下按 Enter 键,完成旋转参数的添加(图 3.23)。

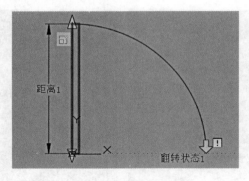
图 3.21　翻转参数的添加

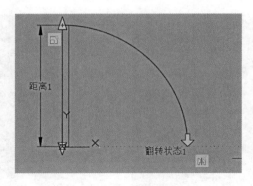
图 3.22　翻转动作的添加

⑥选择"动作"选项卡,选择旋转动作后,选择旋转参数标签,即指定旋转动作参数为旋转参数,然后选择图块中的所有图元为参数作用对象,在适当位置单击鼠标左键确定动作位置(图 3.24)。

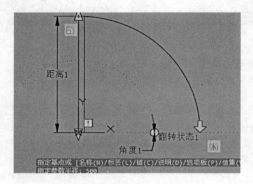
图 3.23　旋转参数的添加

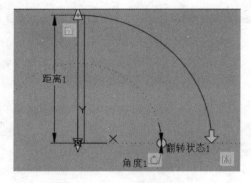
图 3.24　旋转动作的添加

⑦单击"动态块"工具条上的"关闭块编辑器"按钮,AutoCAD 将弹出一个"块确认"对话框(图 3.25),单击该对话框的"将更改保存到单开门"按钮,完成动态块定义。

(4)在图 3.5 传达室平面图中绘制门。

单击绘图工具栏块插入图标，打开"插入"对话框(图 3.4),选择定义的动态块"单开门",在绘图区选择插入点,完成图块的插入;单击插入的"单开门"图块,"单开门"图块变为虚线状态,显示出动态块的夹点,通过缩放夹点、输入门的大小等操作确定门的尺寸,如图 3.26 所示;需要翻转操作则单击虚线门右下角点处的箭头翻转夹点,完成门的翻转。

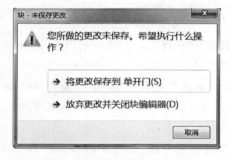
图 3.25　"块确认"对话框

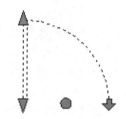
图 3.26　单开门图块

3.1.5　外部参照

外部参照与块有相似的地方,它们的主要区别是:一旦插入了块,该块就永久性地插入到当前图形中,成为当前图形的一部分。而以外部参照方式将图形插入到某一图形(称之为主图形)后,被插入图形文件的信息并不直接加入到主图形中,主图形只是记录参照的关系,比如记录参照图形文件的路径等信息。另外对主图形的操作不会改变外部参照图形文件的内容。当打开具有外部参照的图形时,系统会自动把各外部参照图形文件重新调入内存并在当前图形中显示出来。

利用外部参照将已有图形文件插入图形里面供参照用,是一种节省空间和文件大小的方法,比如在地形图上画房子,如果按常规把地形图复制过来的话,文件量就非常大,而如果用外部参照插入地形图,文件量就很小,而且外部参照不会改变,除非修改了参照的文件。

3.1.5.1　外部参照管理器(xref, 🖼)

一个图形中可能会存在多个外部参照图形,用户必须了解各个外部参照的所有信息,才能对含有外部参照的图形进行有效的管理,这就需要通过"外部参照管理器"来实现。

菜单:【插入】/【外部参照】。

执行上述命令之后,系统弹出"外部参照"对话框(图 3.27)。该对话框的文件参照列表列出了当前图形中存在的外部参照的相关信息,包括外部参照的名称、加载状态、文件大小、参照类型、创建日期和保存路径等。此外,用户还可以进行外部参照的附着、拆离、重载、打开、卸载和绑定操作。

(a)

(b)

图 3.27　"外部参照"对话框与"附着"下拉菜单

(a)"外部参照"对话框;(b)"附着"下拉菜单

提示：

（1）"文件参照"列表显示了当前图形中各个外部参照的名称、加载状态、文件大小等信息。

（2）"详细信息"列表用于显示外部参照的详细信息，"文件参照"列表显示得更详细，包括日期、类型、颜色系统及颜色深度等。

3.1.5.2　外部参照附着（xattach/attach，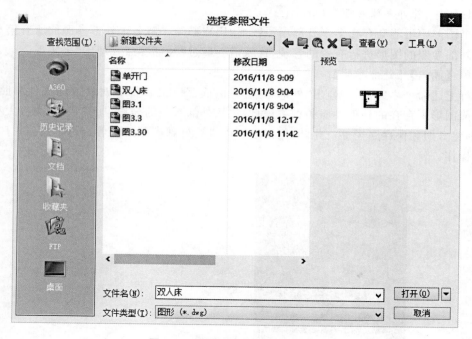）

"xattach"命令是附着 dwg 文件外部参照命令；"attach"命令为广义外部参照命令。执行上述命令后，系统打开"选择参照文件"对话框（图 3.28），选择要附着的图形文件，单击"打开"按钮，打开"附着外部参照"对话框（图 3.29），再选择"参照类型"和"路径类型"。

图 3.28　"选择参照文件"对话框

提示：

（1）"参照类型"：即"附着型"和"覆盖型"两项。"附着型"表示外部参照是可以嵌套的；"覆盖型"表示外部参照不会嵌套。

（2）"路径类型"：用于指定外部参照的路径类型。

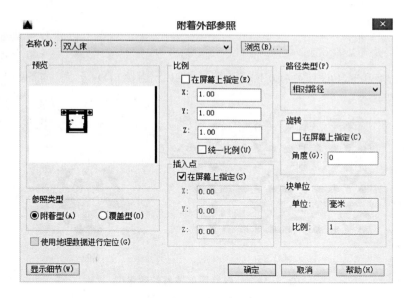

图 3.29 "附着外部参照"对话框

【例题 3.7】　利用图块属性的外部参照方式,由图 3.30(a)1.dwg、图 3.30(b)2.dwg 和图 3.30(c)3.dwg 生成图 3.30(d)4.dwg。

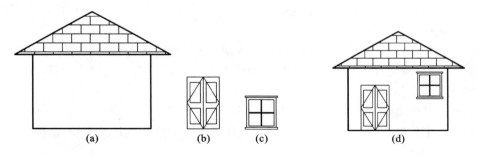

(a)　　　　　　(b)　　(c)　　　　　　　(d)

图 3.30　利用图块属性的外部参照方式生成新图形

(a)1.dwg;(b)2.dwg;(c)3.dwg;(d)4.dwg

【解】

(1)输入"xattach"命令。

①打开图 3.28"选择参照文件"对话框,在相关文件夹中找到 1.dwg 文件;

②在图 3.29"参照类型"中选择"附着型"单选按钮,去掉"插入点"选项组中"在屏幕上指定"的勾选,单击"确定"按钮,将参照图 1.dwg 插到当前新建的文件中。

(2)重复上述步骤①、②,将 2.dwg 和 3.dwg 插入当前文件中。

(3)重新组合图 1.dwg、2.dwg、3.dwg,生成新图形 4.dwg,如图 3.30(d)所示。

3.1.5.3　剪裁外部参照(xclip,⌐)

用户可以通过此功能指定剪裁边界以显示外部参照和块插入的有限部分。

菜单:【修改】/【剪裁】/【外部参照】。

【例题 3.8】　使用剪裁外部参照命令对图 3.31(a)进行剪裁以得到图 3.31(b)所示的效果。

【解】

命令:xclip　　　　　　　　　　　　　　　　　//执行剪裁外部参照命令

选择对象:　　　　　　　　　　　　　　　　　　//选择参照图形

输入剪裁选项[开(ON)/关(OFF)/剪裁深度(C)/删除(D)/生成多段线(P)/新建边界(N)]<新建边界>:　　　　　　　　//确定剪裁边界,即可得到图3.31(b)

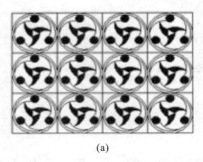
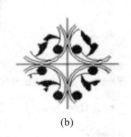

(a)　　　　　　　　　　　　　　　　(b)

图 3.31　外部参照剪裁后的效果图

提示:

(1)开(ON):打开外部参照剪裁边界,即在当前图形中不显示外部参照或块的被剪裁部分。

(2)关(OFF):关闭外部参照剪裁边界,在当前图形中显示外部参照或块的全部几何信息,忽略剪裁边界。

(3)剪裁深度(C):在外部参照或块上设置前剪裁平面和后剪裁平面,系统将不显示由边界和指定深度所定义的区域外的对象。剪裁深度应用在平行于剪裁边界的方向上,与当前 UCS 无关。

(4)删除(D):删除前剪裁平面和后剪裁平面。

(5)生成多段线(P):自动绘制一条与剪裁边界重合的多段线。此多段线采用当前的图层、线型、线宽和颜色。

(6)新建边界(N):定义一个矩形或多边形剪裁边界,或者用多段线生成一个多边形剪裁边界。

3.1.5.4　外部参照绑定(xbind,▣)

如果将外部参照绑定到当前图形,则外部参照及其依赖符号成为当前图形的一部分。xbind 向内部符号表中添加单独的外部参照依赖符号表定义,例如块、文字样式、标注样式、图层和线型。

菜单:【修改】/【对象】/【外部参照】/【绑定】。

执行上述命令后,系统弹出"外部参照绑定"对话框,如图3.32所示。

在图3.32中,可将块、图层及文字样式等的依赖符号添加到主图形中。

3.1.5.5　在位编辑外部参照(Refedit,▣)

菜单:【工具】/【外部参照和块在位编辑】/【在位编辑参照】。

执行上述命令后,选择编辑对象,弹出图3.33"参照编辑"对话框。

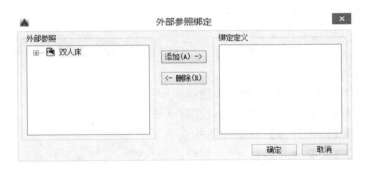

图 3.32　"外部参照绑定"对话框

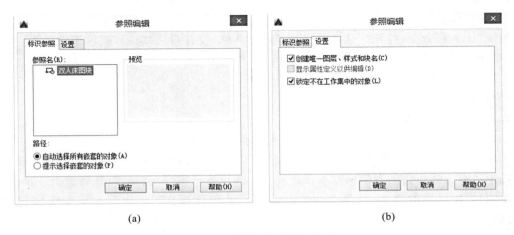

(a)　　　　　　　　　　　　　　　　　(b)

图 3.33　"参照编辑"对话框

(a)"标识参照"选项卡；(b)"设置"选项卡

如图 3.33（a）所示，"标识参照"选项卡为标识要编辑的对象提供形象化辅助工具并控制选择参照的方式。"设置"选项卡为编辑参照提供选项，如图 3.33(b)所示。

项目 3.2　创建样板图

AutoCAD 缺省安装下自带有样板图，但是它们大都不能满足用户绘制建筑图样的要求，还需要根据国家建筑制图标准及该类图样的特点进行设置，并保存为"∗.dwt"格式的样板文件，以便在设计和绘图时直接调用，避免每次绘图都需要重新设置一遍。

3.2.1　创建样板图的方法

建筑样板图的内容包括绘图环境、图层及特性的设置、建筑样板常用样式（文字、尺寸、墙线、窗线等）、图表框的绘制、样板图的页面布局等。

创建样板图一般有两种方法：一是新建文件来创建样板图，二是采用或修改已有的专业图形来创建样板图。

3.2.1.1 通过新建文件来创建样板图

（1）新建文件

输入"new"命令，在"选择样板"对话框中选择"无样板打开公制"，进入绘图区。

（2）绘图环境设置

绘图环境的设置应根据专业制图的准则以及图形的大小，进行以下几方面的设置：

①菜单：【格式】/【单位】，打开"图形单位"对话框，设置绘图单位精度。

②菜单：【格式】/【图形界限】，设置绘图的空间。

③菜单：【格式】/【文字样式】，打开"文字样式"对话框，设置文字样式（工程文字、字母和数字）。

④菜单：【格式】/【标注样式】，打开"标注样式管理器"对话框，设置标注样式。

（3）设置图层

输入" layer"命令，打开"图层特性管理器"对话框，设置图层、线型、颜色和线宽等。

（4）绘制图框线和标题栏

在绘图区中绘制图框线和标题栏。

（5）保存样板图

保存为"＊.dwt"格式的样板文件。

3.2.1.2 通过采用或修改已有的专业图形来创建样板图

采用或修改已有的专业图形来创建样板图，要求用户有符合规定的专业工程图形文件，并且该图形已有上述所讲的图形的基本设置或一样的设置。用户对图形设置只做少许修改或不做修改，只删除已有的图形，并保存为"＊.dwt"格式的样板文件。以后直接在新建"选择样板"对话框中调用。

3.2.2 创建样板图文件

为了提高工作效率，应创建一些标准图幅样板图供用户绘图时调用。

【例题 3.9】 创建一张 A3 图幅样板图。

（1）新建文件

输入"new"命令，在"选择样板"对话框中选择"无样板打开公制"，进入绘图区。

（2）绘图环境设置

选择菜单【格式】/【单位】，打开"图形单位"对话框（图 3.34），将"精度"设置为 0，其他参数为默认值，单击"确定"按钮。

（3）图形界限设置

选择菜单【格式】/【图形界限】，命令窗口出现如下提示：

指定左下角点或［开（ON）/关（OFF）］＜0,0＞：

指定右上角点 ＜420,297＞：420,297   //设置绘图区域

（4）文字样式设置

选择菜单【格式】/【文字样式】，打开"文字样式"对话框，点击"新建"按钮，弹出"新建文字样式"对话框（图 3.35），输入"仿宋"，然后单击"确定"按钮得到"文字样式"对话框（图3.36）。

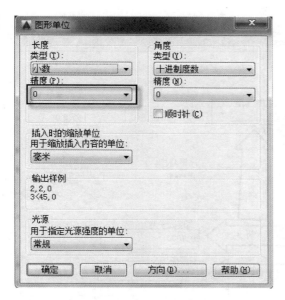

图 3.34　"图形单位"对话框

图 3.35　"新建文字样式"对话框

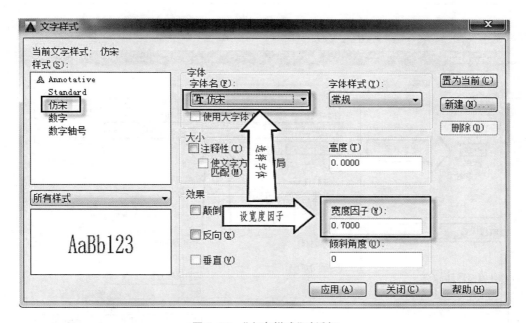

图 3.36　"文字样式"对话框

①在"文字样式"对话框(图 3.36)中,对"仿宋"样式进行参数设置,单击"应用"按钮,确定"仿宋"样式的设置。

②使用相同方法进行设置,"数字"文字样式参数设置见图 3.37、"汉字"文字样式参数设置见图3.38和"数字轴号"文字样式参数设置见图3.39。

(5)标注样式设置

标注样式设置的方法及原则参考本书"附录 2"。

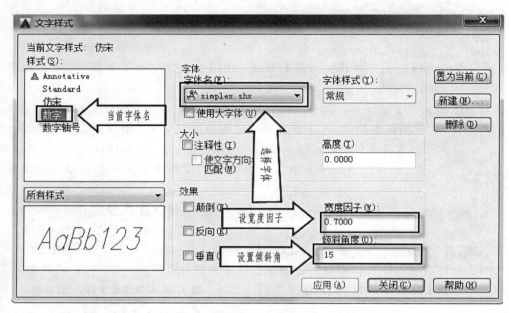

图 3.37　"数字"文字样式参数设置

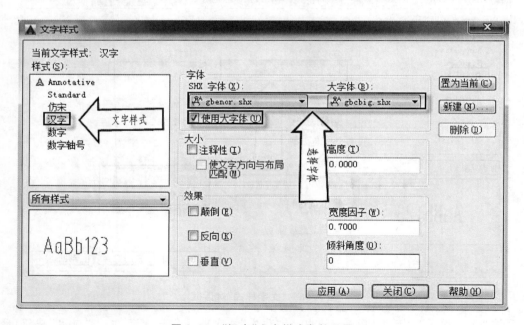

图 3.38　"汉字"文字样式参数设置

(6)图层设置

输入"layer"命令,打开"图层特性管理器"对话框,设置特性见表 3.1。

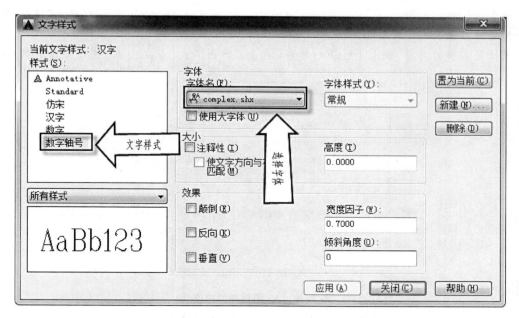

图 3.39　"数字轴号"文字样式参数设置

表 3.1　建筑平面图的图层设置

序号	图层名	描述内容	线宽(mm)	线型	颜色	打印属性
1	建筑-轴线	定位轴线	0.18	单点长画线	红色	打印
2	建筑-轴线编号	轴线圆及轴线文字	0.18	实线	蓝色	打印
3	建筑-墙	墙轮廓线	0.7	实线	洋红	打印
4	建筑-柱	柱轮廓线	0.7	实线	白色	打印
5	建筑-柱填充	柱填充	0.18	实线	白色	打印
6	建筑-标注	尺寸标注、标高	0.35	实线	绿色	打印
7	建筑-门窗	门窗	0.5	实线	青色	打印
8	建筑-楼梯	楼梯	0.35	实线	白色	打印
9	建筑-文字	图中文字	默认	实线	白色	打印
10	建筑-设施	家具、卫生设备	0.18	实线	白色	打印

(7)绘制 A3 图框

①绘制 A3 图纸图幅

选择"图框"图层为当前图层。

命令:rectang　　　　　　　　　　　　　　　　　　　　　//输入"矩形"命令

指定第一点:200,300

指定下一点或［放弃(U)］:@420,297　　　　　　　　　　//绘制 A3 图纸图幅

②绘制 A3 图纸图框

命令:offset   //输入"偏移"命令

指定偏移距离或［通过(T)/删除(E)/图层(L)］＜通过＞:5

选择要偏移的对象,或［退出(E)/放弃(U)］＜退出＞:   //点击 A3 图幅矩形轮廓,偏移

出 A3 图框矩形内框(图 3.40)

图 3.40　A3 图框矩形内框

命令:stretch   //输入"拉伸"命令

以交叉窗口或交叉多边形选择要拉伸的对象　选择对象:指定对角点:找到 1 个

//用交叉窗口选择 A3 图框矩形内框

指定基点或位移: //选择 A3 图框矩形内框左上端点

指定位移的第二个点或〈用第一个点作位移〉:〈正交 开〉20

//打开正交,鼠标向右移动一点,输入 20,按回车键完成 A3 图框绘制(图 3.41)

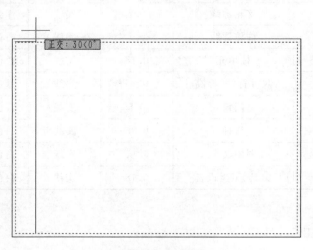

图 3.41　编辑"A3 图纸"矩形内框

③绘制标题栏

单击窗口修改工具栏上的"分解"命令📐,选图纸内框后按回车键。

分别选用"偏移"📐 和"修剪"✄命令,绘制出图 3.42 所示标题栏。

④定图框和标题栏线宽：

用鼠标选择图框外框，点击"特性"工具栏上的线宽下拉列表 ▓▓▓ ——— ByLayer ▾，设置外框线宽为 0.18mm，如图 3.43 所示。

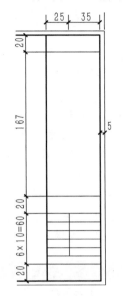

图 3.42 标题栏　　　　　图 3.43 设置外框（图幅）线宽为 0.18mm

用同样方法分别设置"图框"、"标题栏"和"会签栏"的线宽，如图 3.44 所示。

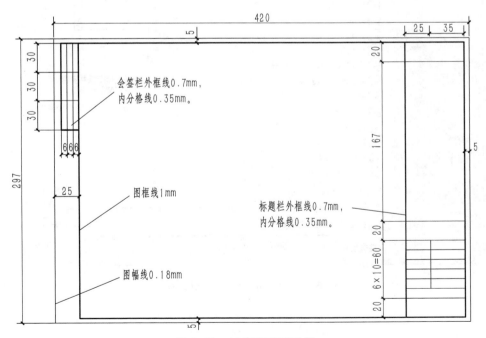

图 3.44 A3 图纸线宽设置

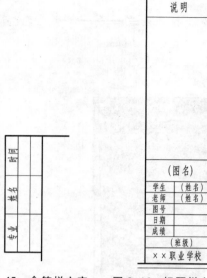

图 3.45　会签栏文字　　图 3.46　标题栏文字

(8)会签栏和标题栏文字

会签栏和标题栏文字字高设置:"××职业学校"字高设为 5 号字,"图名"字高为 7 号字,其他字高为 3.5 号字。分别按要求输入文字,如图 3.45 和图 3.46 所示。

(9)保存 A3 图纸图形样板

①定义 A3 图纸图块属性,并保存为内部块。

②选择菜单【文件】/【另存为】,打开"图形另存为"对话框,如图 3.47 所示。选择"文件类型"为"AutoCAD 图形样板(* . dwt)",将文件取名为"A3 建筑图框"。

单击"保存"按钮,弹出"样板选项"对话框(图 3.48),可对样板文件进行简单注释,单击"确定"按钮完成样板文件保存。

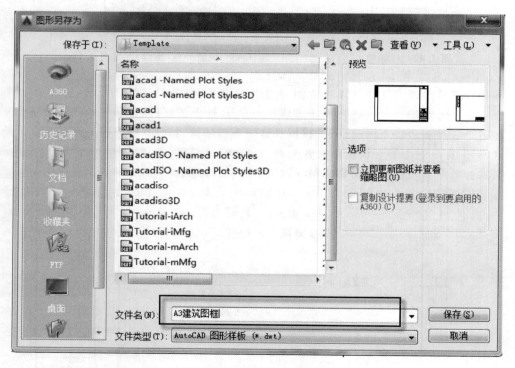

图 3.47　"图形另存为"对话框

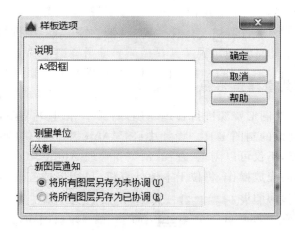

图 3.48　"样板选项"对话框

3.2.3　调用样板图

调用创建好的样板文件,有以下两种方法:

(1)选择菜单【文件】/【新建】,弹出"选择样板"对话框,选择创建好的样板文件"A3 建筑图框"(图 3.49),单击"打开"按钮即可。

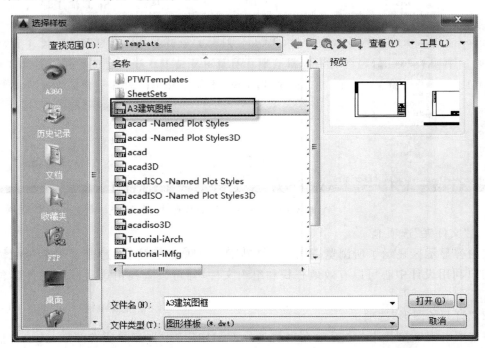

图 3.49　"选择样板"对话框——A3 建筑图框

(2)在保存有"A3 建筑图框.dwt"的文件夹中,直接双击"A3 建筑图框.dwt"文件,即可打开"A3 建筑图框"样板图。

项目 3.3　资源管理

3.3.1　组合与共享建筑资源——设计中心

设计中心主要用于对图形资源进行管理、查看与共享等,它与 Windows 的资源管理器功能相似,是一个直观、高效的制图工具。设计中心是 AutoCAD 提供的一个资料库,通过设计中心可以完成许多功能,不仅可以浏览、查找、预览和管理 AutoCAD 图形、光栅图像等不同的资源,还可以通过简单的拖放操作,将位于本地计算机、局域网或互联网上的块、图层、文字样式、标注样式等插入到当前图形。

3.3.1.1　设计中心(adcenter/adc/dc,▦)

菜单:【工具】/【选项板】/【设计中心】。

命令执行后,打开图 3.50 所示的"设计中心"对话框。设计中心主要由"文件夹"、"打开的图形"、"历史记录"选项卡组成。

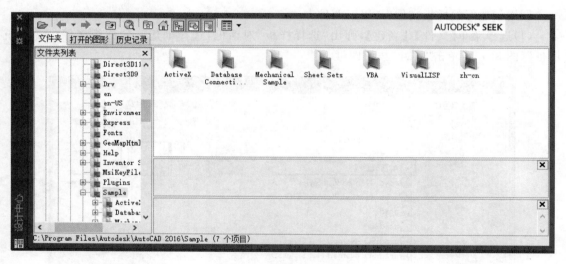

图 3.50　"设计中心"对话框

(1)"文件夹"选项卡

在内容显示区显示了所浏览资源的有关内容,资源管理器的左边显示了系统的树形结构。用户利用设计中心可以有效地查找和组织文件,并可以查找出这些图形文件所包含的对象。

(2)"打开的图形"选项卡

该选项卡用于在设计中心显示在当前 AutoCAD 环境中打开的所有图形,其中包括最小化了的图形。此时单击某个文件图标,就可以看到该图形的有关设置,如图层、线型、文字样式、块、标注样式等,如图 3.51 所示。

(3)"历史记录"选项卡

该选项卡用于显示用户最近浏览的 AutoCAD 图形。

图 3.51　"打开的图形"选项卡

3.3.1.2　设计中心的应用

利用 AutoCAD 设计中心,用户可以方便地打开当前图形,向当前图形插入其他图形中的块,更新块定义等。选择需要打开的图形文件的图标,单击鼠标右键,在弹出的快捷菜单中,选择"在应用程序窗口中打开",便可将图形文件打开(图 3.52)。

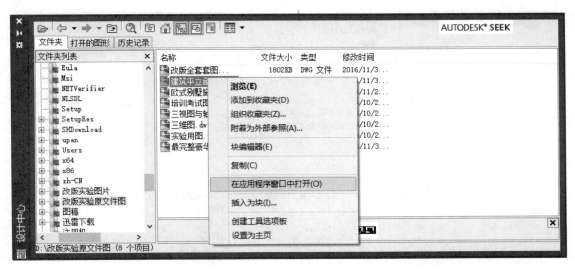

图 3.52　利用 AutoCAD 设计中心打开图形

设计中心最大的优势是可以将系统文件夹中的 AutoCAD 图形文件作为不同的可插入内容,从而在新图形中有选择地插入这些图形元素,包括块、标注样式、图层、线型、表格样式、文字样式、外部参照、布局和多重引线样式等。

【例题 3.10】　利用"设计中心"将单开门块插入到当前图形中。

【解】

(1)选择菜单:【工具】/【选项板】/【设计中心】,显示"设计中心"(图3.53)。

(2)选择需要打开的图形文件"单开门"图标,单击鼠标右键,在弹出的快捷菜单中,选择"插入为块",弹出"插入"对话框(图3.54),指定插入比例和旋转角度,单击"确定"按钮,在屏幕上指定插入点即可。

(3)也可以用鼠标左键将块从设计中心拖到应用程序窗口中,在屏幕上指定插入点、插入比例和旋转角度。

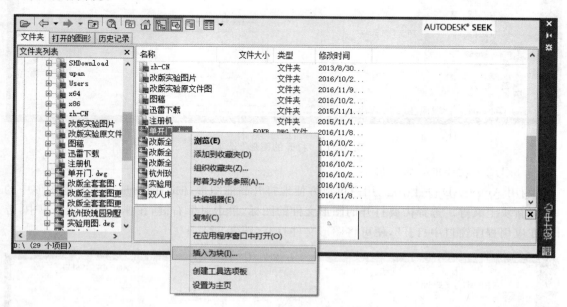

图3.53 设计中心——"插入为块"快捷菜单

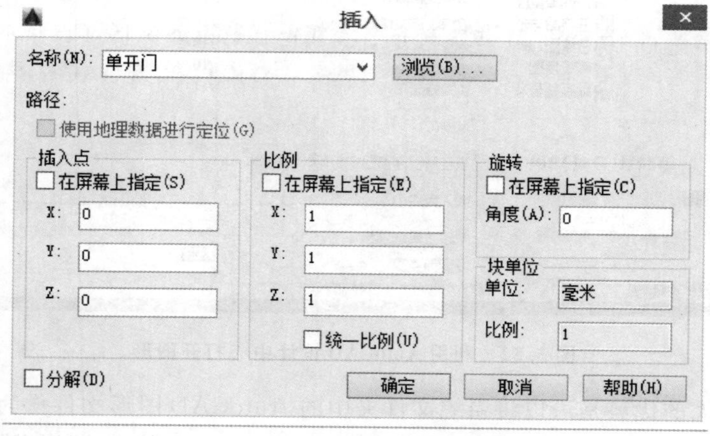

图3.54 "插入"对话框

3.3.2　工具选项板

（1）打开工具选项板（tp，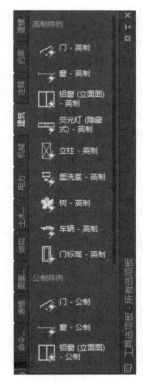）

菜单:【工具】/【选项板】/【工具选项板】。

命令执行后,显示图 3.55 所示工具选项板,它是一个选项卡形式的区域,提供了一种组织、共享和放大块及填充图案的有效方法,可以非常方便地组织、管理和使用自定义图库。支持多种显示风格:图标、图标和文字、列表,也可以根据用户的喜好动态更改图标的大小。自动堆叠的选项卡可以更加有效地显示和管理选项板。

（2）新建工具选项板（customize）

菜单:【工具】/【自定义】/【工具选项板】。

命令执行后,用户可以根据自己的需要新建工具选项板,以帮助用户进行个性化绘图,同时也可以满足有些时候绘图的特殊需要。在工具选项板空白处单击鼠标右键,选择"自定义"命令,也可以新建工具选项板。

"自定义"对话框如图 3.56 所示,在"选项板"列表处单击鼠标右键,在快捷菜单中选择"新建选项板",用户可以为新建的工具选项板命名,工具选项板中就增加了一个新选项卡(图3.57)。

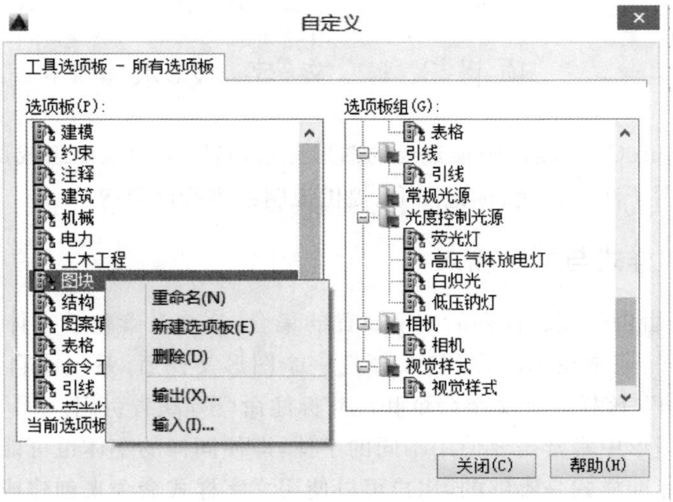

图 3.55　工具选项板

图 3.56　"自定义"对话框

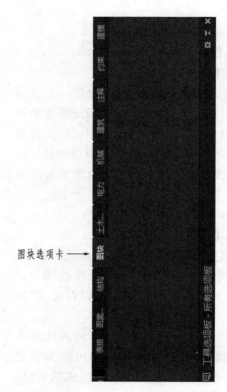

图块选项卡 ———→

图 3.57　自定义完成"图块"选项卡

项目 3.4　文　字　技　术

文字对象是 AutoCAD 图形中很重要的图形元素,是图纸的重要组成部分,它表达了图纸上的重要信息,常用于注写标题、标记图形、提供说明或进行注释等。

3.4.1　文字样式与文字输入

文字样式是一组可随图形保存的文字设置的集合,这些设置包括字体、文字高度、宽度系数以及特殊效果等。通常在 AutoCAD 中新建一个图形文件后,系统将自动建立一个缺省的文字样式"Standard",该样式被文字命令和尺寸标注命令等缺省引用。

更多情况下,图形中常常需要使用不同的字体,即使同样的字体也可能需要不同的显示效果,因此只有一个标准样式是不够的,用户可以使用文字样式命令来创建或修改文字样式。

3.4.1.1　创建新文字样式(style,🅰)

菜单:【格式】/【文字样式】。

命令执行后,打开"文字样式"对话框(图 3.58)。利用该对话框可以创建或修改文字样式,并可以设置文字的当前样式。

"文字样式"对话框主要分为以下四个区域:

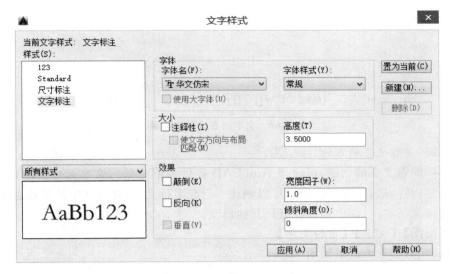

图 3.58　"文字样式"对话框

(1)样式

在该栏的下拉列表中包括了所有已建立的文字样式,并显示当前的文字样式。单击"新建"按钮,弹出"新建文字样式"对话框,如图 3.59 所示,在"样式名"文本框中输入样式名即可。单击"确定"按钮返回"文字样式"对话框,新建的样式名称即出现在"样式"列表框中,此时即可对新建的样式进行设置。

(2)字体

"字体名"列表框中可以选择合适的字体,"使用大字体"复选框只适于编译型的字体。如果选择的是编译型字体,选择该复选框后可创建支持大字体的文字样式,此时可在"文字样式"下拉列表框中选择字体样式。

图 3.59　"新建文字样式"对话框

"字体样式"下拉列表中可设置大字体的格式,比如常规字体、粗体或斜体。常用的字体文件为 gbcbig.shx,可根据需要进行选择。

(3)效果

①"颠倒"复选框:用于设置是否倒置显示字符(仅作用于单行文字)。

②"反向"复选框:用于设置是否反向显示字符(仅作用于单行文字)。

③"垂直"复选框:用于设置是否垂直对齐显示字符。只有在选定字体支持双向对齐时该项才被激活。

④"宽度因子":用于设置字符宽度比例,输入值小于 1.0 将压缩文字宽度,输入值大于1.0则将使文字宽度扩大。

⑤"倾斜角度":用于设置文字的倾斜角度,取值范围在 $-85°\sim85°$ 之间。

各选项显示效果如图 3.60 所示。

提示:

"Standard"样式不能被重命名或删除,对于当前的文字样式和已经被引用的文字样式也不能被删除,但可以重命名。

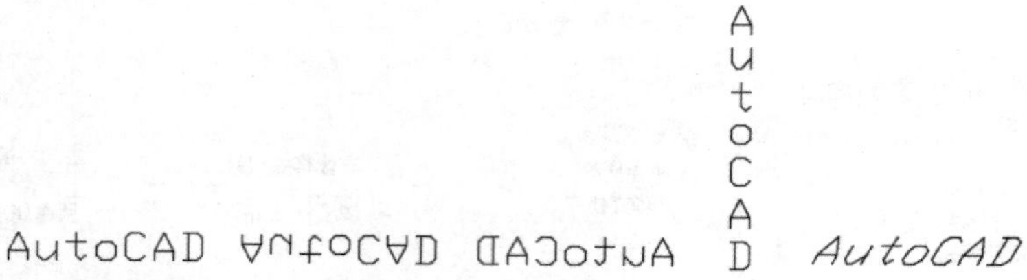

图 3.60　文字的各种显示效果

3.4.1.2　单行文字输入(dtext, A)

对于一些简短文字的创建,可使用 AutoCAD 提供的创建单行文字命令。单行文字适合创建一些标签内容,进行注释的时候,可以创建一行或多行文字,每行文字都是独立的对象,可以对它们进行重新定位、调整格式或进行其他修改。

菜单:【绘图】/【文字】/【单行文字】。

命令执行后,各选项效果如图 3.61 所示。

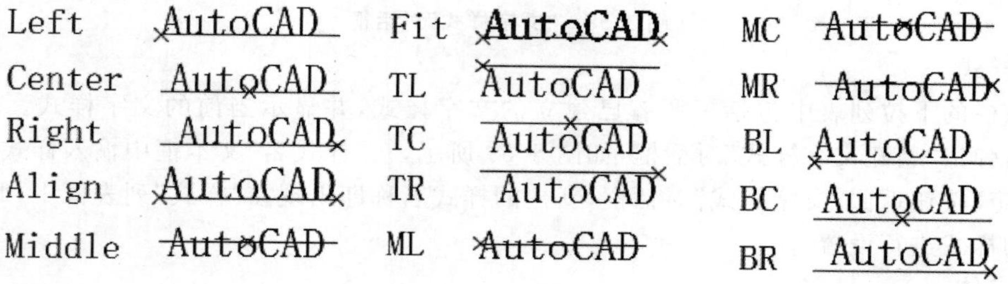

图 3.61　文字对正效果

提示:

(1)直接指定文字的起始点,系统提示用户指定文字的高度、旋转角度和文字内容。只有在当前文字样式没有固定高度时才提醒用户指定文字高度。用户可以连续输入多行文字,每行文字均是一个独立的对象。

(2)用户选择"样式",系统提示用户指定文字样式。用户选择"?"选项查看所有样式,并选择其中一种,然后将返回上一层提示。

(3)用户选择"对正",系统提示:"[左(L)/居中(C)/右(R)/对齐(A)/中间(M)/布满(F)/左上(TL)/中上(TC)/右上(TR)/左中(ML)/正中(MC)/右中(MR)/左下(BL)/中下(BC)/右下(BR)]"。

(4)常用"对正"选项。

①对齐:通过指定基线的两个端点来绘制文字。文字的方向与两点连线方向一致,文字的高度将自动调整,使输入的文字布满两个端点之间,但文字的宽度比例保持不变。

②布满:通过指定基线的两个端点来绘制文字,文字的方向与两点连线方向一致。文字的高度由用户指定,系统将自动调整文字的宽度比例,以使文字充满两点之间的部分,但文字的高度保持不变。

③中心、中间和右:这三个选项均要求用户指定一点,并分别以该点作为基线水平中点、文字中央点或基线右端点,然后根据用户指定的文字高度和角度进行绘制。

3.4.1.3   多行文字输入(mtext, )

多行文字又称为段落文字,是一种更易于管理的文字对象,可以由两行及两行以上的文字组成,而且各行文字都是作为一个整体处理。对于较长、较为复杂的文字内容可以方便地指定文字的宽度,并可以在多行文字中单独设置其中某个字符或某一部分文字的属性。

菜单:【绘图】/【文字】/【多行文字】。

命令执行后,指定第一角点和对角点,将弹出图 3.62 所示的"文字输入"框,在"文字输入"框中输入文字,同时打开文字编辑器,如图 3.63 所示。

图 3.62   "文字输入"框

图 3.63   文字编辑器

提示:
调用一次多行文字命令输入几行文字,AutoCAD 将输入的全部文字作为一个对象来处理。

3.4.1.4   编辑文字

对于已输入完成的文本内容,如果发现错误或需要对其修改,可以重新进行编辑输入文本。当然并不需要删除原来输入的文本内容,可以直接在原来错误的基础上进行修改。

(1)编辑单行文字(ddedit, )

编辑单行文字包括编辑文字的内容、对正方式及缩放比例。

菜单:【修改】/【对象】/【文字】/【编辑】。

命令执行后,根据命令提示"选择注释对象或[放弃(U)]:"双击文字对象,便可对单行文字的内容进行编辑了。

提示:
"文字"工具栏 的"缩放"和"对正"命令,可分别对文字对象进行缩放比例和对正方式的编辑。

(2)编辑多行文字(ddedit/或 mtedit)

菜单:【修改】/【对象】/【文字】/【编辑】。

命令执行后,参照多行文字的设置方法,修改并编辑文字。

提示:
双击多行文字或在输入的多行文字上右击,在快捷菜单中选择"重复编辑多行文字"或"编辑多行文字"命令也可以实现对多行文字的编辑。

（3）在特性面板中编辑文字

修改文字特性有以下两种方法：

①点击"标准"工具栏🔲按钮。

②选择文字后单击鼠标右键，选择"特性"命令。

提示：

文字对象特性有文字样式、对齐、宽度、内容等。

项目 3.5　尺寸标注技术

3.5.1　尺寸标注

AutoCAD 提供了一套完整的尺寸标注命令，可以轻松标注图纸上的各种尺寸。当进行尺寸标注时，AutoCAD 将自动测量对象的大小，并在尺寸上给出正确的数字，所以用户在标注尺寸之前应该精确地绘制图形。

3.5.1.1　尺寸标注的规定

（1）物体的真实大小应以图样上标注的尺寸数值为依据，与图形的大小及绘图的准确度无关。

（2）图样中的尺寸以 mm 为单位时，不需要标注计量单位的代号或名称。如采用其他单位，则必须注明相应计量单位的代号或名称，如°、m 及 cm 等。

（3）图样中所标注的尺寸为该图样所表示的物体的最后完工尺寸，否则应另加说明。

（4）由于 AutoCAD 一般以真实尺寸绘图，所以在绘制图形时实物的真实大小与图形的大小以及图样上标注的尺寸数据是一致的。

3.5.1.2　尺寸标注的组成

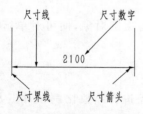

图 3.64　尺寸标注组成

在建筑制图或其他工程绘图中，一个完整的尺寸标注应由尺寸线、尺寸界线、尺寸箭头和尺寸数字组成，对于圆的标注还有圆心标记和中心线，如图 3.64 所示。

3.5.1.3　尺寸标注的类型

根据不同的标注对象，AutoCAD 提供了五种尺寸标注类型，使尺寸标注非常方便、灵活。"尺寸标注"工具栏如图 3.65 所示。

图 3.65　"尺寸标注"工具栏

（1）线性尺寸

线性尺寸主要用来标注长度，它又可以细分为：水平尺寸、垂直尺寸、倾斜尺寸、旋转尺寸、基线型尺寸和连续性尺寸。各线性标注的标注形式如图 3.66 所示。

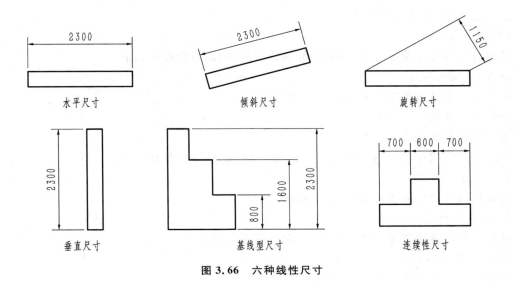

图 3.66　六种线性尺寸

（2）半径类尺寸

半径类尺寸主要用来标注圆或圆弧的直径、半径和圆心。它又可以细分为：直径尺寸、半径尺寸、折弯标注和圆心标记。半径类尺寸的标注形式如图 3.67 所示。

（3）坐标类尺寸

坐标标注用于标注图形中某点的坐标，坐标引导线与当前用户坐标系统的坐标轴正交，如图 3.67 所示。

（4）角度尺寸

角度尺寸用于标注两相交直线以及圆或圆弧的圆心角，如图 3.67 所示。

（5）引线标注尺寸

引线标注的外观是一个箭头后连着一条折线，其使用非常灵活，如图 3.67 所示。

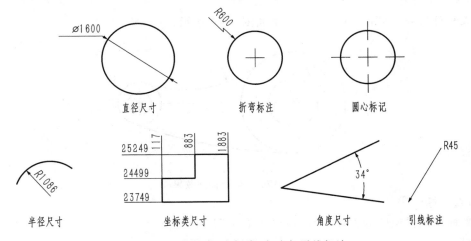

图 3.67　半径类、坐标类、角度与引线标注

3.5.1.4　尺寸标注的方法

(1)线性标注

线性标注可标注水平尺寸、垂直尺寸和旋转尺寸,命令行提示如下:

命令：_dimlinear

指定第一条延伸线原点或 ＜选择对象＞：

指定第二条延伸线原点：

指定尺寸线位置或

[多行文字(M)/文字(T)/角度(A)/水平(H)/垂直(V)/旋转(R)]：

标注文字 ＝ 15

建筑标高符号标注效果如图 3.68 所示。

(2)对齐标注

可标注某一条倾斜图线的实际长度,命令行提示如下:

命令：_dimaligned

指定第一条延伸线原点或 ＜选择对象＞：

指定第二条延伸线原点：

指定尺寸线位置或

[多行文字(M)/文字(T)/角度(A)]：

标注文字 ＝ 4.24

建筑标高符号标注效果如图 3.69 所示。

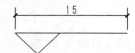
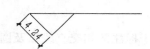

图 3.68　线性标注效果　　　　图 3.69　对齐标注效果

(3)半径标注

用来标注圆弧或圆的半径,标注效果如图 3.70 所示。

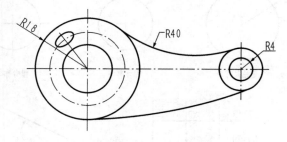

图 3.70　半径标注效果

(4)直径标注

用来标注圆弧或圆的直径,标注效果如图 3.71 所示。

(5)折弯标注

创建圆和圆弧的折弯标注,标注效果如图 3.72 所示。

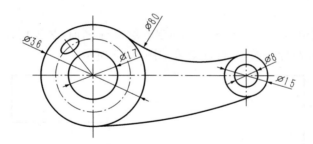

图 3.71　直径标注效果

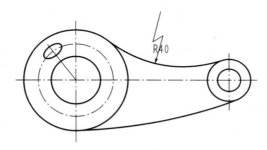

图 3.72　折弯标注效果

（6）角度标注△

用来测量两条直线、三个点之间或者圆弧的角度,标注效果如图 3.73 所示。

图 3.73　角度标注效果

（7）基线标注

基线标注是指自同一基线处测量的多个标注。这种尺寸的特点是:所有尺寸公用一条尺寸界线,这条尺寸界线叫作基线。在创建基线标注之前,必须创建线性、对齐或角度标注,标注效果如图 3.74 所示。

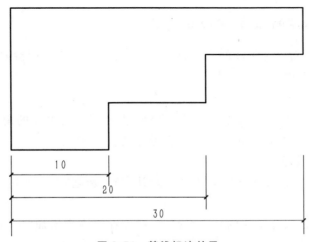

图 3.74　基线标注效果

（8）连续标注 ⊩⊩

连续标注是首尾相连的多个标注。在创建连续标注之前，必须创建线性、对齐或角度标注，使用连续标注可提高标注效率，标注效果如图3.75所示。

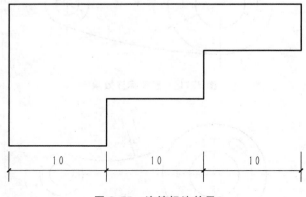

图 3.75　连续标注效果

（9）多重引线标注 ⌐°

多重引线标注用于取代老版本的快速引线标注，功能更强大，主要用于标注倒角尺寸，或是一些文字注释、建筑构配件的编号，标注效果如图3.76所示。

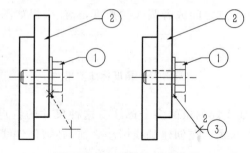

图 3.76　多重引线标注效果

3.5.2　尺寸标注的编辑、修改与更新

标注完成后，可以对已经标注的文字、尺寸及其位置、大小等进行编辑、修改或更新操作。AutoCAD 2016 主要提供了如下方法：

（1）编辑标注尺寸（dimedit，◢）

对于完成的标注可以使用"编辑标注"命令对已标注的尺寸文字的角度、文字的对齐方式、延伸线的倾斜角进行修改，即编辑标注文字和延伸线。

菜单：【标注】/【倾斜】。

命令执行后提示："输入标注编辑类型［默认（H）/新建（N）/旋转（R）/倾斜（O）］＜默认＞："。

如果要对标注好的尺寸文字内容进行修改，比如在标高中增加"±"符号或在线性标注中增加直径符号"φ"等，可以利用文字编辑器等进行修改。

(2)编辑标注文字(dimtedit，А̲)

编辑标注文字命令用于移动或旋转标注文字，重新定位尺寸线，对标注文字或尺寸的位置和角度进行修改。

命令执行后提示："为标注文字指定新位置或［左对齐(L)/右对齐(R)/居中(C)/默认(H)/角度(A)］："。

(3)标注更新 ⛶

在 AutoCAD 2016 中，默认的标注尺寸与标注对象之间具有关联性，如果修改了标注对象，相应的标注就会自动更新，即用当前标注样式更新标注对象，也可以将标注系统变量保存或恢复到选定的标注样式。

(4)利用对象特性管理器编辑尺寸标注

在 AutoCAD 2016 中，对象特性管理器是十分有用的工具，它可以对任何 AutoCAD 对象进行编辑，选择要编辑的标注尺寸，自动弹出"快捷特性"选项板，可以在此面板中进行给定内容的修改，如图 3.77 所示；在要选择的尺寸标注上单击鼠标右键，在快捷菜单中选择"特性"，在"特性"选项板中对标注文字到标注样式几乎所有的设置都可以进行编辑，如图 3.78 所示。

图 3.77　"快捷特性"选项板

图 3.78　"特性"选项板

3.5.3　常用符号的标注与编辑

(1)标注中常用的文字符号

在实际设计绘图中，往往需要标注一些常用的特殊字符。例如，在文字上方或下方添加画线，标注°、±、φ 等符号。这些特殊字符不能从键盘上直接输入，因此 AutoCAD 提供了相应的控制符，以实现这些标注要求。

AutoCAD 的控制符由两个百分号(％％)及后面紧接一个字符构成，表 3.2 列出了部分常用的特殊字符控制符输入方式。

表 3.2　部分特殊字符控制符输入方式

控 制 符	显示符号	解 释
%%c ("%"+"%"+"c")	φ	直径符号
%%d	°	度
%%p	±	正负号
%%u	—	下画线
%%o	—	上画线

(2)其他特殊符号的输入

①在输入文字的过程中若需输入直径符号等,可单击"文字编辑器"工具栏(图 3.79)中"符号选项"按钮 ,在下拉选项中选取相应的符号,或在下拉选项中选择"其他"(图 3.80)弹出"字符映射表"对话框(图 3.81)。在对话框中选择所需符号后单击"选择",再单击"复制",即可将所需符号复制到文字编辑区中。

图 3.79　文字编辑器

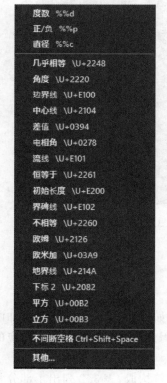

图 3.80　"符号"选项卡

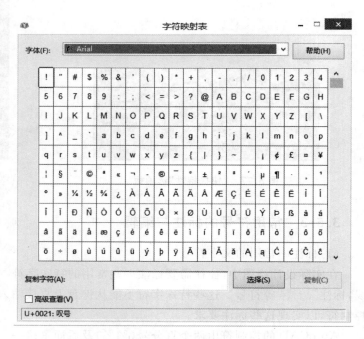

图 3.81　"字符映射表"对话框

②定义一种字体(如 hztxt),"SHX 字体"中选用 wcad. shx 字型,"大字体"中选用 hztxt. shx 字型,点选"使用大字体"复选框(图 3.82),在 AutoCAD 中用这种字体可以很轻松地输入各种标点符号、特殊符号、希腊字母、数学符号等,并且用这种字体输出的中文和西文是等高的。

图 3.82　"文字样式"对话框

3.5.4　建筑标注样式设置

在 AutoCAD 中,使用"标注样式管理器"可以控制标注的格式和外观,建立强制执行的绘图标准,并有利于对标注格式及用途进行修改。使用"标注样式管理器"对话框创建标注样式的步骤如下:

(1)新建标注样式;

(2)设置线样式;

(3)设置符号和箭头样式;

(4)设置文字样式;

(5)设置调整样式;

(6)设置主单位样式;

(7)设置换算单位样式;

(8)设置公差样式。

根据行业及设计要求的不同,修改"标注样式管理器"对话框选项卡的值,建筑标注样式设置参见本书附录 2。

项目 3.6　表　格　技　术

3.6.1　创建表格样式

（1）表格

表格是由包含注释（以文字为主,也包含多个块）的单元构成的矩形阵列,是在行和列中包含数据的对象。可以从空表格或表格样式创建表格对象,还可以将表格链接至 Microsoft Excel 电子表格中的数据。表格的外观由表格样式控制。用户可以使用默认表格样式 Standard,也可以创建自己的表格样式。表格单元数据可以包括文字和多个块,还可以包含使用其他表格单元中的值进行计算的公式。

（2）定义表格样式（Tablestyle, ▆▆表格▆▆▆▆▆▆▆）

表格使用行和列以一种简洁清晰的形式提供信息,常用于一些组件的图形中。表格样式控制一个表格的外观,用于保证标准的字体、颜色、文本、高度和行距。用户可以使用默认的表格样式,也可以根据需要自定义表格样式。

菜单:【格式】/【表格样式】。

（3）创建表格（Table, ▦）

创建表格命令用于图形中表格的创建,从而对图形进行注释和说明。创建表格对象时,首先产生一个空表格,然后在表格的单元中添加数据内容。

菜单:【绘图】/【表格】。

（4）编辑表格文字

从表格的快捷菜单中可以看到,可以对表格进行剪切、复制、删除、移动、缩放和旋转等简单操作,还可以均匀调整表格的行、列大小,删除所有特性替代。当选择"输出"命令时,还可以打开"输出数据"对话框,以".csv"格式输出表格中的数据。对于已经创建好的表格,编辑表格的操作方式如图 3.83 所示。

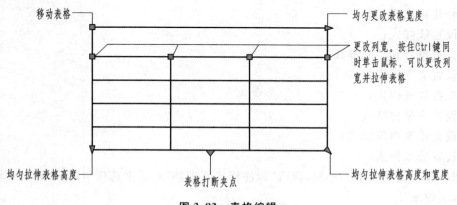

图 3.83　表格编辑

对于创建好的表格,单击其中任意位置的网格线,可选择该表格对象,表格上显示夹点,控制夹点的位置与对应功能如图 3.84 所示。

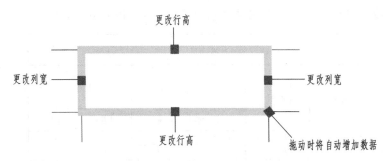

图 3.84　表格单元夹点编辑

编辑表格单元时,在单元内单击即可选中它。单元边框的中央将显示夹点,如图 3.85(b)所示。在另一个单元内单击可以将选中的内容移到该单元。拖动单元上的夹点可以使单元及其列或行变宽或变窄。在表格单元内部单击时,将显示"表格单元"工具栏,如图 3.85(b)所示,使用此工具栏,可以执行以下操作:

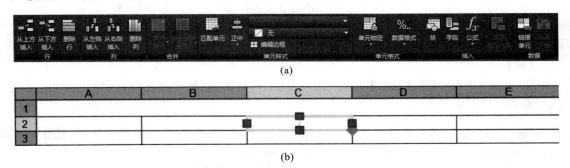

图 3.85　编辑表格单元

(a)"表格单元"工具栏;(b)表格单元插入、删除、合并

①编辑行和列。

②合并和取消合并单元。

③改变单元边框的外观。

④编辑数据格式和对齐。

⑤锁定和解锁编辑单元。

⑥插入块、字段和公式。

⑦创建和编辑单元样式。

⑧将表格链接至外部数据。

选择单元后,也可以单击鼠标右键,然后使用快捷菜单上的选项来插入或删除列和行、合并相邻单元或进行其他修改。选择单元后,使用 Ctrl+Y 组合键重复上一个操作。

3.6.2　创建与填写明细表

在创建好表格样式后,用户可以对已有的表格样式修改行和列的数目及大小,也可以定义新的表格样式并保存所做的修改设置以备将来再次使用。

【例题 3.11】 创建与填写某住宅楼的门窗明细表,如图 3.86 所示。

门窗表					
类别	设计编号	洞口尺寸 (mm)		樘数	
		宽	高	1 层	全楼
门	M—1	1000	2000	2	12
	M—2	900	2000	8	48
	M—3	800	2000	4	24
	M—4	800	2000	2	12
	M—5	3150	2650	2	12
	M—6	1910	2850	2	12
窗	C—1	2100	1800	4	24
	C—2	1800	1800	4	24
	C—3	1200	1800	2	12
	C—4	1200	900	2	12
	C—5	1200	1200	5	

图 3.86 门窗明细表

【解】

(1)选择菜单【注释】/【表格】,弹出"插入表格"对话框,设置行数及行高、列数及列宽如图 3.87 所示。

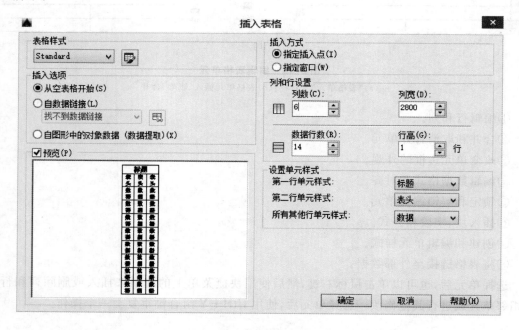

图 3.87 "插入表格"对话框

(2)单击图 3.87 左上角 按钮,启动"表格样式"对话框,弹出图 3.88 所示的"表格样式"对话框。

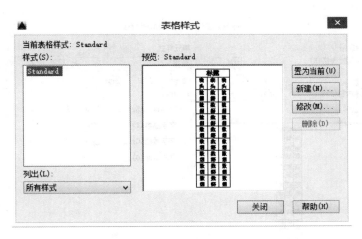

图 3.88　"表格样式"对话框

（3）点击"修改…"按钮，得到图 3.89 所示"修改表格样式"对话框，按要求设置起始表格、表格方向、单元格式，并对常规选项卡进行修改。通过对图 3.90"修改表格样式"对话框文字选项卡的修改可以设置文字高度和颜色。

（4）单击"确定"按钮返回图 3.87"插入表格"对话框。在屏幕的合适位置插入表格，按图 3.86 所示的对于需要进行合并的单元，可先选中相应的若干单元，在快捷菜单中选中按行（列）合并单元（图 3.91），最后在各单元双击可插入字段（输入文字等）。

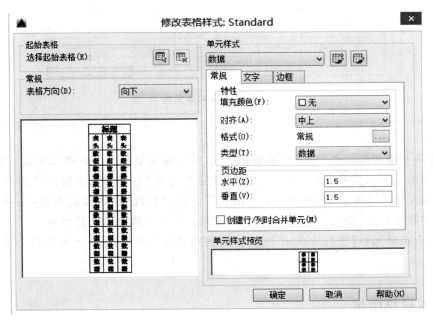

图 3.89　"修改表格样式"对话框——常规选项卡

（5）所有单元输入文字后，可根据各单元内容对表格的列宽进行调整，最后得到图 3.86。

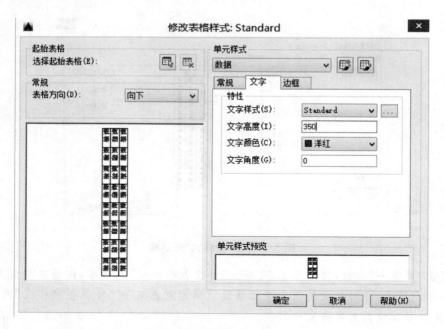

图 3.90　"修改表格样式"对话框——文字选项卡

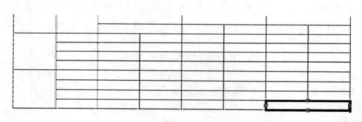

图 3.91　合并单元格

提示:

(1)在所有单元输入文字后,框选所有单元,在快捷菜单中会出现单元样式等选项,即可调整各单元的文字高度和宽度、对齐方式等(注意框选时,不要选到表格外面的区域);也可以在所有单元输入文字后,对单元逐个单击右键,通过"特性"选项分别调整;在单元中除了输入文字和数字,亦可输入公式等内容,这和 Excel 中单元格操作一样方便。

(2)双击某单元,可进行输入文字的操作;使用键盘方向键,可极大方便各个单元输入文字的操作。

 本模块小结

本模块通过资源管理了解建筑图块资源的使用,通过外部参照、设计中心及工具选项板的使用、查看与共享功能来学习组合与共享建筑资源。

本模块要求读者掌握创建文字样式与表格样式以及创建与编辑单行文字和多行文字的技

巧。使用文字控制符和"文字格式"工具栏编辑文字;初步掌握创建表格、编辑表格和表格单元的方法。熟悉常用的尺寸标注命令;初步掌握几何图形与建筑平面图尺寸标注的步骤和方法。

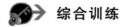 **综合训练**

1.绘制指北针,如图 3.92 所示,并保存为内部块。

图 3.92　指北针

【绘图提示】

(1)绘制半径为 12mm 的圆。

(2)设置捕捉圆的象限点。

(3)选多段线命令,设起点宽度为 3mm、端点宽度为 0mm。

(4)捕捉圆的下象限点,再捕捉圆的上象限点,按回车键。

(5)保存文件。

2.创建图 3.93 所示的门窗表,表格标题文字的文字样式为 A750(楷体_GB2312,字高 750),表格文字样式为 A300(楷体_GB2312,字高 300)。

门窗表							
类型	型号	宽×高 (mm×mm)	数量				说明
			一层	二层	阁楼层	总数	
门	M—1	800×2100	2	1	1	4	见详图,采用塑钢型材和净白玻璃
	M—2	900×2100	2	1		3	见详图,采用塑钢型材和净白玻璃
	M—3	1000×2100	3	2		5	见详图,采用塑钢型材和净白玻璃
窗	C—1	600×600		3	2	5	见详图,采用塑钢型材和净白玻璃
	C—2	900×1200	2		2	4	见详图,采用塑钢型材和净白玻璃
	C—3	1500×1500		1		1	见详图,采用塑钢型材和净白玻璃

图 3.93　门窗表效果图

3. 绘制某浴室平面图(图 3.94),并进行尺寸标注。

【绘图提示】

(1)先用轴线图层绘制一个 6000×7440 的矩形,再用修剪法或打断法在轴线上开出门窗的准确位置。

(2)沿修剪后的轴线用多线画 240 墙。

(3)用绘制直线及偏移命令画门、窗及散水线。

(4)用线性标注和连续标注标注出浴室平面图的尺寸。

(5)绘制指北针、标高符号及轴线编号(也可用插入块的方法插入)。

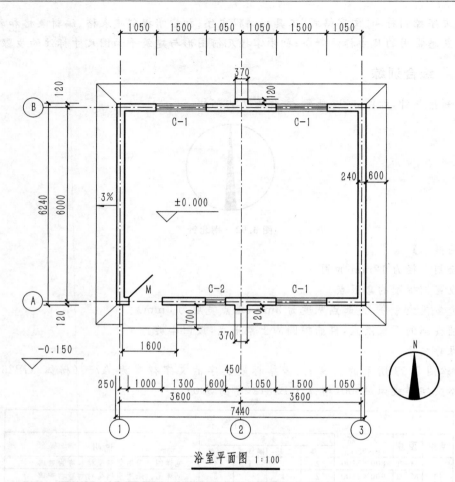

浴室平面图 1:100

图 3.94　浴室平面图标注完成后的效果图

模块 4　建筑平面图

教学目标

1. 掌握建筑平面图的绘制要求。
2. 掌握绘图环境的设置方法以及建筑平面图的绘制过程。
3. 掌握轴网的绘制,线型比例的设定。
4. 掌握用多线命令绘制墙体,用多线编辑命令修改墙体,以及修改"T"字型相交墙体的选择顺序。
5. 掌握门和窗的绘制;掌握块的定义,用"wblock"命令定义外部块,以及用"插入块"命令把块插入到当前图形中。
6. 掌握柱网及楼梯的绘制方法。
7. 掌握文字和尺寸标注方法。

项目 4.1　建筑平面图概述

4.1.1　建筑平面图的定义

用一假想水平剖切平面,经过房屋的门窗洞口之间,把房屋剖切开,移去剖切平面以上的部分,将其下面部分向 H 面作正投影所得到的水平剖面图,即为建筑平面图,简称平面图,见图 4.1。它反映出房屋的平面形状、大小和房间的布置,墙(或柱)的位置、厚度和材料,门窗的类型和位置等情况,是建筑方案设计的主要内容,是施工过程中房屋的定位放线、砌墙、设备安装、装修及编制概预算、备料等的重要依据,也是建筑施工图中最基本的图样之一。

为了能准确地对房屋的实际结构进行说明,人们对建筑平面图进行了科学的抽象,用规定的图例对平面图的构件进行简化,增加了尺寸和文字说明以及线型和线宽等规定,形成具有一定规范的能用于施工的平面图,见图 4.2。

一般情况下,房屋有几层就应画几个平面图,并在图的下方标注相应的图名,如"底层平面图"、"二层平面图"等。图名下方应加一粗实线,图名右方标注比例。当房屋中间若干层的平面布局、构造情况完全一致时,则可用一个平面图来表达这些相同布局的若干层,称之为标准层平面图。

底层平面图应画出房屋本层相应的水平投影,以及与本栋房屋有关的台阶、花池、散水等的投影;二层平面图除画出房屋二层范围的投影内容之外,还应画出底层平面图无法表达的雨篷、阳台、窗楣等内容,而对于底层平面图上已表达清楚的台阶、花池、散水等内容就不再画出;三层以上的平面图则只需画出本层的投影内容及下一层的窗楣、雨篷等这些下一层无法表达的内容;屋顶平面图是用来表达房屋屋顶的形状、女儿墙位置、屋面排水方式、坡度、落水管位置等的图形。

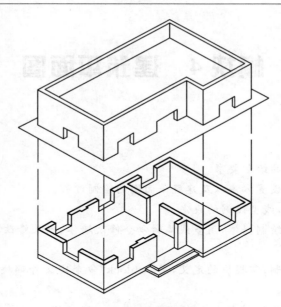

图 4.1　平面图的来由

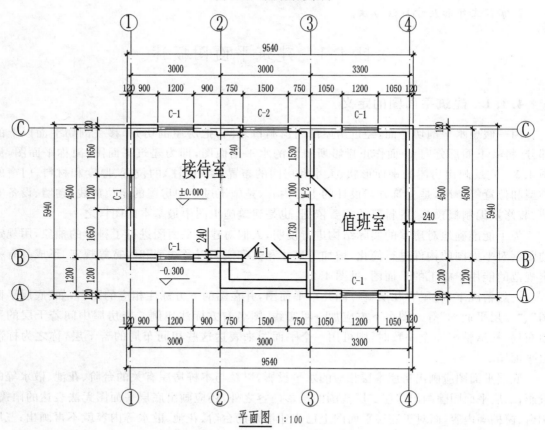

平面图 1:100

图 4.2　建筑施工图中的平面图

4.1.2　建筑平面图的绘制内容

建筑平面图的主要绘制内容如下：

(1)图名、比例。

(2)轴网(由定位轴线构成的网格)及其轴号(轴线编号)。

(3)建筑的内外轮廓、朝向、布置、空间与空间的相互联系、入口、走道、楼梯等,首层平面图需绘制指北针表达建筑的朝向。

(4)建筑物的门窗开启方向及其编号。

(5)建筑平面图中的各项尺寸标注和标高标注。

(6)建筑物的造型结构、室内布置、施工工艺、材料搭配等。

(7)剖面图的剖切符号及编号。

(8)详图索引符号。

(9)施工说明等。

4.1.3　建筑平面图的绘制要求

(1)图纸幅面

绘图时图样的大小应符合国家标准,如 A3 图纸幅面是 $297mm \times 420mm$,A2 图纸幅面是 $420mm \times 594mm$,A1 图纸幅面是 $594mm \times 841mm$,其图框的尺寸见相关的制图标准。

(2)图名及比例

建筑平面图的常用比例是 1∶40、1∶100、1∶140、1∶200、1∶300。图样下方应注写图名,图名下方应绘一条粗实线,右侧应注写比例,比例字高宜比图名的字高小一至二号。

直接在图纸上绘图(手工制图)时,应在开始之前先确定绘图比例。实际工程中常用 1∶100 的比例绘制。建筑平面图由于比例小,各层平面图中的卫生间、楼梯间、门窗等投影难以详尽表示,便采用《房屋建筑制图统一标准》(GB/T 50001—2010)、《总图制图标准》(GB/T 50103—2010)、《建筑制图标准》(GB/T 50104—2010)及相关的建筑设计规范规定的图例来表达,而相应的详细情况则另用较大比例的详图来表达。

用 AutoCAD 绘图(计算机制图)时,若采用 1∶1 的比例绘制图样,应按照图中标注的比例打印成图;若采用图中标注的比例绘制图样,应按照 1∶1 的比例打印成图。实际上常采用 1∶1 的比例绘图,这是 AutoCAD 绘图的一个显著的特点。如果一张建筑平面图,在 Auto-CAD 软件中按 1∶1 绘图,到打印的时候,必须按照图中标注的比例打印到图纸上。

为了方便后面的陈述,本书把图纸上标注的比值(一般在图名的右侧)叫作出图比例。

计算机采用 1∶1 的比例制图时,下面几项应针对出图比例进行缩放：

①文字(如果在模型空间中绘制)；

②标注(如果在模型空间中绘制)；

③非连续线型；

④填充图案；

⑤视图(仅在布局视口中)。

缩放这些元素,以确保在最终打印出的图纸中得到它们的正确尺寸。比如,在 AutoCAD

软件中按 1∶1 绘图,图纸上标注的出图比例是 1∶100,到打印的时候,应该缩小 100 倍打印到图纸上,因此以上①～⑤项应该在绘图时扩大 100 倍进行绘制。

按正确尺寸绘图,就是按符合《房屋建筑制图统一标准》(GB/T 50001—2010)相关规定的尺寸绘图。在图形中可能会用到多种文字样式、标注样式和填充图案,根据最终打印出的图纸尺寸,可以合理调节它们的缩放比例。

(3)图线

①图线宽度

图线的宽度 b,宜从 2.0、1.4、1.0、0.7、0.4、0.34、0.24、0.18、0.13(mm)线宽系列中选取。图线宽度不应小于 0.1mm。每个图样,应根据复杂程度与比例大小,先选定基本线宽 b,再选用表 4.1 中相应的线宽组。

表 4.1　线宽组(mm)

线宽比	线宽组			
b	1.4	1.0	0.7	0.5
$0.7b$	1.0	0.7	0.5	0.35
$0.5b$	0.7	0.5	0.35	0.25
$0.25b$	0.35	0.25	0.18	0.13

注:①需要缩微的图纸,不宜采用 0.18mm 及更细的线宽。

　　②同一张图纸内,各不同线宽中的细线,可统一采用较细的线宽组的细线。

同一张图纸内,相同比例的各图样,应选用相同的线宽组。

图纸的图框线和标题栏线,可采用表 4.2 的线宽。

表 4.2　图框线、标题栏线的宽度

幅面代号	图框线	标题栏外框线	标题栏分格线
A0、A1	b	$0.5b$	$0.25b$
A2、A3、A4	b	$0.7b$	$0.35b$

②线型

绘图中主要用到的线型有:实线 continuous、虚线 ACAD_ISO02W100(或 dashed)、单点长画线 ACAD_ISO04W100(或 Center)、双点长画线 ACAD_ISO04W100(或 Phantom)。

笔者经过计算得知,线型比例大致取出图比例倒数的一半左右(在模型空间应按 1∶1 绘图)为宜。

单点长画线或双点长画线,当在较小图形中绘制有困难时,可用实线代替。

用粗实线绘制被剖切到的墙、柱断面轮廓线,用中实线或细实线绘制没有剖切到的可见轮廓线(如窗台、梯段等)。尺寸线、尺寸界线、索引符号、标高符号等用细实线绘制,轴线用细单点长画线绘制。在 AutoCAD 中,线的粗细称为线宽,在显示选项卡【默认】/【图层特性】/【图层特性管理器】或菜单命令【格式】/【线宽】中进行线宽的设置。线宽默认是不显示的,要显示线宽,利用【格式】/【线宽】菜单,打开"线宽设置"对话框,选中"显示线宽"选项即可。

线宽的单位是毫米,是一个绝对的值,在 AutoCAD 中采用 1∶1 的比例绘图时,不针对出图比例进行缩放。

　　一般在 AutoCAD 绘图时,只设置线宽,并不显示线宽,到打印出图时打印出来就可以了。这样做的目的是为了提高图形的显示速度,因此这在复杂图形的绘制中显得尤为重要。

　　(4)字体

　　①图样及说明中的汉字,宜采用长仿宋体(矢量字体)或黑体,同一图纸字体种类不应超过两种。长仿宋体的宽度与高度的关系应符合表 4.3 的规定,黑体字的宽度与高度应相同。

表 4.3　长仿宋字高宽关系(mm)

字　高	20	14	10	7	5	3.5
字　宽	14	10	7	5	3.5	2.5

　　图样及说明中的拉丁字母、阿拉伯数字与罗马数字,宜采用单线简体或 ROMAN 字体。

　　文字的字高,应从表 4.4 中选用。字高大于 10mm 的文字宜采用 True Type 字体,如需书写更大的字,其高度应按 $\sqrt{2}$ 的倍数递增。

表 4.4　文字的字高(mm)

字体种类	中文矢量字体	True Type 字体及非中文矢量字体
字高	3.5、5、7、10、14、20	3、4、6、8、10、14、20

　　②汉字的高度不应小于 3.5mm,拉丁字母、阿拉伯数字或罗马数字的字高不应小于 2.5mm。

　　③在 AutoCAD 中,文字样式的设置见"项目 3.4 文字技术"的叙述。在执行"dtext"或"mtext"命令时,文字高度应设置为上述的高度值乘以出图比例的倒数。比如,在打印出的图纸上(出图比例为 1∶100)的汉字高度为 3.5mm,在模型空间进行 1∶1 绘图时,文字高度应为 3.5×100mm,即 350mm。

　　(5)尺寸标注

　　①平面图中的尺寸分为外部尺寸和内部尺寸两部分。

　　外部尺寸:最外一道是外包尺寸,表示房屋外轮廓的总尺寸,即从一端的外墙边到另一端的外墙边总长和总宽的尺寸;中间一道是轴线间的尺寸,表示各房间的开间和进深的大小;最里面的一道是细部尺寸,它表示门窗洞口和窗间墙等水平方向的定形和定位尺寸。底层平面图中还应标出室外台阶、花台、散水等尺寸。

　　内部尺寸:内部尺寸应注明内墙门窗洞的位置及洞口宽度、墙体厚度、设备的大小和定位尺寸。内部尺寸应就近标注。

　　②尺寸界线应用细实线绘制,一般应与被注长度垂直,其一端应离开图样轮廓线不小于 2mm,另一端宜超出尺寸线 2～3mm。

　　③尺寸起止符号一般用中粗(0.5b)斜短线绘制,其斜度方向与尺寸界线成顺时针 45°,长度宜为 2～3mm。半径、直径、角度与弧长的尺寸起止符号,宜用箭头表示。

　　④互相平行的尺寸线,应从被注写的图样轮廓线由近及远整齐排列,应将大尺寸标在外侧,小尺寸标在内侧。尺寸线到图样最外轮廓之间的距离不宜小于 10mm。平行排列的尺寸线的间距宜为 7～10mm,并应保持一致。

⑤所有注写的尺寸数字应离开尺寸线约 1mm。

⑥在 AutoCAD 中,标注样式的设置见附录 2 "建筑 CAD 绘图设置说明"中的尺寸标注的叙述,全局比例应设置为出图比例的倒数。

（6）剖切符号

用于剖视的剖切符号应由剖切位置线及剖视方向线组成,均应以粗实线绘制。剖切位置线长度宜为 6～10mm,投射方向线应与剖切位置线垂直,画在剖切位置线的同一侧,长度应短于剖切位置线,宜为 4～6mm。为了区分同一形体上的剖面图,在剖切符号上宜用字母或数字,并注写在投射方向线一侧。

建（构）筑物剖面图的剖切符号应注在±0.000 标高的平面图或首层平面图上。

断面的剖切符号应只用剖切位置线表示,并应以粗实线绘制,长度宜为 6～10mm。

断面剖切符号的编号宜采用阿拉伯数字,按顺序连续编排,并应注写在剖切位置线的一侧;编号所在的一侧应为该断面的剖视方向。

（7）详图索引符号

①图样中的某一局部或构件,如需另见详图,应以索引符号标出。索引符号是由直径为 8～10mm 的圆和水平直径组成,圆及水平直径均以细实线绘制。

②详图的位置和编号,应以详图符号表示。详图符号的圆应以直径为 14mm 的粗实线绘制。

（8）引出线

引出线应以细实线绘制,宜采用水平方向的直线,与水平方向成 30°、44°、60°、90°的直线,或经上述角度再折为水平线。文字说明宜注写在水平线的上方,也可注写在水平线的端部。

（9）指北针

指北针是用来指明建筑物朝向的。圆的直径宜为 24mm,用细实线绘制,指针尾部的宽度宜为 3mm,指针头部应标示"北"或"N"。需用较大直径绘制指北针时,指针尾部宽度宜为直径的 1/8。

（10）标高

标高以细实线绘制的三角形加引出线表示,其高度控制在 3mm 左右,标高符号的尖端指向被标注标高的位置,箭头可向上、向下。标高数字写在标高符号的延长线一端,以 m 为单位,注写到小数点后三位,零点标高数字应写成±0.000,正数标高不用加"＋",但负数标高应注上"－"。标高的文字标注通过"单行文字"命令可以实现。用户可以将标高符号保存为带属性的块,通常以三角形顶点作为插入基点。在模型空间绘图时,等腰直角三角形的高度值应是 3mm 乘以出图比例的倒数。

（11）定位轴线

①定位轴线应用细单点长画线 ACAD_ISO04W100 绘制。

②定位轴线一般应编号,编号应注写在轴线端部的圆圈内,其字高大概比尺寸标注的文字字高大一号。圆应用细实线绘制,直径为 8～10mm,定位轴线圆的圆心,应在定位轴线的延长线上。

③横向轴线编号应用阿拉伯数字,从左至右顺序编写;竖向轴线编号应用大写拉丁字母,从下至上顺序编写,但 I、O、Z 字母由于易和阿拉伯数字 1、0、2 混淆,因此不得用作轴线编号。

4.1.4 建筑平面图的绘制步骤

建筑平面图,宜按以下步骤绘制:

(1)选择比例,确定图纸幅面,创建所需图层。

(2)绘制定位轴线。

(3)绘制墙体和柱的轮廓线。

(4)绘制细部,如门窗、阳台、台阶、卫生间等。

(5)尺寸标注、轴网编号、索引符号、标高、门窗编号等。

(6)文字说明。

在下两节中,本书将通过具体实例(图 4.3 所示某别墅底层平面图),向用户详细介绍利用 AutoCAD 绘制建筑平面图的具体步骤与方法。

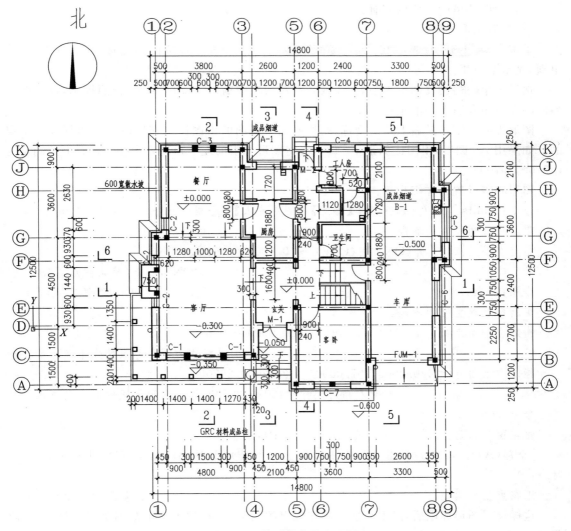

图 4.3 某别墅底层平面图

项目 4.2　绘图环境及其他设置

4.2.1　绘图环境设置

在正式绘图之前,首先应根据所绘制图形的特点,对绘图环境做一些必要的设置。它主要涉及图层的创建,各个图层的颜色、线型、线宽的设定,中文字体、字型的设定,以及符合建筑制图标准标注样式的设定等。由于以上准备工作在绘制所有的建筑施工图之前都是必不可少的,因此建议读者要认真学习和领会,并养成绘图前先做好准备工作这一良好的绘图习惯。

有关绘图环境的其他设置内容,如对象捕捉、对象追踪的设置,正交模式、动态追踪的设定,绘图单位的精度修正等,在前面模块中已做详细介绍,此处不再重复。

设置绘图环境的主要内容有:

(1)设置图形界限

单击 📄📁💾🖫🖶↩ ↪ ⚙ 草图与注释 ▾ 右侧的下拉菜单按钮▼,勾选"显示菜单栏"菜单项,显示菜单栏。

选择菜单【格式】/【图形界限】命令或者在命令栏中输入"limits"命令,依照提示,设定图形界限的左下角及右上角的坐标。

图形界限左下角及右上角的坐标,是按所绘平面图的出图比例和出图时的图纸幅面确定的。如果用 A3 图纸,出图比例是 1∶100,需将图形界限的左下角确定为(0,0),右上角确定为(42000,29700)。

图形界限设置的详细步骤:

命令：limits　　　　//选择菜单【格式】/【图形界限】命令或者在命令栏中输入"limits"命令
重新设置模型空间界限：
指定左下角点或 [开(ON)/关(OFF)] <0.0000,0.0000>:ON

　　　　　　　　　　　　　　//输入"ON",回车(确认图形界限打开)

命令：limits　　　　　　　　　　　　　　//回车,重复"limits"命令
重新设置模型空间界限：
指定左下角点或 [开(ON)/关(OFF)] <0.0000,0.0000>:

　　　　　　　//回车,取默认的坐标作为图形界限的左下角点的坐标
指定右上角点 <420.0000,297.0000>：@42000,29700

　　　　　　//输入相对坐标@42000,29700,作为图形界限的右上角点的坐标
命令：zoom
指定窗口的角点,输入比例因子 (nX 或 nXP),或者
[全部(A)/中心(C)/动态(D)/范围(E)/上一个(P)/比例(S)/窗口(W)/对象(O)] <实时>：A
正在重生成模型。　　　　　　　　　　　　　　//全屏居中显示绘图界限

这样设置图形界限后,图形只能绘制在规定的矩形区域,超出这个范围是不能绘图的,除非用"limits"命令的"off"选项关闭图形界限。

图形界限主要是对所绘制的图形进行区域限定的,如果你能保证绘图中不出现尺寸错误,其实不用设置图形界限。设置了图形界限后也可以用"limits"命令的"off"选项关闭图形界限。

注意:别忘记在命令行输入"zoom"命令(简写为 Z),再选择 A 选项(或者从菜单栏选择【视图】/【缩放】/【全部】命令),全屏居中显示绘图界限,方便对整体图形的把握。

(2)设置图形单位

选择菜单【格式】/【单位】命令或者在命令栏中输入"units"命令,打开"图形单位"对话框。将长度单位的类型设置为"小数","精度"设置为"0",其他使用默认值,如图 4.4 所示。

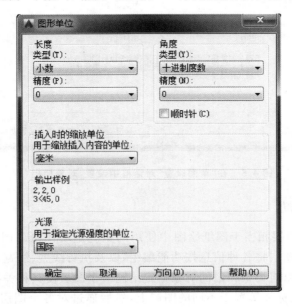

图 4.4 图形单位设置

说明:在绘制建筑图形时,最小单位为 mm,设实际尺寸的 1mm 对应计算机中的一个单位。在这种假设下,插入比例中用于缩放插入内容的单位为 mm。

在新建文件选择模板文件时,如果选择了 ISO 类的模板,其默认的单位就是 mm,而选择其他的模板文件有时默认单位是 in(英寸),所以一般绘图单位是不用设置的(只要选择合适的模板文件)。当然在命令栏中直接输入"units"命令回车,也可以查看或更改绘图单位。

(3)草图设置

从菜单栏选择【工具】/【绘图设置】命令或用"dsettings"命令,打开"草图设置"对话框,针对平面图的绘图需要,设置如下:

①"捕捉和栅格"选项卡按默认值设置。

② 在"极轴追踪"选项卡"极轴角设置"中,设置"增量角"为"90°",其他按默认值设置。

③ "对象捕捉"选项卡,设置如图 4.5 所示。

④ "动态输入"选项卡按默认设置。

说明:以上设置不是一成不变的,在绘图前可以依据实际情况进行调整。比如设置图形单位时,有时实际需要的角度更精确,这时精度设置为 0.0 或更高。

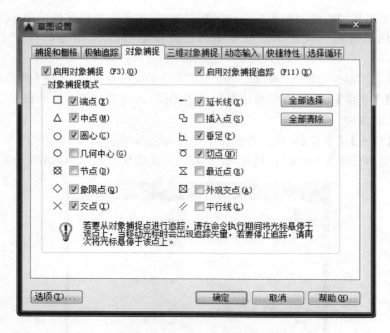

图 4.5　在"草图设置"对话框中设置"对象捕捉"

4.2.2　图层设置

在 AutoCAD 中,图层相当于图纸绘图中使用的重叠透明图纸。图层是图形中使用的主要组织工具,可以使用图层将各种信息按功能编组,以及执行线型、线宽、颜色及其他标准的设定。通过创建图层,可以将类型相似的对象指定给同一个图层使其相关联。例如,可以将定位轴线、墙体、门窗、文字、标注等置于不同的图层上,然后通过对各个图层的控制来达到控制各个对象的目的。显然,通过使用图层来管理图形,可达到简便与高效的完美统一。

(1)图层设置原则

图层的定义,是整个 AutoCAD 软件最为关键的设置。设置时需要注意以下几点:

①在够用的基础上越少越好

建筑专业的图纸,就平面图而言,图层可以分为:轴线、墙、柱、门窗、家具、尺寸标注、文字标注等。在画图的时候,图元属于哪个类别的,就该画到相应图层中去。图层的定义应以方便图元的管理为原则。

②0 层的使用

0 层是默认层,白色是 0 层的默认色,但不能把图画在 0 层上。0 层不是用来画图的,是用来定义块的。定义块时,应把 0 层设置为当前层(有特殊需要时除外),再定义块的各个图元。在插入块时,块插入到哪个图层,就跟随哪个图层的设置。

③图层颜色的定义

一般来说,不同的图层要用不同的颜色,这样能根据颜色区分图层。如果打印出图时根据颜色设定打印线宽,那么不同的颜色还可以表示不同的线宽。

④图元的各种属性都尽量和图层保持一致,也就是说尽可能地把图元属性设置为 Bylayer,这样有助于图层的管理。

⑤图层命名应符合下列规定:

a.图层可根据不同的用途、设计阶段、属性和使用对象等进行组织,但在工程上应具有明确的逻辑关系,便于识别、记忆、软件操作和检索;

b.图层名称可使用汉字、拉丁字母、数字和连字符"-"的组合,但汉字与拉丁字母不得混用;

c.在同一工程中,应使用统一的图层命名格式,图层名称应自始至终保持不变,且不得同时使用中文和英文的命名格式。

⑥图层命名格式应符合以下规定:

a.图层命名应采用分级形式,每个图层名称由 2～4 个数据字段(代码)组成。第一级为专业代码,用于说明专业类别,见表 4.5;第二级为主代码,用于详细说明专业特征,主代码可以和任意的专业代码组合;第三、四级分别为次代码 1 和次代码 2,用于进一步区分主代码的数据特征,次代码可以和任意的主代码组合;第五级为状态代码,用于区分图层中所包含的工程性质或阶段。

表 4.5　常用专业代码列表

专业	专业代码名称	英文专业代码名称	备　　注
总图	总	G	含总图、景观、测量/地图、土建
建筑	建	A	含建筑、室内设计
结构	结	S	含结构
给水排水	水	P	含给水、排水、管道、消防
暖通空调	暖	M	含采暖、通风、空调、机械
电气	电	E	含电气(强电)、通信(弱电)、消防

b.图层命名格式中的专业代码和主代码为必选项,其他数据字段为可选项;每个相邻的数据字段用连字符"-"分隔开。

c.中文图层名称宜采用图 4.6 的格式,每个图层名称由 2～4 个数据字段组成,每个数据字段为 1～3 个汉字,每个相邻的数据字段用连字符"-"分隔开。

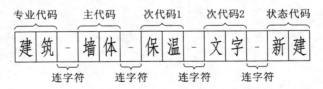

图 4.6　中文图层命名格式

d.英文图层名称宜采用图 4.7 的格式,每个图层名称由 2～4 个数据字段组成,每个数据字段为 1～4 个字符,每个相邻的数据字段用连字符"-"分隔开;其中专业代码为 1 个字符,主代码、次代码 1 和次代码 2 为 4 个字符,状态代码为 1 个字符。

专业代码　主代码　次代码1　次代码2　状态代码

A - WALL - HPRT - TEXT - N

连字符　连字符　连字符　连字符

图 4.7　英文图层命名格式

根据建筑平面图的实际情况,建筑平面图主要由轴线、门窗、墙体、楼梯、设施、文本标注、尺寸标注等元素组成,因此,本模块建立表 4.6 所示的图层名中包含两个字段的图层。

表 4.6　图层设置

序号	图层名	描述内容	线宽(mm)	线型	颜色	打印属性
1	建筑-轴线	定位轴线	0.18	单点长画线	红色	打印
2	建筑-轴线编号	轴线圆及轴线文字	0.18	实线	蓝色	打印
3	建筑-墙	墙轮廓线	0.7	实线	洋红	打印
4	建筑-柱	柱轮廓线	0.7	实线	白色	打印
5	建筑-柱填充	柱填充	0.18	实线	白色	打印
6	建筑-标注	尺寸标注、标高	0.35	实线	绿色	打印
7	建筑-门窗	门窗	0.4	实线	青色	打印
8	建筑-楼梯	楼梯	0.35	实线	白色	打印
9	建筑-文字	图中文字	默认	实线	白色	打印
10	建筑-设施	家具、卫生设备	0.18	实线	白色	打印

(2)图层设置过程

①单击菜单【格式】/【图层(L)...】或显示选项卡【默认】/【图层特性】或输入命令"layer",打开【图层特性管理器】面板,依次创建表 4.6 所示的图层,结果如图 4.8 所示。

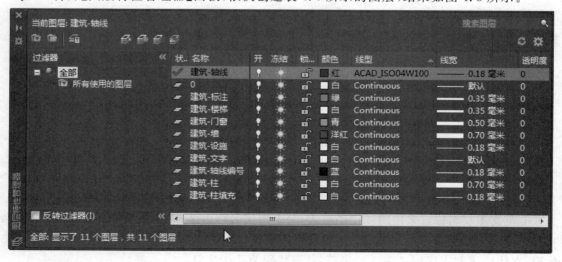

图 4.8　图层设置

②选择菜单【格式】/【线型】命令或输入命令"linetype",打开"线型管理器"对话框,单击"显示细节"按钮,打开细节选项组,输入"全局比例因子"为 40。

轴线使用的是点画线(单点长画线 ACAD_ISO04W100),为了保证图形的效果,必须进行线型比例的设定。AutoCAD 默认的全局线型缩放比例为 1.0,通常线型比例大致取出图比例倒数的 1/2 左右(在模型空间应按 1:1 绘图)。如果按 1:100 的出图比例,"全局比例因子"可以设置为 40 左右。

4.2.3　标注样式设置

(1) 文字样式的设定

建筑平面图上的文字有尺寸文字、标高文字、图内文字说明、剖切符号文字、图名文字、轴线符号等,文字样式中的高度应为图纸上的文字高度与出图比例倒数的乘积。根据建筑制图标准,建筑平面图文字样式的规划可以见表 4.7(文字样式高度＝图纸上的文字高度×出图比例的倒数,在本章中用 1:100 的出图比例,因此出图比例的倒数为 100)。

表 4.7　文字样式

文字样式名	图纸上的文字高度	文字样式高度	字体
图内说明	3.5mm	350	仿宋
尺寸文字	3.5mm	350	仿宋
标高文字	3.5mm	350	仿宋
剖切及轴线符号	5mm	500	仿宋
图纸说明	5mm	500	仿宋
图名	7mm	700	仿宋

①选择菜单【格式】/【文字样式】命令或输入命令"style",打开"文字样式"对话框,单击"新建"按钮打开"新建文字样式"对话框,样式名定义为"图内说明",如图 4.9 所示。

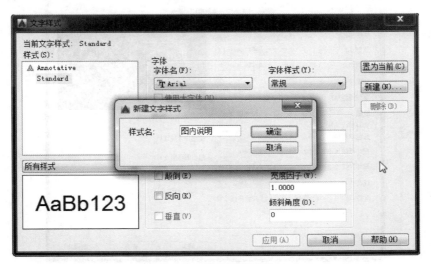

图 4.9　新建文字样式

②在"字体"下拉框中选择字体"仿宋"，在"高度"文本框中输入文字高度，"宽度因子"文本框中输入"0.7"，单击"应用"按钮，完成该文字样式的设置，如图 4.10 所示。

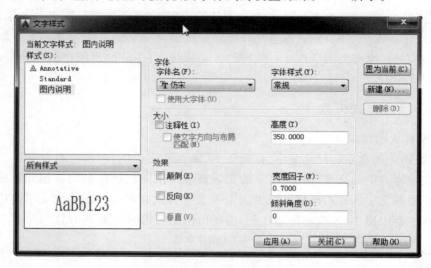

图 4.10　"文字样式"设置

③重复前面的步骤，建立表 4.7 所示的其他各种文字样式。

（2）尺寸标注样式的设定

参考附录 2 中尺寸标注的设置方法，新建样式名定义为"尺寸标注"，进入"新建标注样式"对话框。根据图中尺寸特征，箭头设置为"建筑标记"标注样式，"调整"选项卡中的"标注特征比例"项的"使用全局比例"应设为出图比例的倒数。

具体的样式设定如下：

①"线"选项卡的设置如图 4.11 所示。

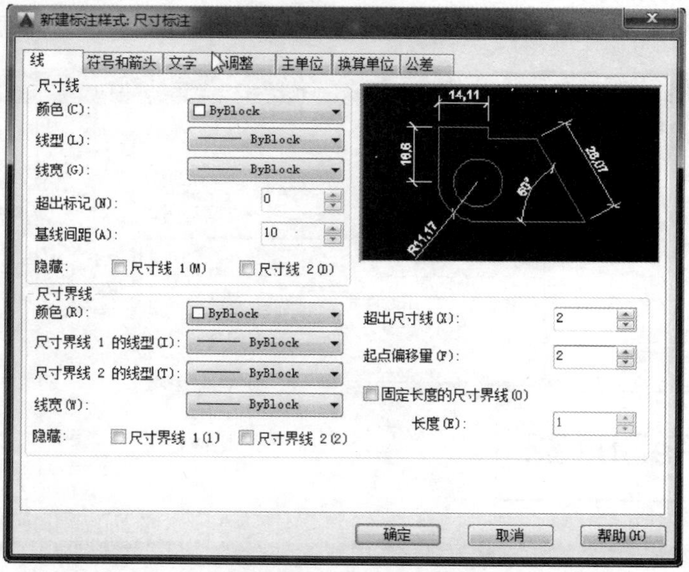

图 4.11　"线"选项卡的设置

②"符号和箭头"选项卡的设置如图 4.12 所示。

图 4.12　"符号和箭头"选项卡的设置

③"文字"选项卡的设置:文字样式选择表 4.7 中的"尺寸文字"样式,其他设置如图 4.13 所示。

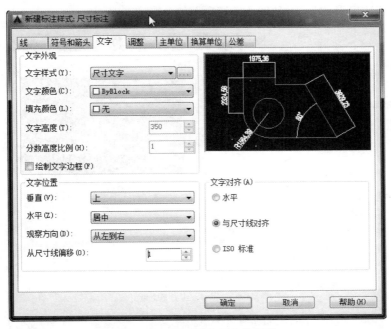

图 4.13　"文字"选项卡的设置

④调整"选项卡的设置如图 4.14 所示。

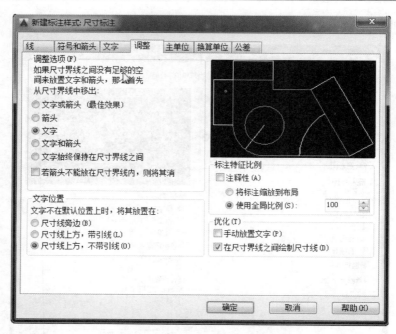

图 4.14 "调整"选项卡的设置

提示：

"标注特征比例"项的"使用全局比例"的比例值，不对"文字"选项卡中引用的"尺寸文字"样式的"文字高度"值进行比例缩放。

⑤"主单位"选项卡的设置，如图 4.15 所示。

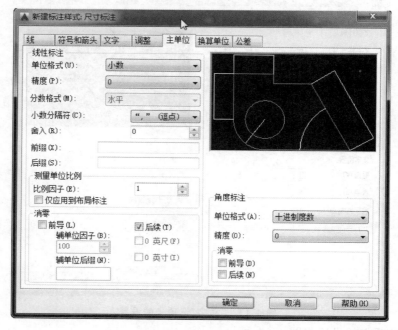

图 4.15 "主单位"选项卡的设置

项目 4.3　绘 制 平 面 图

　　上一节的绘图环境设置为本节具体图形的绘制打下了基础。本节在绘制过程中用到的具体数据,都以图 4.3 中的数据为依据。在本节开始之前,应首先认真阅读图 4.3,熟悉其中的基本图元与具体数据,为下面图形的具体绘制做好过渡。

4.3.1　绘制轴网与标注轴号

　　确定房屋主要承重构件(墙、柱、梁)位置及标注尺寸的基线称为定位轴线。根据建筑物的开间和进深尺寸绘制墙和柱子的定位轴线,定位轴线用细点画线来绘制。

　　(1)定位轴线的一般绘制方法

　　对于绘制水平和垂直直线时,点的坐标输入可采用直接距离输入法,即在正交模式打开的状态下,从上一点沿绘制直线的方向移动光标,然后直接输入距离值。

　　定位轴线的一般绘制方法是用"line"命令绘制第一条水平轴线(纵轴)与垂直轴线(横轴),再用"offset"命令偏移生成其他轴线,在绘制过程中大致要依据下面的原则:

　　①带有倾角的轴网可以先按水平竖直网格绘制,之后再旋转到最后位置。

　　②当建筑轴网中轴线间距相等,或相等者所占比例较多时,可以先用阵列命令阵列出等间隔轴线,之后对于个别间距不等的轴线,用移动命令进行移动。

　　③轴线间距变化不定时,可用偏移命令,逐个给出偏移距离,从一根轴线开始,偏移出其他轴线。

　　④第一条水平轴线和第一条垂直轴线的长度和位置不需十分精确,可以根据平面尺寸并考虑尺寸标注,选择适当的位置和长度。当所有轴线绘制完毕,再绘制几条辅助线作为剪裁边界,通过剪裁命令裁掉轴线多余的部分即可。

　　(2)本例定位轴线的绘制方法

　　①切换"建筑-轴线"层为当前层。

　　②绘制垂直方向轴线,如图 4.16 所示的垂直线。命令行提示如下:

　　命令:_line 指定第一点:　　　　　　　　　　//打开"正交",在屏幕的右上方任取一点

　　指定下一点或 [放弃(U)]:@0,24400　　　//输入相对坐标,绘制出最左侧的垂直轴线

　　指定下一点或 [放弃(U)]:　　　　　　　　　// 回车或点击鼠标右键结束命令

　　③绘制水平方向轴线,如图 4.16 所示的水平线。命令行提示如下:

　　命令:_line 指定第一点:from　　　　　　　　　//输入 from 透明命令

　　基点:＜偏移＞:　@6000,6000

　　//捕捉垂直定位轴线下面的端点作为基点,以@6000,6000 为偏移坐标,定位最下方的水平轴线的左端点

　　指定下一点或 [放弃(U)]:@26800,0　　// 输入相对坐标,绘制出最下面的水平定位轴线

　　指定下一点或 [放弃(U)]:　　　　　　　　　// 回车或点击鼠标右键结束命令

　　④根据各轴线间距,利用"偏移"工具🔳或执行"offset"命令绘制出其他所有垂直轴线和水平轴线,如图 4.17 所示。

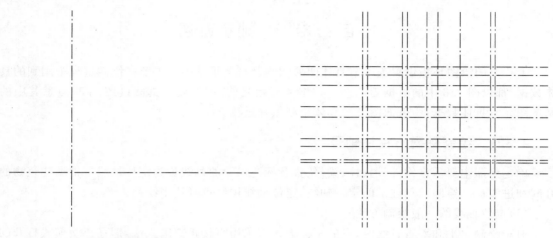

图 4.16　绘制垂直与水平方向轴线　　　　　　　图 4.17　绘制轴网

（3）关于轴线尺寸的说明

横竖轴线的长度应分别大于建筑物的长和宽，因为在平面图的外侧有三道尺寸标注线和轴网编号。在绘图之前可以先估算好轴线的总长度，以及左下侧轴线交点的位置，这样可以在绘制轴线时一步到位。如果轴线的长度估算有出入，还可以用"拉伸"、"延伸"和"修剪"命令对轴线的长度进行纠正。

由于计算机绘图的灵活性，也可以用"构造线"命令"xline"绘制定位轴线，最后修剪出需要的尺寸。

本例中横竖轴线的总长度，是在建筑物外墙的两侧分别延长 6000mm 得到的。6000mm 是为外墙线与轴网编号之间预留的三道尺寸标注线的宽度。

（4）轴号的标注方法

当用户需要创建多个带有不同文本说明的符号时，可将其创建成为属性块，在使用时只需插入属性块、输入相应属性值即可，这样既可提高绘图效率，又使标注的符号统一、规范。

下面通过定义属性块讲解轴号的标注方法。

①将 0 层设为当前层，绘制直径为 800 的圆。

②执行菜单【绘图】/【块】/【定义属性】命令或输入命令"attdef"，打开"属性定义"对话框，参照图 4.18，在"属性"和"文字设置"选项组中进行设置。"文字样式"也可以用表 4.7 中的"剖切及轴线符号"样式。

注意：要创建属性，首先需要创建包含属性特征的属性定义。

③单击"属性定义"对话框中的"确定"按钮，在"请输入轴网编号："提示下，在绘制的圆内单击指定属性插入点。

④在"默认"选项卡中单击"创建块"按钮▣或用"block"命令，打开"块定义"对话框，在"名称"输入区域输入要定义的块的名称——"轴号"，点击"拾取点"按钮，选取图中圆的右象限点作为块的基点（也就是插入点），再点击"选择对象"按钮，选取图中绘制的圆和定义的属性，最后点击下方的"确定"按钮，将圆和属性一起定义为内部块，如图 4.19 所示。

图 4.18 定义块(轴号)的属性

提示：

由于内部块仅可以在当前图形文件中引用，如果要在其他的图形文件中使用该块，必须使用"写块"命令("wblock"命令)将此块保存成一个外部文件(即外部块)。外部块同内部块一样用"插入块"命令("insert")插入到所引用的图形。

图 4.19 带属性块的定义

⑤切换"建筑-轴线编号"层为当前层，单击【插入】/【块】菜单项或单击"默认"选项卡中的"插入块"工具或输入命令"insert"，打开"插入"对话框，在"名称"下拉列表中选择"轴号"块，在"比例"选项组中设置参数，如图 4.20 所示。

⑥单击"插入"对话框中的"确定"按钮，捕捉最下面的水平轴线的左端点，出现"编辑属性"对话框，在定义的属性"请输入轴线符号："提示后输入字母 A，单击"确定"按钮，如图 4.21 所示。

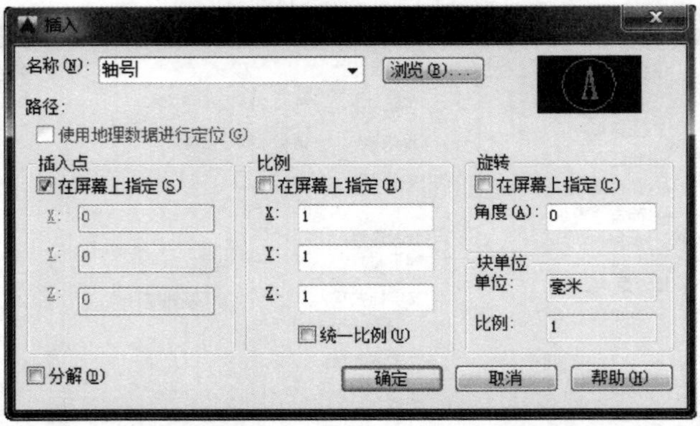

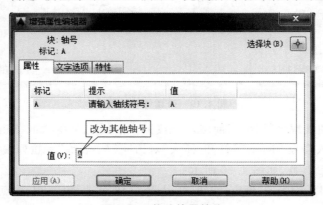

图 4.20　插入带属性块(轴号)

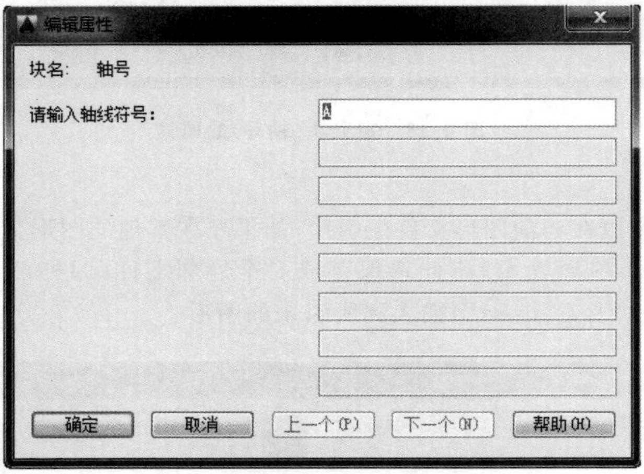

图 4.21　输入块属性值

⑦在"默认"选项卡中单击"复制"按钮或输入命令"copy",配合"象限点"与"端点"捕捉功能,将刚插入的轴网编号属性块复制到其他轴线端点位置上。对文字不正确的编号,执行"eattedit"命令(或对复制的属性块双击),通过弹出的"增强属性编辑器"对话框,对文字的值进行修改,然后单击"确定"按钮,如图 4.22 所示。完成后的最终结果如图 4.23 所示。

图 4.22　修改块属性值

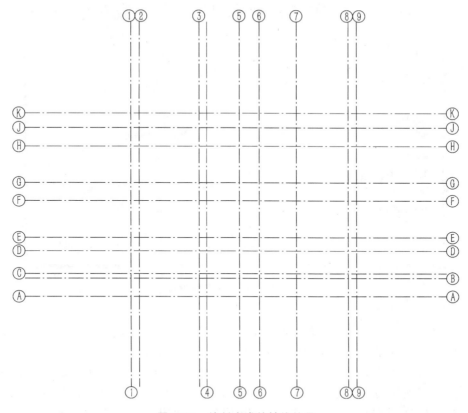

图 4.23　绘制完成的轴线编号

提示:

(1)此例的轴网编号规律性很强,因此两个很近的轴网编号中,只标出了一个也不会让人产生误解。

(2)此例的轴网编号也可以结合镜像命令标出。

4.3.2　绘制墙体

墙体分内墙与外墙。墙体用双线表示,并通常以轴线为中心,用多线绘制;也可用偏移命令以轴线为基线向两边偏移生成。由于多线绘制墙体效率高,本例以多线绘制。绘制步骤如下:

(1)设置多线样式。

①37 墙的多线样式设置:

执行菜单【格式】/【多线样式】命令或输入命令"mlstyle",新建 Q370 多线样式,选中"封口"项的直线的"起点"和"端点","图元"项的偏移值分别设置为 120 和－250,单击"确定"按钮,如图 4.24 所示。

②24 墙的多线样式设置:

执行菜单【格式】/【多线样式】命令或输入命令"mlstyle",新建 Q240 多线样式,选中"封口"项的直线的"起点"和"端点","图元"项的偏移值分别设置为 120 和－120。

图 4.24　37 墙的多线设置

③12 墙的多线样式设置：

执行菜单【格式】/【多线样式】命令或输入命令"mlstyle"，新建 Q120 多线样式，选中"封口"项的直线的"起点"和"端点"，"图元"项的偏移值分别设置为 60 和－60。

用"mline"命令绘制以上样式的墙线时，"对正"应设置为"无对正"（"无对正"其实是以多线样式的"图元"项的偏移值为 0 的点作为多线的基点进行对正），"比例"应设置为"1"。

（2）切换"建筑-墙"层为当前层，执行"mline"命令（利用"捕捉自"或"from"命令带基点的捕捉，直接留出门、窗的洞口），分别用多线样式 Q370 、Q240 、Q120 绘制 37 墙、24 墙和 12 墙。墙体绘制结果如图 4.25 所示。

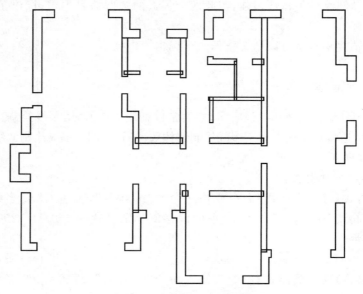

图 4.25　用多线绘制墙体

> 提示：绘制多线时应按命令行的提示选择正确的多线样式、对正方式和缩放比例。

　　（3）执行"mledit"命令或从菜单中选择【修改】/【对象】/【多线】命令或者双击多线对象，弹出"多线编辑工具"对话框，如图 4.26 所示，选取相应的编辑工具，对已绘制的墙体进行编辑。墙体编辑后的结果如图 4.27 所示。

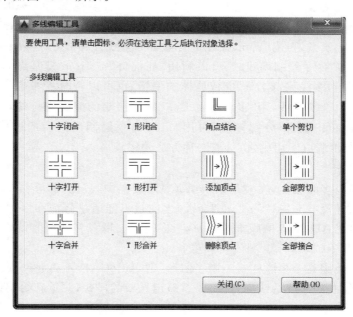

图 4.26　"多线编辑工具"对话框

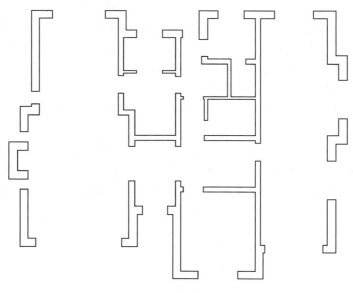

图 4.27　编辑后的墙体

提示：

(1)利用 T 形编辑工具(T 形闭合、T 形打开、T 形合并)编辑多线时，对多线的选择顺序有要求，如果编辑结果异常，可以在多线编辑状态下输入"U"放弃该操作，也可以用 Ctrl+Z 或工具栏的"撤销"工具 ← 放弃该操作，然后改变多线的选择顺序。正确的选择顺序应是先选择 T 形的"蘑菇腿"部分，再选择"蘑菇叶"部分。当某些多线接头由于绘制误差，不能用多线编辑工具进行编辑时，则需要用分解工具 或分解命令("explode"命令)把多线分解，使之变成单根的线条，再用"trim"命令进行修剪。多线分解最好在多线编辑之后进行。

(2)在用"mline"命令绘制墙线时，可以利用"捕捉自"或 from 带基点的捕捉，直接留出门窗的洞口，再利用"多线编辑工具"完成墙体的编辑；也可以暂时不考虑门窗洞口，直接用多线穿过门窗，画出全部墙线，用"多线编辑工具"对已绘制的墙线进行编辑，待编辑完成后用分解命令("explode"命令)分解多线，再用"line"命令绘制出门窗的边线并用修剪命令("trim"命令)修剪出洞口。相比之下，前一种方法效率较高。

注意：

(1)对于多线与多线相交，在较早的 AutoCAD 版本中，只能用"多线编辑工具"对其进行相对应的编辑，在没有分解("explode"命令)之前是不能通过修剪命令("trim"命令)进行修剪的，但在 AutoCAD 2016 的版本中，多线与多线相交以及多线与直线(或圆)相交，都是可以直接用修剪命令("trim"命令)进行修剪。

(2)如果已经使用某个多线样式绘制了图形，则 AutoCAD 不再允许修改该多线样式参数。要修改已经绘制的多线的线间宽度，需重新定义新的样式，并重新绘制该多线。

4.3.3 绘制门窗

《建筑制图标准》(GB/T 50104—2010)规定了各种常用门窗图例(包括门窗的立面和剖面图例)，学员应按规定图例绘制门窗。从施工图中门窗的图例及其编号，可了解到门窗的类型、数量及其位置。门的代号是 M，窗的代号是 C。在代号后面写上编号，如 M—1、M—2 和 C—1、C—2……。同一编号表示同一类型的门窗，它们的构造和尺寸都一样(在平面图上标注不出的门窗编号，应在立面图上标注)，从所写的编号可知门窗共有多少种。一般情况下，在施工图首页图或在与平面图同页图纸上，附有门窗表，表中列出了门窗的构造详图。

(1)绘制门

门的尺寸较多，一般要把门在"0"层定义成图块，然后把图块插入到"门窗"层。

单击"默认"选项卡下的图层控制工具 建筑-轴线编号 ，将"0"层设置为当前层。

①绘制单开门：利用矩形命令，在绘图区空白位置单击鼠标左键确定矩形的第一点，输入相对坐标(@40,1000)指定矩形的对角点，画出图 4.28(a)所示单开门的矩形，再以 A 为起点、AB 为半径画一90°的弧线。

命令：_rectang

指定第一个角点或 [倒角(C)/标高(E)/圆角(F)/厚度(T)/宽度(W)]：

　　　　　　　　　　// 在绘图区空白位置单击鼠标左键确定矩形的第一点

指定另一个角点或 [面积(A)/尺寸(D)/旋转(R)]：@40,1000

命令：_arc

指定圆弧的起点或［圆心(C)］:C

指定圆弧的圆心：　　　　　　　　　　　　　　　　　　//捕捉 A 点为圆心

指定圆弧的起点：　　　　　　　　　　　　　　　　　　//捕捉 B 点为圆弧的起点

指定圆弧的端点(按住 Ctrl 键以切换方向)或［角度(A)/弦长(L)］:A

指定夹角(按住 Ctrl 键以切换方向):－90

②绘制推拉门:利用矩形命令,在绘图区空白位置单击鼠标左键确定矩形的第一点,输入相对坐标(@780,38)指定矩形的对角点,画出图 4.28 所示推拉门的第一个矩形,再用复制命令,指定任意的一个基点,指定位移的第二点坐标为(@720,－38),复制出第二个矩形;再绘制一个箭头,用 SOLID 图案填充,以通过水平方向重叠矩形部分的中点的垂直直线为对称线镜像一次,再以右侧矩形的上边线为对称线镜像第二次。完成的推拉门如图 4.28(b)所示。

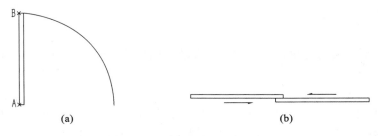

(a)　　　　　　　　　　　　　　　　(b)

图 4.28　绘制门

(a)单开门；(b)推拉门

命令:rectang

指定第一个角点或［倒角(C)/标高(E)/圆角(F)/厚度(T)/宽度(W)］:

指定另一个角点或［面积(A)/尺寸(D)/旋转(R)］:@780,38

命令:copy

选择对象:指定对角点:找到 1 个

选择对象:

当前设置:复制模式 ＝ 多个

指定基点或［位移(D)/模式(O)］＜位移＞:

指定第二个点或［阵列(A)］＜使用第一个点作为位移＞:@720,－38

指定第二个点或［阵列(A)/退出(E)/放弃(U)］＜退出＞:

命令:line

指定第一个点:

指定下一点或［放弃(U)］:

指定下一点或［放弃(U)］:

指定下一点或［闭合(C)/放弃(U)］:　　　　　　　　　　　　　　　　//绘制箭头

指定下一点或［闭合(C)/放弃(U)］:

命令:hatch

拾取内部点或［选择对象(S)/放弃(U)/设置(T)］:正在选择所有对象...

正在选择所有可见对象...

正在分析所选数据…

正在分析内部孤岛…

拾取内部点或［选择对象(S)/放弃(U)/设置(T)］：　　　　　　　　　　　//图案填充

命令：mirror

选择对象：指定对角点：找到 4 个

选择对象：指定镜像线的第一点：_m2p 中点的第一点：中点的第二点：

指定镜像线的第二点：

要删除源对象吗？［是(Y)/否(N)］＜否＞：

命令：mirror

选择对象：指定对角点：找到 4 个

选择对象：指定镜像线的第一点：

指定镜像线的第二点：

要删除源对象吗？［是(Y)/否(N)］＜否＞：Y

把画好的图形定义为图块。其他相同类型的不同尺寸的门可以照此方法依次绘制并定义成图块。

技巧：

① 可以把宽度为 1000mm 的单开门定义成图块，其他单开门可以在插入块时乘以相应系数而得到，比如乘以系数 0.8 就可以得到宽度为 800mm 的单开门。

② 也可以把单开门定义成一个动态块，利用动态块的特点，调整出不同尺寸、不同开向的单开门。动态块的定义难度较大，但应用范围更加广泛。

以下为单开门的动态块的创建过程：

a.利用矩形命令，在绘图区空白位置单击鼠标左键确定矩形的第一角点，输入(@40,1000)确定第二角点。

b.输入圆弧命令 arc，绘制门的圆弧部分。绘制结果如图 4.28(a)所示。

c.单击"默认"选项卡下的"创建块"按钮■或输入"block"命令，打开"块定义"对话框，在"名称"文本框中输入块的名称"单开门"，单击"选择对象"按钮，进入绘图区域，选择前面绘制的单开门，然后按回车键返回"块定义"对话框，单击基点选项区的【拾取点】按钮，捕捉矩形的左下角点，按空格键返回"块定义"对话框，最后单击"确定"按钮完成块的定义，如图 4.29 所示。

d.选择菜单【工具】/【块编辑器】命令或"默认"选项卡下的块编辑器按钮■或输入命令"bedit"，打开"编辑块定义"对话框，选择"单开门"，单击"确定"按钮进入块编辑状态，如图 4.30所示。

e.单击"块编写"选项板的"参数"选项卡，选择线性参数，捕捉矩形的左下角点为起点，左上角点为端点，然后单击图块左部适当位置为线性参数的标签位置，如图 4.31 所示。

f.单击"块编写"选项板的"动作"选项卡，选择缩放动作后，选择线性参数标签，即指定缩放动作参数为线性参数，然后选择图块中的所有图元为参数作用对象，在适当位置单击鼠标左键确定动作位置，如图 4.32 所示。

g.选择"参数"选项卡中的翻转参数，捕捉圆弧的右下点为投影线的基点，矩形的左下角点为端点，然后单击适当位置为翻转参数的标签位置，如图 4.33 所示。

图 4.29　创建"单开门"块

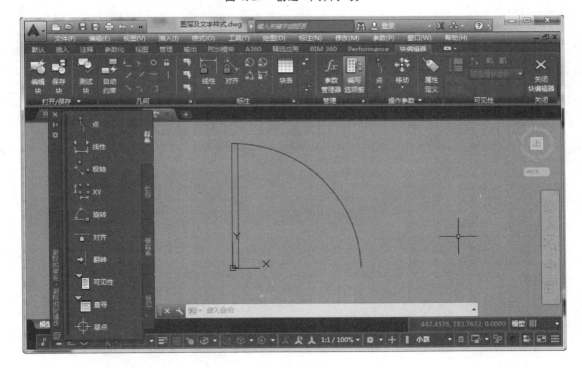

图 4.30　编辑块（单开门）

　　h. 单击"块编写"选项板的"动作"选项卡，选择翻转动作后，选择翻转参数标签，即指定翻转动作参数为翻转参数，然后选择图块中的所有图元为参数作用对象，在适当位置单击鼠标左键确定动作位置，如图 4.34 所示。

　　i. 选择"参数"选项卡中的旋转参数，选取矩形的左下角点为基点，输入半径 400，在"默认旋转角度"提示下按"Enter"键，完成旋转参数的添加，如图 4.35 所示。

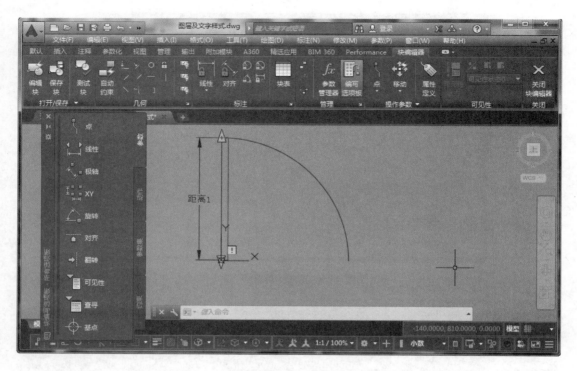

图 4.31　线性参数的添加

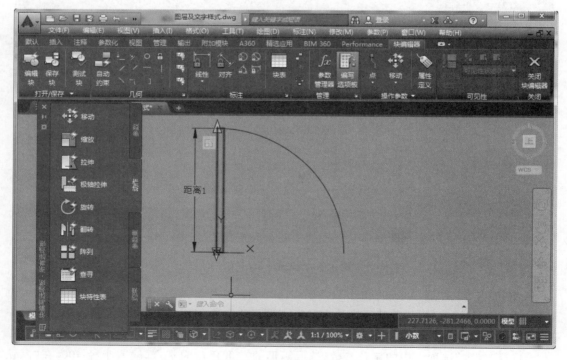

图 4.32　缩放动作的添加

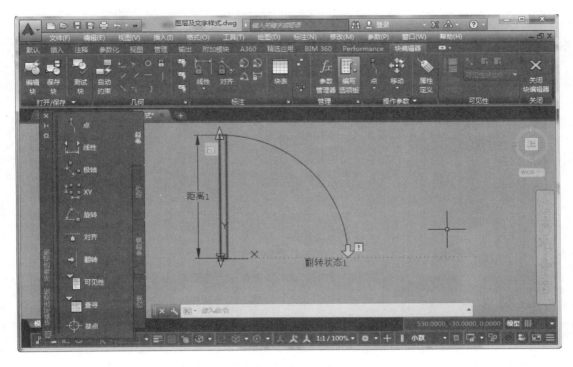

图 4.33　翻转参数的添加

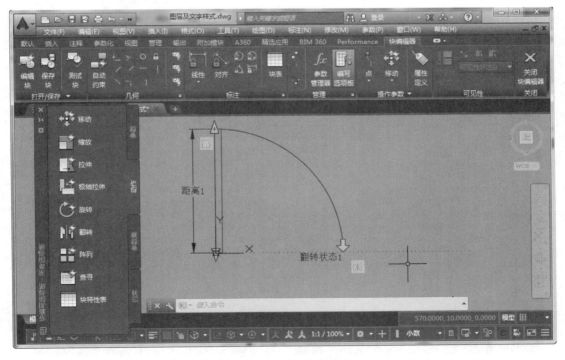

图 4.34　翻转动作的添加

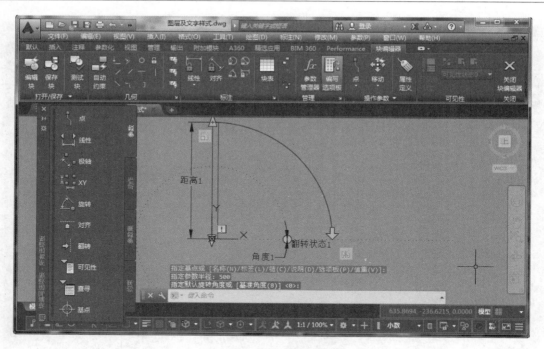

图 4.35　旋转参数的添加

j. 单击"块编写"选项板的"动作"选项卡,选择旋转动作后,选择旋转参数标签,即指定旋转动作参数为旋转参数,然后选择图块中的所有图元为参数作用对象,在适当位置单击鼠标左键确定动作位置,如图 4.36 所示。

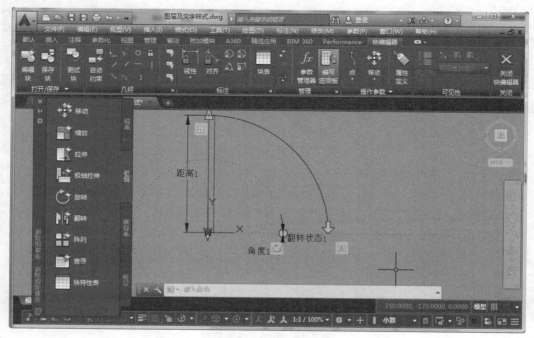

图 4.36　旋转动作的添加

　　k.单击"动态块"工具条上的"关闭块编辑器"按钮,AutoCAD 将弹出一个块确认对话框,如图 4.37所示,单击该对话框的"将更改保存到 单开门"按钮,完成动态块定义。

　　切换"建筑-门窗"层为当前层,单击"默认"选项卡的"插入块"按钮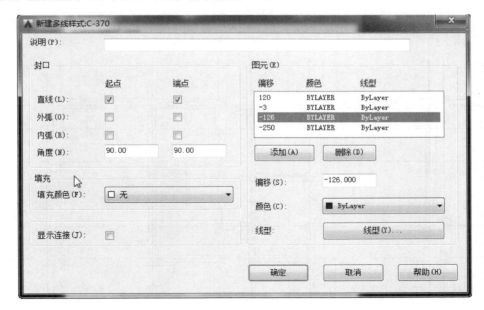,选择定义的动态块"单开门",在绘图区选择插入点,完成图块的插入。

　　(2)绘制窗

　　窗可以用多线绘制,也可以用事先定好的块插入。

图 4.37　"块"确认对话框

　　①多线绘制窗

　　首先定义多线的样式。如图 4.38 所示,定义了一种 C—370 的多线样式。对这种多线样式通过预览,如图 4.39 所示,正好适合绘制 37 墙上的窗。用这种样式通过"ML"命令绘制窗时,"对正"应设置为"无对正","比例"应设置为"1"。

图 4.38　窗多线样式的定义

　　用这种多线样式绘制窗,窗的长度可以随便调整,多线绘制窗结合"对象捕捉"功能会比定义图块来得更加方便。

　　②用定义好的图块绘制窗

　　首先绘制窗,然后把窗定义为图块,插入到墙体中。这种方法和门图块的使用方法一样,这里不再讲解。

　　利用上面所讲知识,完成门窗的绘制。完成后的图形如图 4.40 所示。

图 4.39　窗多线样式预览

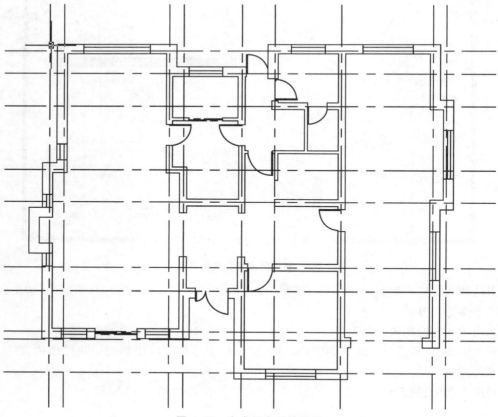

图 4.40　完成门窗后的图形

4.3.4　绘制柱网

柱子是承重的构件,本例采用了两种断面形式的柱子,柱子的外形轮廓是由粗实线绘制而成,断面应该填充。因柱子数量较多,可将其制作为图块。

柱子具体绘制步骤如下:

(1)绘制 240×240 柱的断面轮廓。

切换"建筑-柱"层为当前层。按照平面图,画出柱子断面外形轮廓,如图 4.41(a)所示。

命令:_rectang　　　　　　　　　　　　　　　　　　　　　　　//调用矩形命令

指定第一个角点或［倒角(C)/标高(E)/圆角(F)/厚度(T)/宽度(W)］:

　　　　　　　　　　　　　　　　　　　　　　　　　　　　//在空白区域指定一点

指定另一个角点或［尺寸(D)］:@240,240

(2)填充柱的断面。

①切换"建筑-柱填充"层为当前层,在"默认"选项卡下选取"图案填充"按钮，新增"图案填充创建"选项卡。

②在"图案填充创建"选项卡中,选择"SOLID"图案填充类型,单击所绘方柱轮廓内任一点,完成图案填充。填充结果如图 4.41(b)所示。

命令:_hatch

拾取内部点或［选择对象(S)/放弃(U)/设置(T)］:正在选择所有对象...

　　　　　　　　　　　　　　　　　　　　　　　//在柱的断面区域内指定一点

正在选择所有可见对象...

正在分析所选数据...

正在分析内部孤岛...

拾取内部点或［选择对象(S)/放弃(U)/设置(T)］:

(3)用以上方法绘制 240×370 柱的断面轮廓及填充柱的断面,如图 4.42 所示。

图 4.41　绘制 240×240 柱的　　　图 4.42　绘制 240×370 柱的
断面轮廓及填充柱的断面　　　　断面轮廓及填充柱的断面

(4)制作柱的图块。

因底层平面图中的大部分方柱断面形状都是 240×240,为便于重复利用已绘制的柱体断面图形,可以将其创建为图块。

①单击"默认"选项卡下的"创建块"按钮或输入"block"命令,弹出图 4.43 所示的"块定义"对话框。

②在"名称"栏中输入块的名称,本图块名为"柱"。

③单击"拾取点"按钮,画面回到绘图区,捕捉方柱的中心为基点,返回到"块定义"对话框。

④单击"选择对象"按钮,切换到绘图区域,选中绘制好的柱体图形,按回车键,返回到"块

图 4.43　"块定义"对话框

定义"对话框。

⑤在对话框中定义块的其他属性,完成块的创建。

> 提示:
> 图中的 240×370 柱有 4 个,可以按以上的方法定义成图块,再进行插入。由于数量较少,也可以不定义为图块,通过"复制"命令复制到指定位置即可。

(5)图块的插入。

①切换"建筑-柱"层为当前层,单击"默认"选项卡的"插入块"按钮🔳,弹出图 4.44 所示的"插入"对话框。

图 4.44　块的"插入"对话框

　　②在"名称"栏选择要插入的块名为"柱",在"插入点"、"缩放比例"、"旋转"栏中输入相应的数值来控制插入块的大小和方向,其中"插入点"选中"在屏幕上指定"项,单击"确定"按钮,返回绘图区,捕捉定位轴线的交点为插入点,完成图块的插入。

　　③依次插入块,完成柱子的绘制,效果如图 4.45 所示。

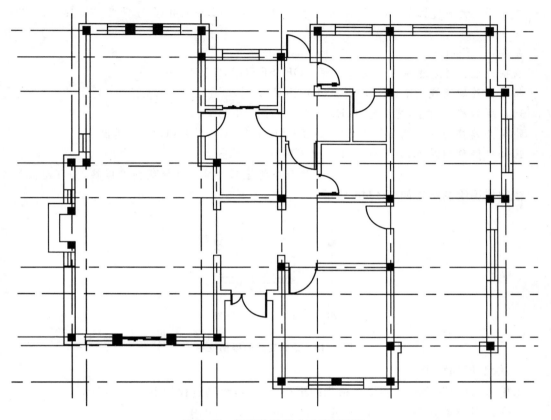

图 4.45　柱网绘制完成后的平面图

4.3.5　绘制楼梯

(1)绘制楼梯扶手

将"建筑-楼梯"层设置为当前层,打开对象捕捉和正交模式,使用"多段线"命令,绘制楼梯扶手,过程如下:

命令:_pline

指定起点:from 基点:<偏移>:@0,1160

// 输入"from"透明命令,捕捉图 4.46 中 B 点附近柱子的左上角点为基点,输入(@0,1160),确定扶手直线的第一点

当前线宽为 0.0000

指定下一个点或[圆弧(A)/半宽(H)/长度(L)/放弃(U)/宽度(W)]:2300

// 在正交模式下,向左移动光标,输入 2300

指定下一点或 [圆弧(A)/闭合(C)/半宽(H)/长度(L)/放弃(U)/宽度(W)]：200

　　　　　　　　　　　　　　　　　　　　　// 向下移动光标，输入 200

指定下一点或 [圆弧(A)/闭合(C)/半宽(H)/长度(L)/放弃(U)/宽度(W)]：2300

　　　　　　　　　　　　　　　　　　　　　// 向右移动光标，输入 2300

指定下一点或 [圆弧(A)/闭合(C)/半宽(H)/长度(L)/放弃(U)/宽度(W)]：

命令：

命令：_offset

当前设置：删除源＝否　　图层＝源　　OFFSETGAPTYPE＝0

指定偏移距离或 [通过(T)/删除(E)/图层(L)] <通过>：40

选择要偏移的对象，或 [退出(E)/放弃(U)] <退出>：

指定要偏移的那一侧上的点，或 [退出(E)/多个(M)/放弃(U)] <退出>：

选择要偏移的对象，或 [退出(E)/放弃(U)] <退出>：

　　　　　　　　// 使用偏移命令将绘制的扶手外侧线向内偏移，偏移距离为 40

楼梯扶手绘制结果如图 4.46 所示。

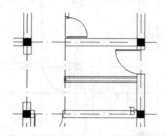

图 4.46　绘制完成的楼梯扶手

(2)绘制楼梯踏步

①单击"直线"按钮，绘制楼梯踏步的第一条直线，绘制过程如下：

命令：_line 指定第一点：from 基点：<偏移>：@90,0

// 输入"from"透明命令，捕捉图 4.47 中的 A 点为基点后，输入(@90,0)，确定楼梯踏步第一条直线的第一点

指定下一点或 [放弃(U)]：

// 沿垂直方向向上移动光标直到捕捉到墙线的"垂足"点，点击鼠标左键，完成楼梯踏步第一条直线的绘制

指定下一点或 [放弃(U)]：

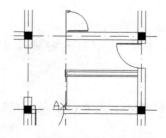

图 4.47　楼梯第一条踏步线的绘制

②输入阵列命令"arrayclassic",打开"阵列"对话框,参数设置如图 4.48 所示,对踏步线进行阵列。阵列结果如图 4.49 所示。

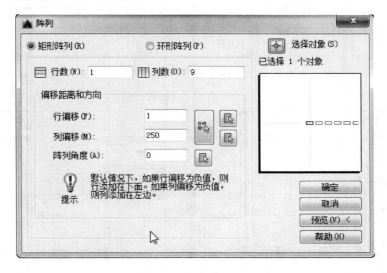

图 4.48　设置踏步线阵列参数

利用直线命令,结合对象捕捉与追踪命令,绘制进门前的踏步线及折断线,绘制结果如图 4.50 所示。

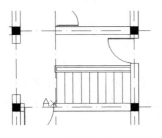

图 4.49　踏步线阵列结果

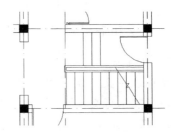

图 4.50　楼梯折断线的绘制

③修剪多余线条,然后用多段线绘制上下楼梯示意箭头,如图 4.51 所示。

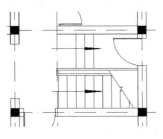

图 4.51　完善楼梯的绘制

(3)绘制台阶、散水及地面线

切换"建筑-设施"层为当前层,用"直线"命令绘制台阶、散水及地面线等,最终的效果如图 4.52 所示。

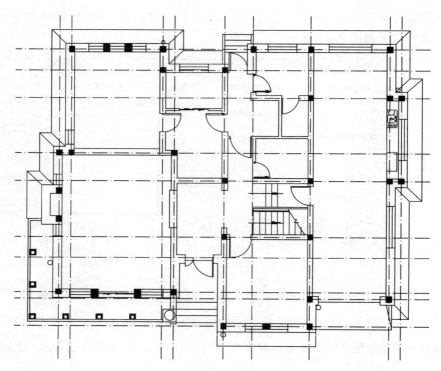

图 4.52　台阶、散水及地面线绘制完成后的平面图

4.3.6　文字和尺寸标注

4.3.6.1　文字标注及文字说明

添加文字标注及文字说明的方法是：将"建筑-文字"层设为当前层，利用 4.2.3 节定义好的文字样式，执行"单行文字"命令，创建房间功能的说明文字，效果如图 4.53 所示。

4.3.6.2　尺寸标注

根据建筑制图标准的规定，平面图上的尺寸标注有外部尺寸标注和内部尺寸标注。

(1)外部尺寸标注

外部尺寸标注一般分为三道，一般在图形的下方及左侧注写。

第一道尺寸，表示建筑外轮廓的总尺寸，即指从一端外墙边到另一端外墙边的总长和总宽尺寸。

第二道尺寸，表示轴线间的距离，用来说明房间的开间及进深的尺寸。

第三道尺寸，表示各细部的位置及大小，如门窗洞口的宽度和位置、柱的大小和位置等。标注这道尺寸时，应当与轴线联系起来。

此外，室外台阶(坡道)、花池、散水等细部的尺寸，可以单独标注。

标注时可以按照从细部到总体，也可以从总体到细部的顺序。常常使用"线性标注"、"对齐标注"、"快速标注"、"连续标注"等命令进行尺寸标注。在本例中，采用从细部到总体的顺序进行标注，标注的命令主要选择"线性标注"、"连续标注"和"基线标注"。由于涉及三道尺寸标注，因此采用基线标注使这三道标注的间隔一致。

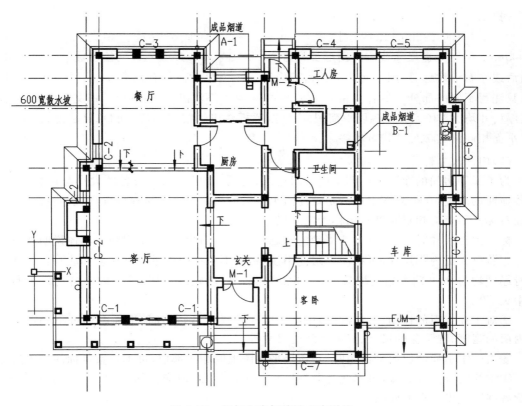

图 4.53　添加文字标注及文字说明

将"建筑-标注"层设为当前层,把 4.2.3 节定义好的标注样式置为当前,打开"对象捕捉",捕捉本例平面图中需要标注的特征点,对平面图进行标注。先用一次"线性标注"标注第一道或者第三道尺寸,再用"基线标注"标注其他两道尺寸,最后用"连续标注"完成三道尺寸标注,如图 4.54 所示。

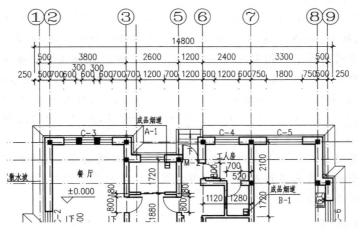

图 4.54　添加尺寸标注

提示：

在 1：100 的出图比例绘图中，三道尺寸线之间应留有适当距离（一般为 700～1000mm，但第三道尺寸线应距图形最外轮廓线 1000～1400mm），以便注写数字。如果房屋前后或左右不对称时，则平面图上四边都应注写三道尺寸。如有部分相同，另一些不相同，可只注写不同的部分。如有些相同尺寸太多，可省略不注出，而在图形外用文字说明，如：各墙厚尺寸均为 240。其他各层平面图的尺寸，除标注出轴线间的尺寸和总尺寸外，其余与底层平面相同的细部尺寸均可省略。

（2）内部尺寸标注

为了说明房间的净空大小和室内的门窗洞、孔洞、墙厚和固定设备的大小与位置，以及室内楼地面的高度，在平面图上应清楚地注写出有关的内部尺寸和楼地面标高（表明各房间的楼地面对标高零点的相对高度），通称为内部尺寸。

标注内部尺寸时，在能够表达清楚的基础上应尽量简化，以利于识图。具体说明如下：

①若有大量内部尺寸，可在图内附注中注写，而不必在图内重复标注。如注写："未注明的墙身厚度均为 240，门大角头均为 240"、"除注明者外，墙轴线均居中"、"内墙窗均位于所在开间中央"等。

②对于在索引的详图（含标准图）中已经标注的尺寸，则在各种平面图中可不必重复。例如内门的宽度、洗脸盆的尺寸、卫生隔间的尺寸等。

③当已索引局部放大平面图时，在该层平面图上的相应部位，可不再重复标注相关尺寸。

④钢筋混凝土柱和墙，可不注写断面尺寸和定位尺寸，但应在图注中写明见结施××图。复杂者则应绘出节点大样图。

完成文字及尺寸标注后的平面图如图 4.3 所示。

 本模块小结

建筑平面图是将房屋从门窗洞口处水平剖切后所作的俯视图。墙体用多线命令绘制，并用多线编辑命令修改。修改"T"字形相交的墙体时应注意选择墙体的顺序。窗用多线绘制，也可先制作成块，再插入。轴网编号、门和柱先制作成块，再插入。如果在其他的图形中需要多次用到的块，可以用"wblock"命令将其定义成外部块，再用"插入块"命令插入到当前图形中。楼梯用直线、矩形、偏移、阵列等命令绘制。在使用标注和文字前，先定义好它们的样式。

建筑平面图中的图线应粗细有别、层次分明。凡是承重墙和柱等主要承重构件的定位轴线均应使用细点画线来表示；图中被剖到的墙、柱的断面轮廓线用粗实线来绘制；门的开启线用中粗线来绘制，其余的可见轮廓线用细实线来绘制，尺寸线、标高符号、定位轴线等用细实线来绘制。线宽（线的粗细）在"图层特性管理器"中进行设置，在 AutoCAD 绘图阶段可以不进行线宽的显示，但必须设置线宽的值。

建筑平面图是整套建筑图中最为重要的图纸之一。本模块要求读者熟练掌握平面图的形成、常用的图例、平面图所包括的内容、绘图前的设置以及画图的步骤等内容，并能熟练画出符合国家标准的建筑平面图。

 综合训练

结合本模块所学知识，绘制图 4.55 所示某住宅底层平面图。

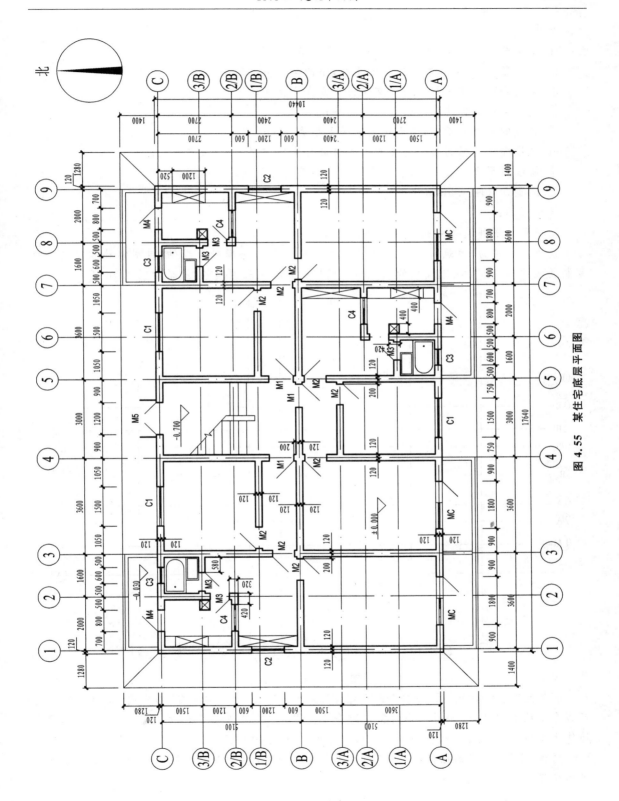

图 4.55　某住宅底层平面图

要求：

① 定义合理的图层，不同类型的图元要画在不同的图层上；

② 图面整齐，不能含有不到位的图线，不能含有多余的图线；

③ 能用合理的文字样式进行文字说明或文字标注；

④ 能用合理的标注样式进行尺寸标注；

⑤ 轴线的线型要正确，线型比例因子大小要合理；

⑥ 轴线编号和标高要先用带属性的块进行定义，再插入到正确位置；

⑦ 墙线要用多线绘制，并能用多线编辑工具进行多线的正确编辑。

⑧ 线宽 b 取值 0.5mm。

绘图提示：

①设置绘图环境并完成轴网的绘制。

设置当前层为"建筑-轴线"层，用直线命令绘制第一条横轴及纵轴，再用偏移和复制命令复制其他的轴线，定义带属性的块并用带属性的块标注轴网编号，结果如图 4.56 所示。

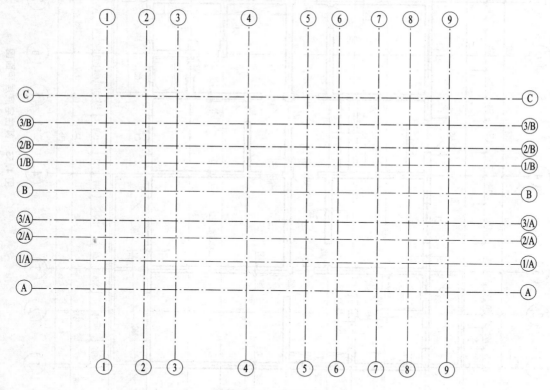

图 4.56　绘制轴网

②锁定"建筑-轴线"层，选择"建筑-墙体"层为当前层，设置"24 墙"的样式，在墙体层运用多线命令绘制墙体，绘制时结合对象追踪命令。关闭"建筑-轴线"层，利用【多线编辑工具】将墙体十字接头、丁字接头、角接头等修正为图 4.57 所示的形式。

修改"丁"字相交的墙体时，应注意选择多线的顺序，如果修改结果异常，可以改变选择多线的顺序。

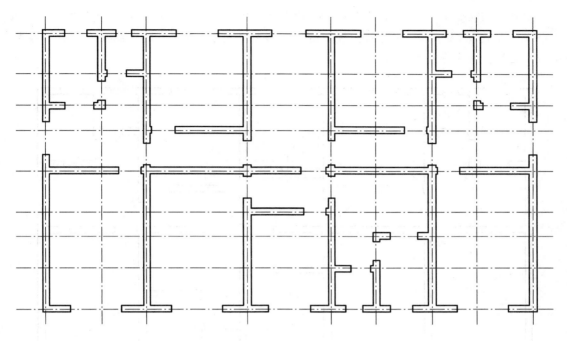

图 4.57　绘制墙线

　　③将"建筑-门窗"层设置为当前层,选择"直线"绘图命令和"镜像"、"复制"等编辑命令绘制门,选择"多线"命令绘制窗,如图 4.58 所示。

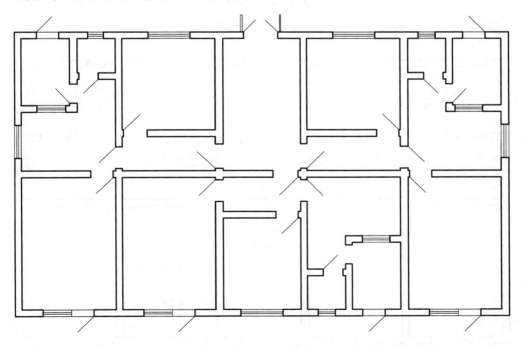

图 4.58　绘制门窗

④将"建筑-楼梯"层设置为当前层,选择"直线"、"矩形"等绘图命令和"阵列"、"修剪"等编辑命令绘制楼梯,如图 4.59 所示。扶手运用矩形命令绘制,踏步运用直线及阵列命令绘制。折断线运用直线命令绘制,并运用修剪命令修剪。

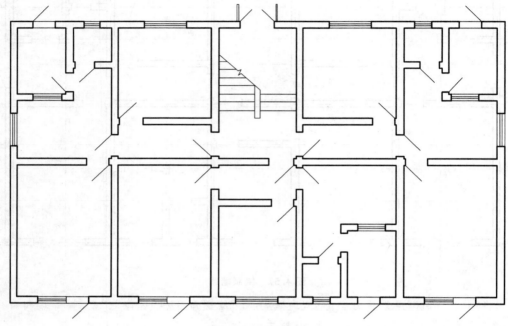

图 4.59　绘制楼梯

⑤将"建筑-家具"层设置为当前层,绘制家具,如图 4.60 所示。

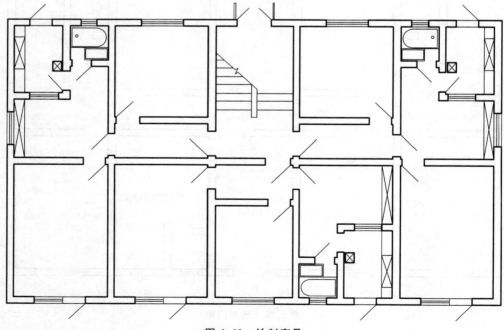

图 4.60　绘制家具

⑥将"建筑-设施"层设置为当前层,绘制阳台及散水,如图 4.61 所示。

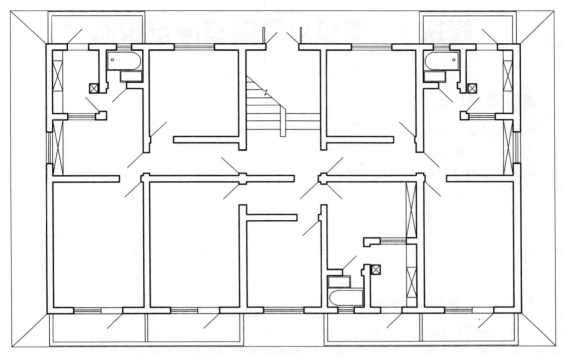

图 4.61　绘制阳台及散水

⑦进行尺寸标注和文字标注

将"建筑-文字"层设置为当前层,运用单行文字命令标注水平方向和垂直方向的文字。将"建筑-标注"层设置为当前层,运用线性标注命令及连续标注命令标注尺寸,结果如图 4.55 所示。

模块 5　建筑立面图及图纸说明

 教学目标

1. 理解建筑立面图的定义；
2. 熟悉绘制建筑立面图的内容及要求；
3. 熟练掌握绘制建筑立面图的过程；
4. 了解图纸说明、门窗表和图纸目录的用途及作用；
5. 熟练绘制门窗表。

项目 5.1　建筑立面图概述

5.1.1　建筑立面图的定义

建筑立面图是表示建筑物外部造型、立面装修及其做法的图样,是建筑施工图的重要组成部分。它是建筑物立面的正投影图,是展示建筑物外貌特征及室外装修的工程图样,既可以表示建筑物从外面观看的效果,又可以看出窗户和门等是如何嵌入墙壁中的。它是建筑施工中进行高度控制与外墙装修的技术依据,建筑物的外形是否美观,直接取决于建筑立面的艺术处理。绘制立面图时,要运用构图的一些基本规律,并密切联系平面设计和建筑体型设计标准。

5.1.2　建筑立面图的绘制内容

立面图中通常包含以下内容：

(1)建筑物某侧立面的立面形式、外貌及大小。

(2)图名和绘图比例。

(3)外墙面上装修做法、材料、装饰图线、色调等。

(4)外墙上投影可见的建筑构配件,如室外台阶、梁、柱、挑檐、阳台、雨篷、室外楼梯、屋顶以及雨水管的位置和立面形状。

(5)标注建筑立面图上主要标高。

(6)详图索引符号、立面图两端轴线及编号。

(7)反映立面上门窗的布置、外形及开启方向(应用图例表示)。

5.1.3　建筑立面图的绘制要求

建筑立面图可以看作是由很多构件组成的整体,包括墙体、梁柱、门窗、阳台、屋顶和屋檐等。建筑立面图绘制的主要任务是：确定立面中这些构件合适的比例尺度,以达到体型的完整,满足建筑结构和美观的要求。建筑立面设计时,应在满足使用要求、结构构造等功能和技术方面要求的前提下,使建筑尽量美观。一个建筑物一般应绘制出每一侧的立面图,但是,当各侧面较简单或有相同的立面时,可以只画出主要的立面图。可以将建筑物主要出入口所在的立面或墙面装饰反映建筑物外貌特征的立面作为主立面图,称为正立面图,其余的相应地称为背立面图、左侧立面图、右侧立面图。如果建筑物朝向比较正,则可以根据各侧立面的朝向命名,如南立面图、北立面图、东立面图、西立面图等,有时也按轴线编号来命名,如①~⑧立面图。

具体绘制要求如下:

(1)图纸幅面和比例

通常,在同一工程中建筑立面图的图纸幅面和比例的选择与建筑平面图相同,一般采用1∶100的比例。建筑物过大或过小时,可以选择1∶200或1∶50。

(2)定位轴线

在立面图中,一般只绘制2条定位轴线,且分布在两端,与建筑平面图相对应,确认立面的方位,以方便识图。

(3)线型

为了更能突显建筑物立面图的轮廓,使得层次分明,地坪线一般用特粗实线(1.4b)绘制;轮廓线和屋脊线用粗实线(b)绘制;所有的凹凸部位(如阳台、线脚、门窗洞等)用中实线(0.5b)绘制;门窗扇、雨水管、尺寸线、高程、文字说明的指引线、墙面装饰线等用细实线(0.25b)绘制。

(4)图例

由于立面图和平面图一般采用相同的出图比例,因此门窗和细部的构造也常采用图例来绘制。绘制的时候我们只需要画出轮廓线和分格线,门窗框用双线。常用的构造和配件的图例可以参照相关的国家标准。

(5)尺寸标注

立面图分三层标注高度方向的尺寸,分别是细部尺寸、层高尺寸和总高尺寸。

细部尺寸用于表示室内外地面高度差、门窗洞口下墙高度、门窗洞口高度、门窗洞口顶部到上一层楼面的高度等;层高尺寸用于表示上下层地面之间的距离;总高尺寸用于表示室外地坪至女儿墙压顶端檐口的距离。除此之外,还应标注其他无详图的局部尺寸。

(6)高程尺寸

立面图中需标注房屋主要部位的相对高程,如建筑室内外地坪、各级楼层地面、檐口、女儿墙压顶、雨罩等。

(7)索引符号等

建筑物的细部构造和具体做法常用较大比例的详图来反映,并用文字和符号加以说明。所以,凡是需绘制详图的部位都应该标上详图的索引符号,具体要求与建筑平面图相同。

5.1.4　建筑立面图的绘制步骤

(1)选择比例,确定图纸幅面。
(2)绘制轴线、地坪线及建筑物的外围轮廓线。
(3)绘制阳台、门窗。
(4)绘制外墙立面的造型细节。

(5)标注立面图的文本注释。

(6)立面图的尺寸标注。

(7)立面图的符号标注,如高程符号、索引符号、轴标号等。

项目 5.2　绘制建筑立面图

5.2.1　绘图环境设置

绘制建筑立面图的绘图环境设置与绘制建筑平面图的绘图环境设置相同,可添加"地坪线"图层,线宽 $1.4b(b=0.5\text{mm})$。

快速简单的绘图方法是直接将上一任务的建筑平面图打开,按绘制立面图的需要适当添加图层,然后另存为本任务的建筑立面图文件。

5.2.2　绘制立面外轮廓线

下面以某别墅立面为例介绍具体操作步骤:

(1)设置新增图层

①新添加地坪线图层;

②将平面图中的门、窗图层改为门扇、窗扇图层;

③增加门洞、窗洞图层;

④增加屋脊线图层。

> 提示:
> (1)添加图层项目名称与图纸内容相对应。
> (2)按制图要求设置线宽。

(2)调整平面图、绘制地坪线和轴线及纵向定位辅助线

①将平面图中与立面相关的图线保留,删除其他图线。

②将平面图中剩余的图线按对正的方式移到图框的下方。

③在图面的适当位置,在"地坪线"图层绘制地坪线。

④利用"长对正"的作图原理绘制轴线及其他纵向定位辅助线,如图 5.1 所示。

> 提示:
> (1)先绘制地坪线并依据平面图墙体位置给出定位轴线。
> (2)平面图中每个建筑结构都应引出对应的纵向辅助线。

(3)绘制立面外轮廓线

依据各部位高度定位尺寸绘制外轮廓的横向定位辅助线,如图 5.2 所示。为观看清晰先将横向辅助线全部删除,建筑立面主要结构初步成形,如图 5.3 所示。

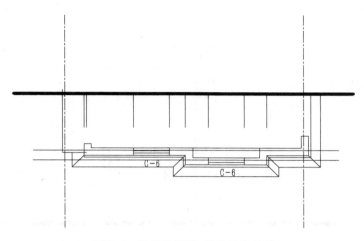

图 5.1　绘制地坪线、辅助线和轴线

提示：
(1)按设计高度绘制横向辅助线。
(2)按平面图门窗等构件位置给出纵向建筑立面线。
(3)将辅助线与立面建筑线相交产生的废线删除。
(4)脊线参照平面和立面相交点确定，两个相交点之间的连线为屋脊立面。
(5)在立面图中，并非仅最外轮廓线要采用粗实线绘制。在所有平面发生转折处的外墙线也均应用粗实线绘制。绘制墙身勒脚线应用中实线，墙身分格线采用细实线(0.18mm)。

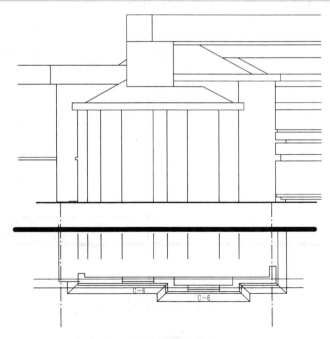

图 5.2　立面外轮廓线及横向定位辅助线

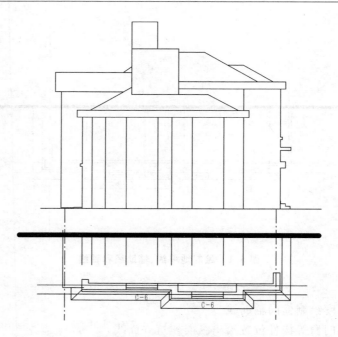

图 5.3　立面外轮廓线（删除了横向定位辅助线）

5.2.3　绘制门窗及细部

（1）根据各部位高度定位尺寸绘制门窗的横向定位辅助线，如图 5.4 所示。结合纵向定位辅助线绘制主要门窗结构，然后删除横向辅助线，如图 5.5 所示。

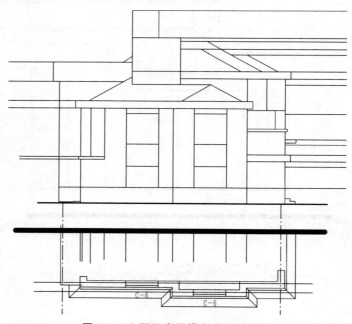

图 5.4　立面门窗及横向定位辅助线

提示:

在立面主体结构基础上通过横向辅助线进一步绘制门窗位置,绘制时高度定位要准确。

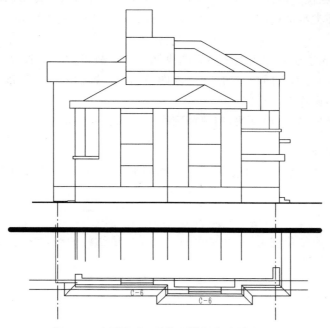

图 5.5　立面门窗(删除了横向定位辅助线)

(2)插入门窗模块,如图 5.6 所示。

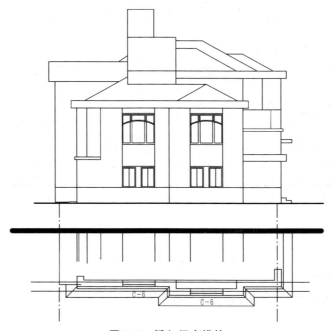

图 5.6　插入门窗模块

提示：

(1)绘制立面图中的窗一般可采用以下两种方法：

第一种方法：原位绘制法。即在立面图上窗户的相应位置，直接绘制出窗洞口轮廓线及窗扇分隔线。一种类型的窗户只需绘制一次，再用 AutoCAD 的编辑命令（复制、阵列等）绘制其他同类窗。

第二种方法：先绘制立面图上窗的详图再插入法。故可在立面窗详图绘制完成的基础上，创建各种类型的立面窗图块，然后在立面图中相应位置插入即可。该方法的优点显而易见：立面图完成时，窗详图也已完成。

(2)根据设计要求插入模型块，门窗细部线条的线宽要区别于立面主体线条的线宽。

(3)绘制建筑细部。

根据细部高度尺寸绘制立面细部，将屋檐、墙面装饰线及栏杆分别绘制出来，如图 5.7 所示。

提示：

建筑细部进一步细化完善，其线宽可与立面中主体结构的线宽区分，将立面线型做虚实的区分还可使立面图更加丰富、美观。

图 5.7　建筑立面细部绘制

(4)立面材料填充

使用填充命令进一步修饰外立面，如图 5.8 所示。

提示：

(1)填充立面材料可使立面图内容更加丰富,建筑外观更加直观,起到了画龙点睛的作用。

(2)使用图案填充命令应当明确以下两个重要概念:① 图案填充的关联性;② 图案填充的三种孤岛检测方式,应多做练习,认真领会。

图 5.8 　立面材料填充

5.2.4　文字和尺寸标注

按立面图中所示的文字内容,注写施工说明。文字高度应设定为 3.5mm 乘以出图比例的倒数,其他文字高度的设定与建筑平面图相同。

标高符号和索引符号只需插入已制作好的属性块,并视图面的复杂程度确定缩放比例,一般为 70.7、100。标高数字的高度应和尺寸数字的高度一致,定位轴线编号的数字、字母的高度应比尺寸数字大一号,如图 5.9 所示。

提示：

建筑立面细节较多时主要构件的标高符号可放于建筑左右两侧,建筑顶部和部分内部的标高符号可放于立面构件上,但要注意尽量不影响立面造型且保证标高中的数字清晰可见。

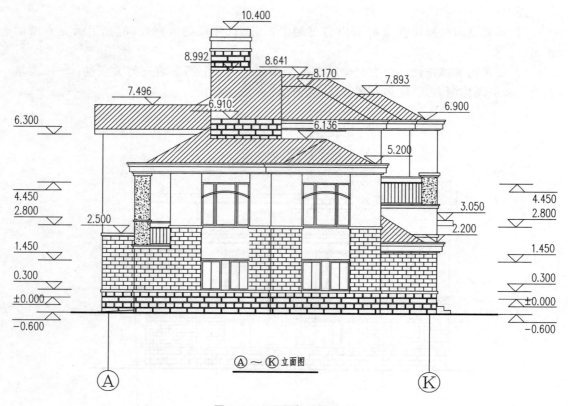

图 5.9　立面图标注及文字

项目 5.3　图纸说明及门窗表

5.3.1　图纸说明及目录

图纸说明是对图样中无法表达清楚的内容用文字加以详细的说明,其主要内容有:建设工程概况、建筑设计依据、所选用的标准图集的代号、建筑装修和构造的要求,以及设计人员对施工单位的要求。小型工程的总说明可以与相应的施工图说明放在一起。

【例题 6.1】　某别墅的图纸说明。

一、本工程为某房地产开发有限公司开发的 27-1#～7#别墅楼。

二、建筑面积:247.15m²。

车库、隔层建筑面积:41.54m²;建筑层数:二层;

层高:底层:3.600m,其余为 3.000m;

结构形式:砖混结构。

三、建筑位置详见总平面图。

四、建筑标高:室内地坪±0.000m,相当于黄海标高(见表 5.1),室外标高−0.600m。本工程标高以米为单位,其余尺寸以毫米为单位。

五、设计依据：

1. 经有关部门审批的建筑设计方案、通知书。

2. 甲方对本工程初步设计的修改意见。

3. 国家及江苏省有关规定和规范。

4. 建筑耐久年限为二级 50 年。

5. 建筑物抗震设防烈度 7 度。

6. 建筑耐火等级为二级。

7. 屋面防水等级为 Ⅲ 级。

六、施工注意事项：

1. 施工中严格按照国家现行的施工规范及有关工程验收规范办理。

2. 工程施工中不得任意改变设计图纸内容，必须更改时应及时与设计人员联系并协调解决，图中未详尽处在交底时由设计人员一并解决。

3. 凡是钢筋混凝土表面做装饰工程的，如粉刷、油漆等，表面油漆应用界面处理剂涂刷，以增强砂浆对基层的黏结力。

4. 卫生间、厨房的楼地面均比同层楼地面标高低 0.5% 的坡水。卫生间、厨房的现浇板四周（除门洞外）应做止水带，与楼板、梁整浇，宽与上面墙体同。所有卫生间、厨房的楼面与墙面竖管转角处均应做防水处理。

5. 所有粉刷面的阳角、护角线参见苏 J9501。

6. 墙体材料选用详见结构专业图说明，图中构造柱布置见结构图。

7. 凡砖砌女儿墙顶部应有混凝土压顶，做法见苏 J9503—1/15。

8. 本工程施工中土建工种与设备工种及其他工种应密切配合，预留好穿梁、过板、越墙的孔洞，严防遗漏，如有错漏和矛盾之处，应及时联系设计人员解决。

9. 本工程门窗表上所注尺寸为洞口尺寸，加工制作时，应扣除不同厚度的粉刷面层或贴面厚度。无框全玻门视实际情况实地放样而定。

10. 预埋铁件做二度红丹，外露铁件均做镀锌烤漆处理。油漆、涂料均先做样板，面砖颜色选料均须与设计单位商量。

11. 水落管采用 PVC 管，管径 100mm。

12. 窗台低于 900 的外窗均加护窗栏杆，未注明护窗栏杆的均参见苏 J9601。

13. 本说明未尽事宜均按国家现行建筑施工安装验收规范执行。

14. 铝合金玻璃幕墙应选择有相应设计、生产、施工资质的单位进行设计、制作、安装。

15. 每个房间放置 $D=75$ 空调孔，位置见平面图，孔底离楼面 1900mm，每个客厅放置 $D=75$ 空调孔，位置见平面图，孔底离楼面 200mm，孔中心距离墙轴线 180mm。

七、墙体：

1. 外墙、内墙未注明者均采用 200 厚。

2. 女儿墙为 200 厚砖墙，钢筋混凝土压顶。

八、厨房、卫生间均选用 A—1 通风管道，见苏 J19—2004 图集。上下水管道安装时不得将通风道挡住。

九、所有配电箱均暗装，位置和尺寸见电气图，施工时与电气专业配合留洞。

十、阳台由甲方自行封闭,栏板高度 1050mm。

十一、选用图集:

《施工说明》(苏 J9501);

《屋面建筑构造》(苏 J9503);

《阳台》(苏 J9504);

《楼梯》(苏 J9505);

《零星建筑配件》(苏 J9507);

《室外工程》(苏 J9508);

《铝合金门窗图集》(苏 J9601);

《木门窗图集》(03J601-2);

《烟气道图集》(苏 J19-2004);

《保温屋面构造》(苏 J9801);

《地下工程防水图集》(苏 J02-2003)。

十二、执行国家现行的施工安装和验收规范,各工种应密切配合,发现问题及时与设计人员联系,未经图纸会审不得进行施工。

十三、东、西、南窗洞口均做活动垂直遮阳,由用户自理。

表 5.1 建筑标高

1#	室内地坪±0.000 相当于黄海标高 10.300m
2#	室内地坪±0.000 相当于黄海标高 10.400m
3#	室内地坪±0.000 相当于黄海标高 10.100m
4#	室内地坪±0.000 相当于黄海标高 9.800m
5#	室内地坪±0.000 相当于黄海标高 9.500m
6#	室内地坪±0.000 相当于黄海标高 10.400m
7#	室内地坪±0.000 相当于黄海标高 9.800m

某别墅的图纸目录见表 5.2。

表 5.2 图纸目录

×××建筑设计院	设计编号		04—65	
	工程名称		某别墅	
(建 筑 结 构)图　纸　目　录				

序号	图纸名称	图号	标准图纸量	张　数		备注
				本设计	其他设计	
01	图纸目录　门窗表	建施-01	A2 加长			
02	设计说明　施工说明	建施-02	A2 加长			

×××建筑设计院	设计编号	04—65
	工程名称	某别墅

(建筑结构)图　纸　目　录

序号	图纸名称	图号	标准图纸量	张数		备注
				本设计	其他设计	
03	一层平面图　二层平面图	建施-03	A2			
04	隔层平面图	建施-04	A2			
05	屋顶平面图　厨、卫大样图	建施-05	A2			
06	立面图	建施-06	A2			
07	1—1　2—2 剖面	建施-07	A2			
08	3—3　4—4 剖面	建施-08	A2			
09	5—5　6—6 剖面	建施-09	A2			
10	墙身大样图	建施-10	A2			
11	墙身大样图	建施-11	A2			
12	节点大样图	建施-12	A2			
13	楼梯大样图及节点大样	建施-13	A2			
14	结构设计说明	结施-01	A2			
15	基础平面布置图	结施-02	A2			
16	二层结构平面图	结施-03	A2			
17	隔层结构平面图	结施-04	A2			
18	屋顶结构平面图	结施-05	A2			
19	梁配筋图	结施-06	A2			
20	楼梯配筋图	结施-07	A2			

说明：

5.3.2　绘制门窗表

(1)设置文字样式,依次设置字体。

(2)选择表格样式命令,弹出"表格样式"对话框,单击"修改"按钮,选择单元样式和文字样式。

(3)绘制矩形,插入表格,编辑表格,插入文字并进行编辑。

完成的门窗表样式见表 5.3。

表 5.3　门窗表

编　号	洞口尺寸（宽×高）(mm×mm)	樘数合计	底层	夹层	二层	三层	四层	隔层	备　　注
M—1	1200×2100	1	1						钢质防盗门
M—2	900×2100	1	1						钢质防盗门
FJM—1	2600×2000	1	1						防火卷帘门（乙级）
C—1	3900×2850	1	1						详见建施-01
C—2	600×2850	3	3						详见建施-01
C—3	2400×1950	1	1						详见建施-01
C—4	1200×1950	1	1						详见建施-01
C—5	1800×1150	1	1						详见建施-01
C—6	1800×1150	2	2						详见建施-01
C—7	1800×2550	1	1						详见建施-01
C—8	900×2850	2		2					详见建施-01
C—9	600×1650	6		6					详见建施-01
C—10	1200×1650	3		3					详见建施-01
C—11	1800×1650	2		2					详见建施-01
C—12	1800×1750	1			1				详见建施-01
C—13	900×1550	1			1				详见建施-01

 本模块小结

　　立面图的绘制主要包括外轮廓的绘制以及内部图形的绘制，同样也主要使用轴线和辅助线进行定位。立面图中很少采用多线命令，主要使用直线、多段线、偏移等命令。立面图的绘制难度取决于立面图装饰的程度以及立面窗和门的复杂程度。

 综合训练

　　绘制本书附录四中提供的①～⑨立面图、⑨～①立面图及Ⓚ～Ⓐ立面图。

　　绘图提示：

　　(1)设置新增图层。

　　(2)仅保留平面图中与立面相关的线。

　　(3)绘制轴线及其他纵向定位辅助线，使用多线或偏移命令绘制 C—1 窗。

　　(4)根据横向和纵向辅助线绘制立面外轮廓线，使用圆弧命令绘制 M—1 门。

　　(5)绘制门窗及细部。

　　(6)绘制建筑细部。

　　(7)立面材料填充。

　　(8)文字和尺寸标注。

模块 6　建筑剖面图及大样详图

 教学目标

1. 掌握建筑剖面图的绘制要求；
2. 掌握绘图环境的设置方法以及建筑剖面图的绘制过程；
3. 掌握大样详图的绘制方法。

项目 6.1　建筑剖面图概述

建筑剖面图是用来表示建筑物竖向的构造方式，主要可以表现建筑内部垂直方向的高度、楼层的分层、垂直空间的利用以及建筑的结构形式和构造方式。建筑剖面图、建筑平面图和建筑立面图都是建筑制图中不可缺少的组成部分。

6.1.1　建筑剖面图的定义

假想用一个或多个垂直于外墙轴线的铅垂剖切面，将房屋剖开，沿剖切方向进行平行投影得到的平面图，称为建筑剖面图，简称剖面图。剖面图用以表示房屋内部的结构或构造形式、分层情况和各部位的联系、材料及其高度等。

剖面图的数量是根据房屋的具体情况和施工实际需要而决定的。剖切面一般沿横向剖，即平行于侧面，必要时也可沿纵向剖，即平行于正面。其位置应选择在能反映出房屋内部构造比较复杂与典型的部位，并应通过门窗洞的位置。若为多层房屋，应选择在楼梯间或层高不同、层数不同的部位。剖面图的图名应与平面图上所标注剖切符号的编号一致，如 1—1 剖面图、2—2 剖面图等。

剖面图中的断面及其材料图例，粉刷面层和楼、地面面层线的表示原则及方法与平面图的处理相同。

6.1.2　建筑剖面图的绘制内容

建筑剖面图通常包括以下内容：

（1）图名、比例。

（2）墙、柱及其定位轴线。

（3）室内底层地面、地坑、地沟、各层楼面、顶棚、屋顶（包括檐口、女儿墙、隔热层或保温层、天窗、烟囱、水池等）、门、窗、楼梯、阳台、雨篷、留洞、墙裙、踢脚板、防潮层、室外地面、散水、排水沟及其他装修等剖切到或能见到的内容。

（4）楼、地面各层构造一般可用引出线说明。引出线指向所说明的部位，并按其构造的层次顺序，逐层加以文字说明。若另画有详图，或已有"构造说明一览表"时，在剖面图中可用索引符号引出说明(如果是后者,习惯上不作任何标注)。

(5)标出各部位完成面的标高和高度方向尺寸。

①标高内容。室内外地面、各层楼面与楼梯平台、檐口或女儿墙顶面、高出屋面的水池顶面、烟囱顶面、楼梯间顶面、电梯间顶面等处的标高。

②高度尺寸内容。

外部尺寸:门、窗洞口(包括洞口上部和窗台)高度,层间高度及总高度(室外地面至檐口或女儿墙顶)。有时,后两部分尺寸可不标注。

内部尺寸:地坑深度和隔断、搁板、平台、墙裙及室内门、窗等的高度。剖面图中的标高及尺寸应与立面图和平面图相一致。

(6)标出的索引符号及必要的文字说明。

6.1.3　建筑剖面图的绘制要求

(1)图名和比例。建筑剖面图的图名必须与底层平面图中剖切符号的编号一致,如:1—1剖面图。建筑剖面图的比例与平面图、立面图一致,采用 1∶50、1∶100、1∶200 等较小比例绘制。

(2)所绘制的建筑剖面图与建筑平面图、建筑立面图之间应符合投影关系,即长对正、宽相等、高平齐。读图时,也应将三图联系起来。

(3)图线。凡是剖到的墙、板、梁等构件的轮廓线用粗实线表示,没有剖到的其他构件的投影线用细实线表示。

(4)图例。由于绘图比例较小,剖面图中的门窗等构配件应采用国家标准规定的图例表示。

为了清楚地表达建筑各部分的材料及构造层次,当剖面图的比例大于 1∶50 时,应在剖到的构配件断面上画出其材料图例;当剖面图的比例小于 1∶50 时,则不画材料图例,而用简化的材料图例表示其构件断面的材料,如钢筋混凝土的梁、板可在断面处涂黑,以区别于砖墙和其他材料。

(5)尺寸标注与其他标注。剖面图中应标出必要的尺寸。

外墙的竖向标注三道尺寸,最里面一道为细部尺寸,标注门窗洞及洞间墙的高度尺寸;中间一道为层高尺寸;最外一道为总高尺寸。此外,还应标注某些局部的尺寸,如内墙上门窗洞的高度尺寸,窗台的高度尺寸,以及一些不需绘制详图的构件尺寸,如栏杆扶手的高度尺寸、雨篷的挑出尺寸等。

建筑剖面图中需标注高程的部位有室内外地面、楼面、楼梯平台面、檐口顶面、门窗洞口等。剖面图内部的各层楼板、梁底面也需标注高程。

建筑剖面图的水平方向应标注墙、柱的轴线编号及轴线间距。

(6)详图索引符号。由于剖面图比例较小,某些部位如墙脚、窗台、楼地面、顶棚等节点不能详细表达,可在剖面图上的该部位处画上详图索引符号,另用详图表示其细部构造。索引符号的表示方法如图 6.1 所示。楼地面、顶棚、墙体内外装修也可用多层构造引出线的方法说明。

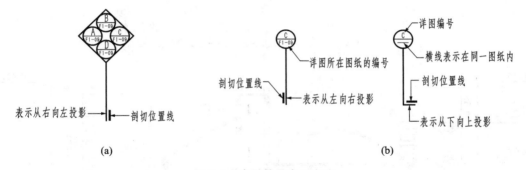

图 6.1　索引符号表示方法

(a)多个详图的表示法;(b)单个详图的表示法

6.1.4　建筑剖面图的绘制步骤

(1)绘制建筑物的室内地坪线和室外地坪线、各个定位轴线以及各层的楼面、屋面,并根据轴线绘出所有的墙体断面轮廓以及尚未切到的墙体轮廓。

(2)绘出剖面门窗洞口位置、楼梯平台、女儿墙、檐口以及其他所有可见轮廓线。

(3)绘制各种梁(如门窗洞口上方的横向过梁、被剖切的承重梁、可见的但未被剖切的主次梁)的轮廓和具体的断面图形。

(4)绘出楼梯、室内外的固定设备、室外的台阶、阳台以及其他可以看到的一切细节。

(5)标注必要的尺寸及建筑物各个楼层地面、屋面平台面的标高。

(6)添加详细的索引符号及必要的文字说明。

(7)加图框和标题,并打印输出。

项目 6.2　建筑剖面图的绘制

本节以模块 4 一层平面图(图 4.3)中所需绘制的 1—1 剖面图为例(图 6.2),介绍建筑剖面图的绘制方法。由于前面的章节已经详细介绍了轴线、墙体、门窗等图形的画法,本节不再重复,只介绍主要步骤。

6.2.1　绘图环境设置

由于建筑剖面图是以建筑平面图和建筑立面图为基础生成的,所以,建筑剖面图的绘图环境、图层和标注样式的设置可参考建筑立面图进行设置。

快速简单的方法是直接将模块 5 的建筑正立面图打开,按绘制建筑剖面图的需要添加适当图层,本例中需添加"楼板"图层,复制轴线①~⑧。然后另存为本任务的建筑立面图文件,图层设置如图 6.3 所示。

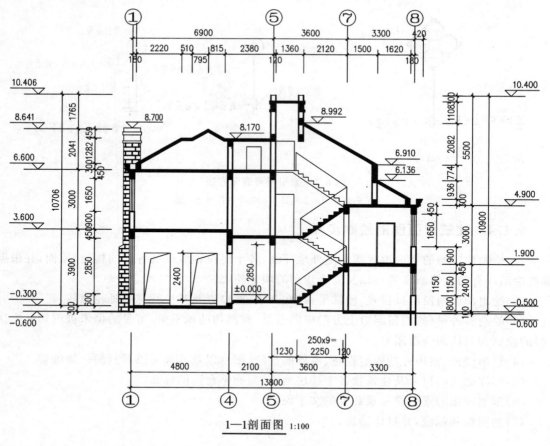

1—1剖面图 1:100

图 6.2　1—1 剖面图

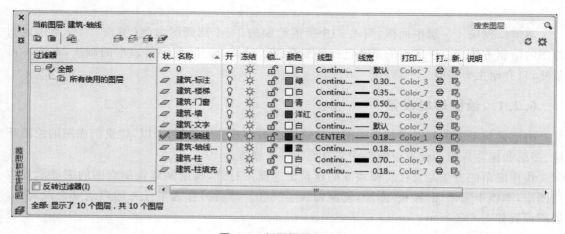

图 6.3　剖面图图层设置

6.2.2　绘制轴线、轴线编号

绘制轴线及轴线标号,绘制结果如图 6.4 所示。

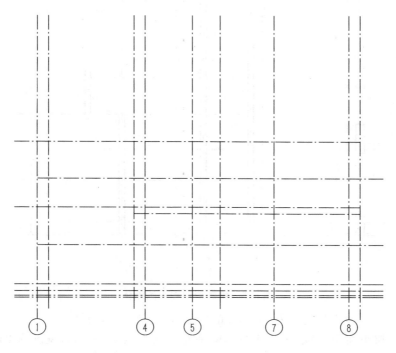

图 6.4　剖面图轴线

因绘制剖面图使用的命令与绘制平面图、立面图相同,已经在前面的课程中学习过,故仅列出简要绘制步骤如下:

(1)沿水平方向绘制长 16300mm 的轴线,依次向上偏移 100mm,200mm,300mm,2500mm,3900mm,4200mm,5500mm,6200mm。

(2)沿竖直方向绘制长 13500mm 的轴线,依次向右偏移 500mm,4300mm,4800mm,6900mm,8100mm,10500mm,13800mm,14220mm。

(3)根据需要标出轴号。

提示:一层和二层不同部位标高不同,绘制轴线时结合平面图能够更方便地确定其位置。

6.2.3　绘制墙体

按照图 6.2 标注的尺寸,结合一层、二层、隔层平面图,Ⓐ~Ⓚ轴、⑨~①轴立面图,确定墙宽、窗高等尺寸(图 6.5)。

简要绘图步骤:

(1)沿轴线①、⑧绘制宽度为 370mm 的墙体,留出高度分别为 2850mm、1650mm、1150mm、1650mm 的四个窗洞。

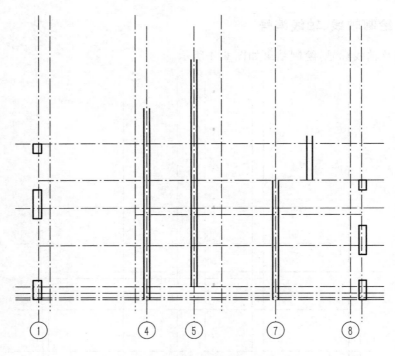

图 6.5   绘制剖面图中的墙体

(2)沿④、⑤、⑦轴绘制宽度为 240mm 的墙体,注意墙体的高度。

(3)结合隔层平面图,确定图 6.4 所示隔墙距轴线⑦为 1500mm,宽度为 240mm,高度为 2010mm。隔墙示意图见图 6.6。

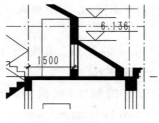

图 6.6   隔墙示意图

6.2.4   绘制楼板与楼梯

按照图 6.2 标注的尺寸,结合平面图、立面图和大样详图,画出楼板、屋顶、楼梯,如图 6.7 所示。

简要绘图步骤:

(1)沿标高轴线绘制厚 100mm 的楼板,梁高 450mm。

(2)参考大样详图,绘制屋顶楼板、挑檐。

(3)加粗剖切到的墙体轮廓。

(4)绘制 250mm×9 的楼梯,填充剖切面。

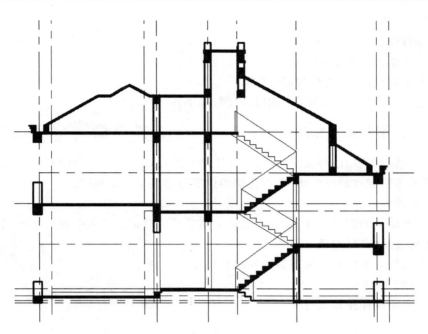

图 6.7　绘制剖面图中的楼板、楼梯

6.2.5　开门洞与窗洞及绘制门窗

按照图 6.2 所示尺寸,结合门窗表及各层平面图、立面图绘制出门窗(图 6.8)。

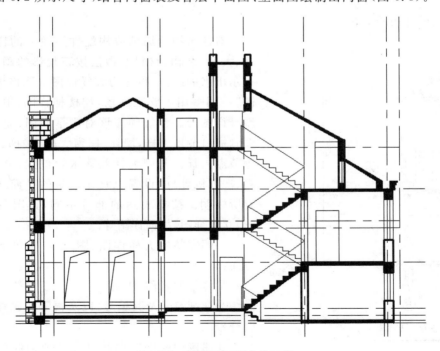

图 6.8　绘制剖面图中的门窗

简要绘图步骤：

(1)沿轴线绘制剖切到的窗体。

(2)参照立面图绘制烟囱。

(3)参考平面图、立面图绘制 C—3 窗。

(4)参考平面图绘制门,隔层上的门高度与梁平齐。

6.2.6　文字和尺寸标注

按图 6.2 所示内容,注写文字、尺寸。文字高度的设定与建筑立面图相同。标高符号和轴线编号只需插入已制作的属性块,缩放比例的设定与建筑立面图相同。

简要绘图步骤：

(1)标注外墙上的细部尺寸、层高尺寸和总高尺寸应对标注样式中的尺寸线、箭头、文字选项卡进行相应设置(参见附录 2)。

(2)标注轴线间距的尺寸和前后墙间的总尺寸。

(3)标注细部尺寸。

(4)注写文字及标注相关符号。

项目 6.3　大样详图的绘制

6.3.1　绘制外墙轮廓大样

(1)大样详图的概念

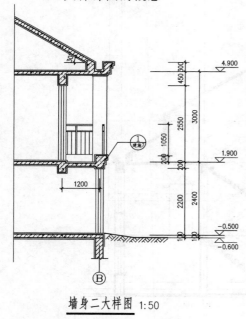

墙身二大样图 1:50

图 6.9　墙体大样详图(一)

对建筑物的局部或构配件用较大的比例将其形状、大小、结构、材料及做法按正投影的画法,详细地表示出来的图样,称之为大样详图。严格地讲,"大样图"一词多用于施工现场,如楼梯详图、卫生间详图、墙身详图等。建筑师应该对应平面图、立面图、剖面图画檐口节点大样,墙体、门窗大样,楼梯、厨厕、阳台等节点大样。基础大样及落水管位置、电器(如电冰箱、洗衣机等)的设置也宜在建筑的平面或大样图中有所标明。按要表达的部分不同,详图分为平面详图、立面详图、剖面详图等。

一幅完整的大样详图(图 6.9)应包括以下几个方面：

①详细的名称、比例。

②详细符号及其编号,以及再需另画详图时的索引符号。

③建筑构配件的形状以及其他构配件的详细构造、层次、有关的详细尺寸和材料图例等。

④各部位、各个层次的用料、做法、颜色以及施工要求等。

⑤定位轴线、编号及其标高。

在绘制建筑详图时，剖切面的材料一般用图例表示，图例见表 6.1。进行图案填充时填充区域必须为封闭的。

表 6.1　材料图例

材料名称	图案代号	图例	材料名称	图案代号	图例
墙身剖面	ANSI31		绿化地带	GRASS	
砖墙面	AR-BRELM		草地	SWAMP	
玻璃	AR-RROOF		钢筋混凝土	ANSI31＋AR-CONC	
混凝土	AR-CONC		多孔材料	ANSI37	
夯实土壤	AR-HBONE		灰、砂土	AR-SAND	
石头坡面	GRAVEL		文化石	AR-RSHKE	

（2）大样详图的绘制

墙身详图也叫墙身大样图，实际上是建筑剖面图的有关部位的局部放大图。它主要表达墙身与地面、楼面、屋面的构造连接情况以及檐口、门窗顶、窗台、勒脚、防潮层、散水、明沟的尺寸、材料、做法等构造情况，是砌墙、室内外装修、门窗安装、编制施工预算以及材料估算等的重要依据。有时在外墙详图上引出分层构造，注明楼地面、屋顶等的构造情况，而在建筑剖面图中省略不标。

外墙剖面详图往往在窗洞口断开，因此，在门窗洞口处出现双折断线（该部位图形高度变小，但标注的窗洞竖向尺寸不变），成为几个节点详图的组合。在多层房屋中，若各层的构造情况一样时，可只画墙脚、檐口和中间层（含门窗洞口）三个节点，按上下位置整体排列。有时墙身详图不以整体形式布置，而把各个节点详图分别单独绘制，也称为墙身节点详图。

在附录 4 中的二层平面图中，轴线⑦部位引出详图索引符号，绘制了的墙身大样详图（图 6.10），由于墙身大样详

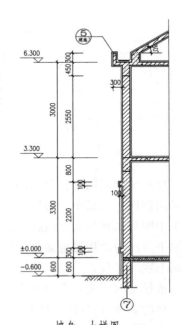

墙身一大样图　1:50

图 6.10　墙身大样图（二）

图的绘制方法与剖面图类似,在此就不赘述,仅列出主要步骤:

①绘图环境设置。

②绘制定位轴线。

③绘制轮廓线。

④图案填充。

⑤标注文字及尺寸。

6.3.2　绘制楼梯详图

楼梯详图主要表示楼梯的类型和结构形式。楼梯是由楼梯段、休息平台、栏杆或栏板组成。楼梯详图主要表示楼梯的类型、结构形式、各部位的尺寸及装修做法等,是楼梯施工放样的主要依据。

楼梯详图一般分为建筑详图与结构详图,应分别绘制并编入建筑施工图和结构施工图中。对于一些构造和装修较简单的现浇钢筋混凝土楼梯,其建筑详图与结构详图可合并绘制,编入建筑施工图或结构施工图。楼梯的建筑详图一般有楼梯平面图、楼梯剖面图以及踏步和栏杆等节点详图。

(1)楼梯平面图

楼梯平面图实际上是在建筑平面图中楼梯间部分的局部放大图,如图 6.11 所示。

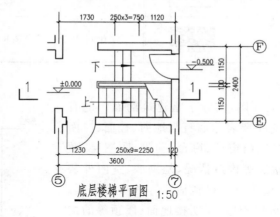

图 6.11　楼梯平面图

楼梯平面图通常要分别画出底层楼梯平面图、顶层楼梯平面图及中间各层的楼梯平面图,参见附图四。如果中间各层的楼梯位置、楼梯数量、踏步数、梯段长度都完全相同时,可以只画一个中间层楼梯平面图,这种相同的中间层的楼梯平面图称为标准层楼梯平面图。在标准层楼梯平面图中的楼层地面和休息平台上应标注出各层楼面及平台面相应的标高,其次序应由下而上逐一注写。

楼梯平面图主要表明梯段的长度和宽度、上行或下行的方向、踏步数和踏面宽度、楼梯休息平台的宽度、栏杆扶手的位置以及其他一些平面形状。

楼梯平面图中,楼梯段被水平剖切后,其剖切线是水平线,而各级踏步也是水平线,为了避免混淆,剖切处规定画 45°折断符号,首层楼梯平面图中的 45°折断符号应以楼梯平台板与梯段的分界处为起始点画出,使第一梯段的长度保持完整。

楼梯平面图中,梯段的上行或下行方向是以各层楼地面为基准标注的。向上者称为上行,向下者称为下行,并用长线箭头和文字在梯段上注明上行、下行的方向及踏步总数。

在楼梯平面图中,除注明楼梯间的开间和进深尺寸、楼地面和平台面的尺寸及标高外,还需注出各细部的详细尺寸。通常用踏步数与踏步宽度的乘积来表示梯段的长度。通常各层楼梯平面图画在同一张图纸内,并互相对齐,这样既便于阅读,又可避免标注一些重复的尺寸。

(2)楼梯剖面图

楼梯剖面图实际上是在建筑剖面图中楼梯间部分的局部放大图,如图 6.12 所示。

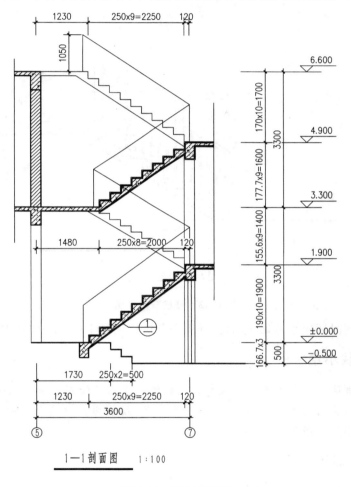

1—1剖面图　　1:100

图 6.12　楼梯剖面图

楼梯剖面图能清楚地注明各层楼(地)面的标高,楼梯段的高度,踏步的宽度、高度和级数,以及楼地面、楼梯平台、墙身、栏杆、栏板等的构造做法及其相对位置。

表示楼梯剖面图的剖切位置的剖切符号应在底层楼梯平面图中画出。剖切平面一般应通过第一跑,并位于能剖到门窗洞口的位置上,剖切后向未剖到的梯段进行投影。

在多层建筑中,若中间层楼梯完全相同时,楼梯剖面图可只画出底层、中间层、顶层的楼梯剖面,在中间层处用折断线符号分开,并在中间层的楼面和楼梯平台面上注写适用于其他中间层楼面的标高。若楼梯间的屋面构造做法没有特殊之处,一般不再画出。

在楼梯剖面图中,应标注楼梯间的进深尺寸及轴线编号,各梯段栏杆、栏板的高度尺寸,楼地面的标高以及楼梯间外墙上门窗洞口的高度尺寸和标高。梯段的高度尺寸可用级数与踢面高度的乘积来表示,应注意的是级数与踏面数相差为1,即踏面数=级数-1。

(3)楼梯节点详图

楼梯节点详图主要是指栏杆详图、扶手详图以及踏步详图。它们分别用索引符号与楼梯平面图或楼梯剖面图联系,如图6.13所示。

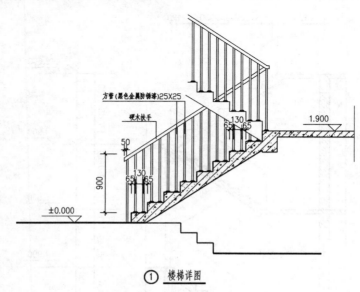

图 6.13　楼梯节点详图

绘制大样详图时还应注意比例问题,详图一般的比例是1:50、1:20、1:10。

🔍 本模块小结

本模块着重讲述了建筑剖面图和大样详图的绘制要求及绘制方法。剖面图和大样详图一般用来表达建筑结构的具体形式和尺寸、用料等细节,绘制时应注意与其他图纸的一致性,合理利用修改工具能够提高作图效率。

🏀 综合训练

绘制附录4中的1—1剖面图和楼梯大样图。

绘图提示:

(1)建立所需图层。

(2)绘制所需轴线。

(3)按照所讲规则绘制1—1剖面图和楼梯大样图。

(4)正确完成尺寸标注。

模块 7 三维建模

 教学目标

1. 掌握使用三维坐标定位空间中的点。
2. 掌握 UCS 及动态 UCS 的使用方法。
3. 掌握利用导航栏工具集在三维空间进行导航。
4. 掌握三维图元的创建方法。
5. 掌握三维实体的常见创建及编辑方法。
6. 掌握三维实体的常见操作方法。
7. 掌握常见三维建筑模型的创建方法。

项目 7.1 世界坐标系和用户坐标系

7.1.1 使用三维坐标

在三维空间中创建对象时,可以使用三维笛卡尔坐标、三维柱坐标或三维球坐标定位点。

7.1.1.1 三维笛卡尔坐标

三维笛卡尔坐标(又称三维直角坐标)通过使用三个坐标值(X、Y 和 Z)来指定精确的位置。

输入三维笛卡尔坐标值 (X,Y,Z) 类似于输入二维坐标值 (X,Y)。除了指定 X 和 Y 值以外,还需要指定 Z 值,其格式为 X,Y,Z。

> 提示:
> 假设动态输入处于关闭状态,即坐标在命令行上输入。在动态输入状态下,默认坐标为相对坐标。如果启用动态输入,可以使用前缀 ♯ 来指定绝对坐标。

在图 7.1 中,坐标值 $(3,2,5)$ 表示一个沿 X 轴正方向 3 个单位,沿 Y 轴正方向 2 个单位,沿 Z 轴正方向 5 个单位的点。

使用默认 Z 值:当以 (X,Y) 格式输入坐标值时,将从上一输入点复制 Z 值。因此,可以按 (X,Y,Z) 格式输入一个坐标值,然后保持 Z 值不变,再使用 (X,Y) 格式输入随后的坐标值。例如,如果输入直线的以下坐标值:

指定第一点:1,7,5

指定下一点或 [放弃(U)]:6,7

直线的两个端点的 Z 值均为 5。当开始或打开任意图形时,Z 的初始默认值大于 0。

使用绝对坐标和相对坐标:使用三维坐标时,可以输入基于原点的绝对坐标值,也可以输入基于上一输入点的相对坐标值。要输入相对坐标值,请使用@符号作为前缀。例如,输入@1,0,0 表示

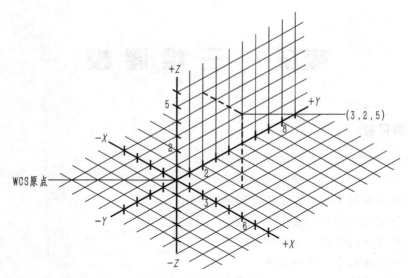

图 7.1　三维笛卡尔坐标

在 X 轴正方向上距离上一点一个单位的点。若在命令行中输入绝对坐标值,无须输入任何前缀。

7.1.1.2　三维柱坐标

三维笛卡尔坐标值(X,Y,Z)的 X 与 Y 的表示方法若用极坐标表示就形成了三维柱坐标(又称三维柱面坐标)。三维柱坐标相当于三维空间中在 XY 平面上的二维极坐标与垂直于 XY 平面的轴上指定另一个坐标。

柱坐标通过定义某点在 XY 平面中距 UCS 原点的距离,在 XY 平面中与 X 轴所成的角度以及 Z 值来定位该点。使用以下格式指定点的坐标:

X〈[与 X 轴所成的角度],Z

在图 7.2 中,坐标(5〈30,6)表示距当前 UCS 的原点 5 个单位、在 XY 平面中与 X 轴成 30°、沿 Z 轴 6 个单位的点。坐标(8〈60,1)表示在 XY 平面中距当前 UCS 的原点 8 个单位、在 XY 平面中与 X 轴成 60°、沿 Z 轴 1 个单位的点。

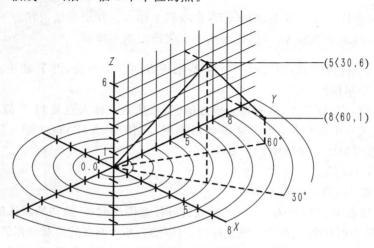

图 7.2　三维柱坐标

从图 7.2 中可以看出，柱坐标 $r\langle\alpha,h$ 表示的点在半径为 r 的柱面上。

7.1.1.3　三维球坐标

三维球坐标（又称球面坐标）：通过指定某个位置距当前 UCS 原点的距离、在 XY 平面中与 X 轴所成的角度以及与 XY 平面所成的角度来指定该位置。

三维中的球坐标输入与二维中的极坐标输入类似。通过指定某点距当前 UCS 原点的距离、与 X 轴所成的角度（在 XY 平面中）以及与 XY 平面所成的角度来定位点，每个角度前面加了一个左尖括号（〈），其格式为：

X〈［与 X 轴所成的角度］〈［与 XY 平面所成的角度］

在图 7.3 中，坐标（8〈30〈30）表示在 XY 平面中距当前 UCS 的原点 8 个单位、在 XY 平面中与 X 轴成 30°以及在 Z 轴正向上与 XY 平面成 30°的点。坐标（5〈45〈15）表示距原点 5 个单位、在 XY 平面中与 X 轴成 45°、在 Z 轴正向上与 XY 平面成 15°的点。

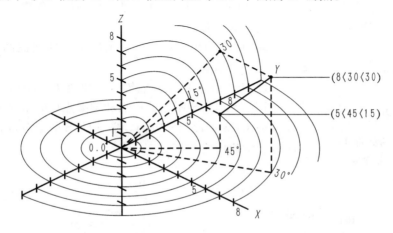

图 7.3　三维球坐标

从图 7.3 中可以看出，球坐标 $r\langle\alpha\langle\beta$ 表示的点在半径为 r 的球面上。

7.1.2　了解世界坐标系和用户坐标系

AutoCAD 中有两个坐标系：一个是被称为世界坐标系（WCS）的固定坐标系；一个是被称为用户坐标系（UCS）的可移动坐标系。WCS 和 UCS 在新图形中最初是重合的。

在三维环境中创建或修改对象时，可以在三维模型空间中移动和重新定向 UCS 以简化工作。UCS 的 XY 平面称为工作平面。

UCS 图标在确定正轴方向和旋转方向时遵循传统的右手定则。

在三维坐标系中，如果已知 X 和 Y 轴的方向，可以使用右手定则确定 Z 轴的正方向。将右手手背靠近屏幕放置，大拇指指向 X 轴的正方向，如图 7.4(a) 所示，伸出食指和中指，食指指向 Y 轴的正方向。中指所指示的方向即 Z 轴的正方向。通过旋转手，可以看到 X、Y 和 Z 轴如何随着 UCS 的改变而旋转。

还可以使用右手定则确定三维空间中绕坐标轴旋转的默认正方向。将右手拇指指向轴的正方向，卷曲其余四指。右手四指所指示的方向即轴的正旋转方向［图 7.4(b)］。

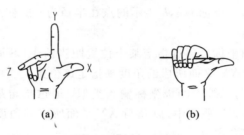

图 7.4　应用右手定则

图 7.5　UCS 图标的鼠标
右键单击快捷菜单

可以通过单击 UCS 图标并使用其夹点或使用 UCS 命令来更改当前 UCS 的位置和方向。使用"ucsicon"命令可以显示 UCS 图标的选项。

UCS 用于输入坐标、在二维工作平面上创建三维对象以及在三维环境中旋转对象。

移动和旋转 UCS 对于二维工作是一项便捷的功能,对于三维工作是一项基本功能。

通过 UCS 图标的鼠标右键单击快捷菜单(图 7.5)、鼠标悬停菜单(图 7.6)、UCS 图标的原点和轴夹点(图 7.7)或 UCS 命令,可以移动 UCS 的原点和方向。控制 UCS 的原点位置与坐标轴的方向是三维建模的基础。

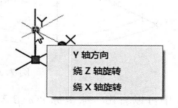

图 7.6　UCS 图标的鼠标悬停菜单

图 7.7　UCS 原点和轴夹点

【例题 7.1】　(1)使用原点夹点移动 UCS 原点

①单击 UCS 图标。

②单击并拖动方形原点夹点到其新位置。

UCS 原点 $(0,0,0)$ 被重新定义到指定的点处。

提示:要精确放置原点,请使用对象捕捉、栅格捕捉或输入特定的 (X,Y,Z) 坐标。

(2)围绕 X、Y 或 Z 轴旋转 UCS

在 UCS 图标上单击鼠标右键,并单击"旋转轴",单击 X、Y 或 Z 轴。

拖动光标时,UCS 将围绕指定轴正向旋转,也可以指定旋转角度。

提示:将光标悬停在 X、Y 和 Z 轴端点处的夹点上,以访问旋转选项。

(3)使用三点指定新 UCS 方向

①在 UCS 图标上单击鼠标右键,然后单击"三点"选项。

②指定新原点。

③指定新的正 X 轴上的点。

④指定新的 XY 平面上的点。

(4)更改 UCS 的 Z 轴方向

①在 UCS 图标上单击鼠标右键,然后单击 Z 轴。

②指定新的原点 $(0,0,0)$。

③指定位于 Z 轴正半轴上的一点。

(5)将 UCS 与现有三维对象对齐

①单击 UCS 图标,然后单击"移动和对齐"选项。

②在希望将其对齐的对象部分上拖动 UCS 图标。

③单击以放置新的 UCS。

(6)恢复上一个 UCS

在 UCS 图标上单击鼠标右键,然后单击"上一个"选项。

(7)将 UCS 恢复为 WCS 方向

单击 UCS 原点夹点,然后单击"世界"选项。

(8)按名称保存定义的 UCS

①在 UCS 图标上单击鼠标右键,然后单击"命名 UCS"/"保存"。

②输入名称。

提示:最多可以输入 255 个字符,包括字母、数字和特殊字符,如美元符号($)、连字符(-)和下画线(_)。

(9)删除定义的 UCS

①依次单击[视图]选项卡/[坐标]面板/[命名 UCS]。

②在 UCS 对话框的"命名 UCS"选项卡上,选择要删除的 UCS 定义。

③按 Delete 键。

不能删除当前 UCS 或具有默认名称 UNNAMED 的 UCS。

(10)恢复命名的 UCS 定义

在 UCS 图标上单击鼠标右键,单击"命名 UCS"选项,然后单击要恢复的 UCS 定义。

(11)恢复预设的 UCS 方向

①依次单击[视图]选项卡/[坐标]面板 /[命名 UCS]。

②在"UCS"对话框的"正交 UCS"选项卡上,从列表中选择一个 UCS 方向。

③单击"置为当前"按钮。

④单击"确定"按钮。

UCS 改变为选定的选项。

(12)重命名 UCS 的定义

①依次单击[视图]选项卡/[坐标]面板/[命名 UCS]。

②在"UCS"对话框的"命名 UCS"选项卡上,在要重命名的 UCS 定义上单击鼠标右键,然后单击"重命名"按钮。

③输入新的名称。

④单击"确定"按钮。

7.1.3　在实体模型中使用动态 UCS

如果动态 UCS 功能处于启用状态,则可以在光标悬停在三维实体上的平整面、平面网格元素或平面点云线段上方时,动态地对齐 UCS。

在命令执行期间,可以通过在三维实体或点云的平整面上移动光标,而不是使用 UCS 命令来动态对齐 UCS。结束该命令后,UCS 将恢复到其上一个位置和方向。

例如,可以使用动态 UCS 在实体模型的一个角度面上创建长方体,如图 7.8 所示。

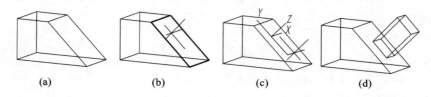

(a)　　　　　　(b)　　　　　　(c)　　　　　　(d)

图 7.8　使用动态 UCS 功能

(a)原图;(b)选定的面;(c)动态 UCS;(d)结果

在图 7.8(a)中,UCS 未与角度面对齐。可以在状态栏上单击"动态 UCS"按钮，或直接按 F6 键打开动态 UCS,而不是重新定位 UCS。

如图 7.8(b)、(c)所示,将指针完全移动到边的上方时,光标将更改为显示动态 UCS 轴的方向。如图 7.8(d)所示,可以轻松地在角度面上创建对象。

> 提示:
>
> (1)动态 UCS 对齐不会检测平整面对象或二维几何图形。
>
> (2)如果动态 UCS 不在状态栏上显示,则可以单击状态栏上的"自定义"按钮并选择"动态 UCS"来显示它。按钮显蓝色,表明"动态 UCS"处于启用状态(默认)。按钮显灰色,表明"动态 UCS"处于禁用状态。

【例题 7.2】　使用动态 UCS 在图 7.9 所示的实体模型的表面上绘制圆。

【解】

①在状态栏上单击"动态 UCS"按钮或按 F6 键,打开动态 UCS;

②定位圆所在的面,捕捉所在的圆心,输入半径或直径画圆;

③重复第②步,完成另外两个圆的绘制。

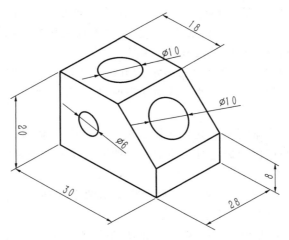

图 7.9　使用动态 UCS

项目 7.2　使用三维查看工具

7.2.1　利用 ViewCube 导航工具

ViewCube 是用户在二维模型空间或三维视觉样式中处理图形时显示的导航工具。通过 ViewCube，用户可以在标准视图和等轴测视图之间切换。ViewCube 工具将在视图更改时提供有关模型当前视点的直观反映。

（1）利用 ViewCube 切换视图

当光标放置在 ViewCube 工具上时，它将变为活动状态。用户可以通过拖动或单击 ViewCube 来切换至可用预设视图之一、滚动当前视图或更改为模型的主视图。ViewCube 工具的默认位置在当前视图的右上角，样子如图 7.10 所示。

图 7.10　ViewCube 工具

ViewCube 提供 26 个已定义部分，按类别分为三组：角（8 个）、边（12 条）和面（6 个），用户可以单击这些部分来更改模型的当前视图。每一个角代表基于模型三个侧面所定义的视点，可以将模型的当前视图重定向为四分之三视图。每条边可以基于模型的两个侧面，将模型的视图重定向为半视图。每个面分别代表模型的标准正交视图：上、下、前、后、左、右。

指南针显示在 ViewCube 下方，用于指示为模型定义的北向。可以单击指南针上的基本方向字母以旋转模型，也可以单击并拖动指南针环以交互方式围绕轴心点旋转模型。

　　用户还可以单击并拖动 ViewCube,将模型视图重定向为除 26 个预定义部分之外的自定义视图。如果将 ViewCube 拖动到靠近其中一个预设方向的位置,且设定为捕捉到最近的视图,则 ViewCube 将旋转到最近的预设方向。

　　ViewCube 以不活动状态或活动状态显示。当处于非活动状态时,默认情况下会显示为部分透明,以免遮挡模型的视图。当处于活动状态时,它是不透明的,可能会遮挡模型当前视图中的对象视图。

　　ViewCube 围绕选择集轴心点重定向视图。如果未选择对象,则轴心点位于视图的中心。如果选择了对象,则轴心点位于选定对象的中心。如果选择了多个对象,则轴心点位于选定对象的范围的中心。

　　从一个面视图查看模型时,ViewCube 附近将显示两个滚动箭头按钮。使用滚动箭头可将当前视图围绕视图中心顺时针或逆时针旋转 70°。

　　若在 ViewCube 处于活动状态时从一个面视图查看模型,则四个正交三角形会显示在 ViewCube 附近。可以使用这些三角形切换到其中一个相邻面视图。

　　(2)ViewCube 工具的快捷菜单

　　在 ViewCube 工具上单击鼠标右键,出现图 7.11 所示的快捷菜单。

　　使用 ViewCube 快捷菜单可恢复和更改主视图,在视图投影模式之间切换或访问 ViewCube 设置。

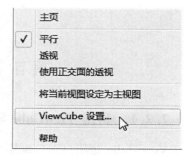

图 7.11　ViewCube 的快捷菜单

　　ViewCube 快捷菜单包含以下选项:

　　①主页:恢复随模型一起保存的主视图。主视图是一种特殊视图,它使用易于返回到已知或熟悉的视图的模型进行存储。可以将模型的任意视图定义为主视图。

> 提示:
> 单击 ViewCube 工具上方的"主视图"按钮🏠也可以将保存的主视图应用于当前视图。

　　②平行:将当前视图切换到平行投影。

　　③透视:将当前视图切换至透视投影。

　　平行投影模式使用户容易处理模型,因为模型的所有边都显示为相同大小,而不管与相机的距离如何。但是平行投影模式并非用户通常在现实世界中观看对象所用的方式,现实世界中的对象是以透视投影呈现的。透视投影具有消失感、距离感,相同大小的形体呈现出有规律的变化等一系列的透视特性,能逼真地反映形体的空间形象。因此,当用户要生成模型的渲染或隐藏线视图时,使用透视投影可以使模型看起来更真实。如图 7.12 所示,显示了同一个模型在平行投影和透视投影中的不同表现方式(两者都基于相同的观察方向)。

　　透视投影和平行投影之间的差别是:透视投影取决于理论相机和目标点之间的距离。较小的距离产生明显的透视效果,较大的距离产生轻微的透视效果。

　　在透视效果关闭或在其位置定义新视图之前,透视图将一直保持其效果。

　　④使用正交面的透视:将当前视图切换至透视投影(除非当前视图与 ViewCube 工具上定义的面视图对齐)。

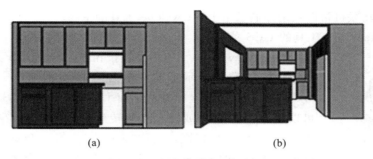

(a)　　　　　　　　　　　　　　　　(b)

图 7.12　平行投影与透视投影

(a)平行投影；(b)透视投影

⑤将当前视图设定为主视图：根据当前视图定义模型的主视图。为模型定义一个主视图，以便可以在使用导航工具时恢复熟悉的视图。

提示：

通过以下步骤也可以将当前视图设定为主视图：

(1)在绘图区域中单击鼠标右键，然后选择"选项"。

(2)在"打开和保存"选项卡的"文件保存"下，单击"缩略图预览设置"。

(3)单击"将当前视图设定为主视图"，然后单击"确定"按钮退出对话框。

⑥ViewCube 设置：单击弹出对话框，从中可以设置其位置、大小、处于非活动状态时的不透明度级别、UCS 菜单的显示、指南针显示等，如图 7.13 所示。

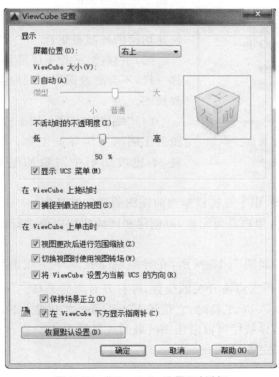

图 7.13　"ViewCube 设置"对话框

⑦帮助：启动联机帮助系统并显示用于 ViewCube 工具的主题。

（3）利用 ViewCube 工具的 UCS 菜单

图 7.14　UCS 菜单

单击 ViewCube 下方的下拉按钮⯆，弹出 UCS 菜单，如图 7.14 所示。UCS 菜单显示了模型中当前 UCS 的名称。通过菜单上的 WCS 项目，可以将坐标系从当前 UCS 切换为 WCS。通过新 UCS，可以基于一个、两个或三个点旋转当前 UCS，从而定义新 UCS。单击"新 UCS"时，将以默认名称"未命名"定义一个新 UCS。若要以名称保存新定义的 UCS，请使用 UCS 命令中的"命名"选项。

用户可以使用当前 UCS 或 WCS 设置 ViewCube 方向。通过将 ViewCube 设置为当前 UCS 的方向，用户可了解建模的方向。用于控制 ViewCube 方向的设置在"ViewCube 设置"对话框中进行。

7.2.2　利用导航栏

导航栏是一组导航工具集，在当前绘图区域的一个边上方沿该边浮动。

通过单击导航栏上的按钮之一或单击按钮旁边的下拉按钮⯆并在下拉列表中选择某个工具，可以启动导航工具集，如图 7.15 所示。

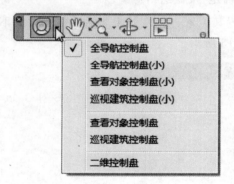

图 7.15　导航工具集

导航栏中提供以下导航工具：

（1）ViewCube：指示模型的当前方向，并用于重定向模型的当前视图。

（2）SteeringWheels◎：用于在专用导航工具之间快速切换的控制盘集合。

（3）平移🖑：平行于屏幕移动视图。与使用相机平移一样，不会更改图形中的对象位置或比例，而只是更改视图。

（4）"缩放"工具🔍：用于放大或缩小模型的当前视图的比例的一组导航工具。类似于使用相机进行缩放，不更改图形中对象的绝对大小，只改变视图的比例。

（5）动态观察工具✥：用于旋转模型当前视图的导航工具集。

（6）ShowMotion📷：用户界面元素，可创建和回放快照以便进行设计查看、演示和书签样式导航的屏幕显示。

导航栏可进行定制，如图 7.16 所示，在导航栏下拉菜单中点击导航工具前对应的开关✓，可关闭对应的工具；再次点击开关的位置，可打开对应的工具。

导航栏链接到 ViewCube 工具时，它位于 ViewCube 之上或之下，并且方向为竖直。当没有链接到 ViewCube 时，导航栏可以沿绘图区域的一条边自由对齐。重新定位导航栏时须拖动图 7.17 所示的手柄来完成。

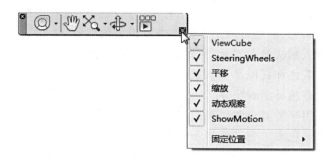

图 7.16　定制导航栏

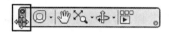

图 7.17　重新定位导航栏

提示：导航栏必须断开与 ViewCube 的链接才能独立放置。

7.2.3　使用视觉样式

（1）视觉样式控制边、光源和着色的显示：可通过更改视觉样式的特性控制其效果。应用视觉样式或更改其设置时，关联的视口会自动更新以反映这些更改。

（2）视觉样式管理器将显示图形中可用的所有样式。选定样式的设置将显示在样例图像下方的面板中。

（3）在功能区中可以更改某些常用视觉样式设置（图 7.18），或打开视觉样式管理器进行设置。

图 7.18　可用的视觉样式

AutoCAD 2016 提供以下预定义的视觉样式：

①二维线框：通过使用直线和曲线表示边界的方式显示对象。

②概念:使用平滑着色和古氏面样式显示对象。古氏面样式在冷暖颜色而不是明暗效果之间转换,效果缺乏真实感,但是可以更方便地查看模型的细节。

③隐藏:使用线框表示法显示对象,而隐藏表示背面的线。

④真实:使用平滑着色和材质显示对象。

⑤着色:使用平滑着色显示对象。

⑥带边缘着色:使用平滑着色和可见边显示对象。

⑦灰度:使用平滑着色和单色灰度显示对象。

⑧勾画:使用线延伸和抖动边修改器显示手绘效果的对象。

⑨线框:通过使用直线和曲线表示边界的方式显示对象。

⑩X 射线:以局部透明度显示对象。

图 7.19 显示了四种不同的视觉样式,从中可看到不同的图形显示效果。

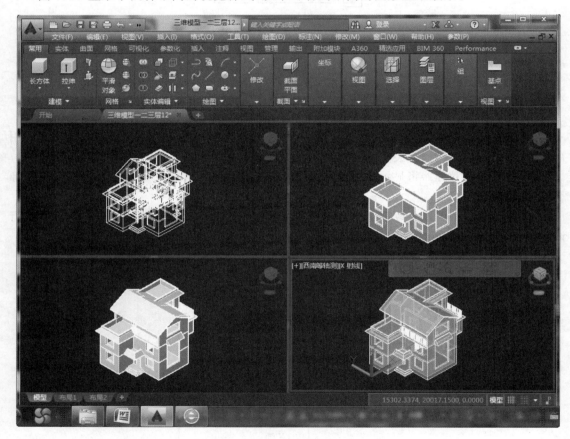

图 7.19 四种不同的视觉样式

在着色视觉样式中,当四处移动模型时,面由跟随视点的两个平行光源照亮。该默认光源被设计为照亮模型中的所有面,以便从视觉上可以辨别这些面。仅在其他光源(包括阳光)关闭时,才能使用默认光源。

在 AutoCAD 2016 中,可以随时选择一种视觉样式并更改其设置,这些更改反映在应用该视觉样式的视口中,对当前视觉样式所做的任何更改都将保存在图形中。

项目 7.3　创建三维实体

AutoCAD 三维建模分为实体建模、曲面建模和网格建模三类。

实体模型表示三维对象的体积,并且具有特性,如质量、重心和惯性矩。可以从图元实体(例如圆锥体、长方体、圆柱体和棱锥体)或通过拉伸、旋转、扫掠或放样闭合的二维对象来创建三维实体。还可以使用布尔运算(例如并集、差集和交集)组合三维实体。

曲面模型是不具有质量或体积的薄壳。可以使用某些用于实体模型的相同工具来创建曲面模型:例如扫掠、放样、拉伸和旋转。还可以通过对其他曲面进行过渡、修补、偏移、创建圆角和延伸来创建曲面。

网格模型由多边形(包括三角形和四边形)来定义三维形状的顶点、边和面的组成。与实体模型不同,网格没有质量特性。但是,与三维实体一样,用户可以使用 AutoCAD 来创建长方体、圆锥体和棱锥体等图元网格形状。可以通过不适用于三维实体或曲面的方法来修改网格模型,例如锐化、分割以及提高平滑度。可以拖动网格子对象(面、边和顶点)建立对象的形状。

使用网格模型时可使用隐藏、着色和渲染实体模型的功能,而无须使用质量和惯性矩等物理特性。

7.3.1　创建三维实体图元

三维的基本实体造型是指长方体、圆锥体、圆柱体、球体、圆环体、楔体、多段体和棱锥体,这些实体造型称为实体图元。

7.3.1.1　创建实体长方体

单击【常用】选项卡/【建模】面板/长方体 或执行"box"命令,可以创建实体长方体或实体立方体。

创建实体长方体或实心立方体时,始终将长方体或实心立方体的底面与当前 UCS 的 XY 平面(工作平面)平行,如图 7.20 所示。

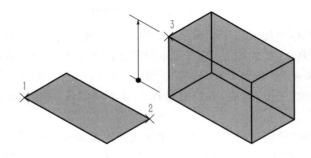

图 7.20　创建实体长方体

如果在创建长方体时使用了"立方体"或"长度"选项,则还可以在单击以指定长度时指定长方体在 XY 平面中的旋转角度。

还可以使用"中心点"选项创建使用指定中心点的长方体。

7.3.1.2　创建实体楔体

单击【常用】选项卡/【建模】面板/楔体⬙或执行"wedge"命令,可以创建实体楔体。将楔体绘制为底面与当前 UCS 的 XY 平面平行,斜面正对第一个角点,楔体的高度与 Z 轴平行,如图 7.21 所示。

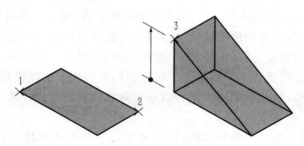

图 7.21　创建实体楔体

如果在创建楔体时使用了"立方体"或"长度"选项,则还可以在单击以指定长度时指定楔体在 XY 平面中的旋转角度。

还可以使用"中心点"选项创建使用指定中心点的楔体。

7.3.1.3　创建实体圆锥体

单击【常用】选项卡/【建模】面板/圆锥体⬙或执行"cone"命令,可以以圆或椭圆为底面、将底面逐渐缩小到一点来创建实体圆锥体,也可以通过将底面逐渐缩小到与原底面平行的圆或椭圆平面来创建圆台,如图 7.22 所示。

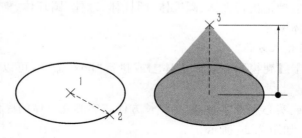

图 7.22　创建实体圆锥体

默认情况下,圆锥体的底面位于当前 UCS 的 XY 平面上。圆锥体的高度与 Z 轴平行。

可以使用"cone"命令的"轴端点"选项确定圆锥体的高度和方向。轴端点是圆锥体的顶点或顶面的中心点(如果使用"顶面半径"选项)。轴端点可以位于三维空间的任意位置。

使用"cone"命令的"三点"选项,可以通过在三维空间的任意位置指定三个点来定义圆锥体的底面。

使用"cone"命令的"顶面半径"选项来创建从底面逐渐缩小到椭圆或平整面的圆台。

要创建需要特定角度来定义边的圆锥体,应先绘制一个二维圆,然后使用"extrude"命令和"倾斜角"选项使圆沿 Z 轴按一定角度逐渐缩小形成锥体。但是,使用此方法创建的实体为拉伸实体,而不是真正的实体圆锥体图元。

7.3.1.4　创建实体圆柱体

单击【常用】选项卡/【建模】面板/圆柱体⬜或执行"cylinder"命令,可以创建以圆或椭圆为底面的实体圆柱体。如图 7.23 所示,使用圆心 1、半径上的点 2 和表示高度的点 3 创建了圆柱体。

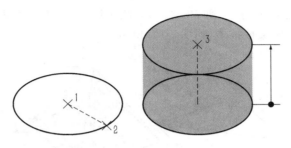

图 7.23　创建实体圆柱体

可以使用"cylinder"命令的"轴端点"选项确定圆柱体的高度和方向。轴端点是圆柱体顶面的中心点。轴端点可以位于三维空间的任意位置。

使用"cylinder"命令的"三点"选项,可以通过在三维空间的任意位置指定三个点来定义圆柱体的底面。

要构造具有特定细节的圆柱体(例如沿其侧向有凹槽),请先使用"pline"命令创建闭合的圆柱体底面的二维轮廓,然后使用"extrude"命令沿 Z 轴定义其高度。但是,使用此方法创建的实体为拉伸实体,而不是真正的实体圆柱体图元。

7.3.1.5　创建实体球体

单击【常用】选项卡/【建模】面板/球体🔵或执行"sphere"命令,可以创建实体球体。指定中心点后,放置球体使其中心轴平行于当前用户坐标系(UCS)的 Z 轴。如图 7.24 所示,通过指定圆心和半径上的点创建球体。

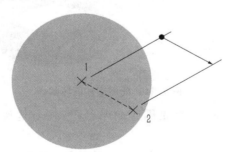

图 7.24　创建实体球体

也可以使用"sphere"命令中的以下任意一个选项定义球体:

"三点":通过在三维空间的任意位置指定三个点来定义球体的圆周。这三个指定点还定义了圆周平面。

"两点":通过在三维空间的任意位置指定两个点来定义球体的圆周。圆周平面由第一个点的 Z 值定义。

"相切、相切、半径"：定义具有指定半径，且与两个对象相切的球体。指定的切点投影在当前 UCS 上。

7.3.1.6　创建实体棱锥体

单击【常用】选项卡/【建模】面板/棱锥体△或执行"pyramid"命令，可以创建实体棱锥体。可以定义棱锥体的侧面数（介于 3 到 32 之间）。默认情况下，使用基点的中心、边的中点和可确定高度的另一个点来定义棱锥体，如图 7.25 所示。

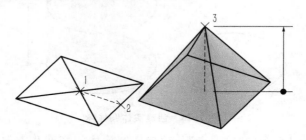

图 7.25　创建实体棱锥体

可以使用"pyramid"命令的"轴端点"选项指定棱锥体轴的端点位置。该端点是棱锥体的顶点或顶面中心点（如果使用"顶面半径"选项）。轴端点可以位于三维空间的任意位置。轴端点定义了棱锥体的长度和方向。

可以使用"顶面半径"选项创建棱台，其顶面逐渐缩小到一个与底面边数相同的平整面。

7.3.1.7　创建实体圆环体

单击【常用】选项卡/【建模】面板/圆环体◎或执行"torus"命令，可以通过指定圆环体的圆心、半径或直径以及围绕圆环体的圆管的半径或直径创建圆环体，如图 7.26 所示。

图 7.26　创建实体圆环体

圆环体由两个半径值定义：一个是圆管的半径；另一个是从圆环体中心到圆管中心的距离。

使用"torus"命令的"三点"选项，可以通过在三维空间的任意位置指定三个点来定义圆环体的圆周。

实际应用中，可以将圆环体绘制为与当前 UCS 的 XY 平面平行，且被该平面平分（如果使用"torus"命令的"三点"选项，此结果可能不正确）。

圆环可能是自交的。自交的圆环没有中心孔，因为圆管半径比圆环半径的绝对值大。

7.3.1.8　创建多段体

单击【常用】选项卡/【建模】面板/多段体┓或执行"polysolid"命令，可以创建具有固定高度和宽度的直线段和曲线段的多段体。用户也可以将现有直线、二维多段线、圆弧或圆转换为多段体。如图 7.27 所示,创建具有固定高度和宽度的多段体。

可以使用以下选项控制创建的多段体的大小和形状:

创建圆弧式段:使用"圆弧"选项为多段体添加曲线段。具有曲线段的多段体的轮廓与路径保持垂直。

从二维对象创建多段体:使用"对象"选项将诸如多段线、圆、直线或圆弧等对象转换为多段体。

闭合第一个点与最后一个点之间的间隙:使用"闭合"选项创建相连的线段。

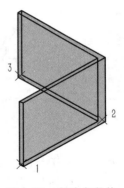

图 7.27 创建多段体

设定高度和宽度:"高度"和"宽度"选项分别设置多段体的高度和宽度。

设定与指定点相关的对象的绘制位置:使用"对正"选项将多段体的路径置于指定点右侧、左侧或正中间。

7.3.2 由二维对象生成曲面和三维实体

可通过对二维几何图形进行拉伸、扫掠、放样和旋转来构造曲面和三维实体。拉伸、扫掠、放样和旋转开放曲线总是创建曲面。拉伸、扫掠、放样和旋转闭合曲线时,若将"模式"选项设定为"实体",则创建实体;若将"模式"选项设定为"曲面",则创建曲面。

7.3.2.1 拉伸

单击【实体】选项卡/【实体】面板"拉伸"按钮 或执行"extrude"命令,可以创建拉伸曲线形状的实体或曲面。开放曲线可创建曲面,而闭合曲线可创建实体或曲面。图 7.28 所示为通过将闭合曲线拉伸到三维空间创建三维实体。

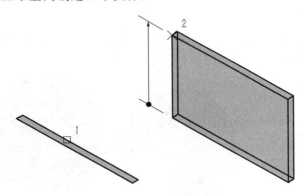

图 7.28 创建拉伸实体

拉伸对象时,可以指定以下任意一个选项:

①模式:设定拉伸是创建曲面还是实体。

②指定拉伸路径:使用"路径"选项,可以通过指定要作为拉伸的轮廓路径或形状路径的对象来创建实体或曲面,如图 7.29 所示。拉伸对象始于轮廓所在的平面,止于在路径端点处与路径垂直的平面。要获得最佳结果,请使用对象捕捉确保路径位于被拉伸对象的边界上或边界内。

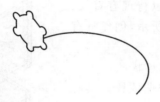

图 7.29　通过拉伸路径创建实体

　　拉伸不同于扫掠。沿路径拉伸轮廓时,轮廓会按照路径的形状进行拉伸,即使路径与轮廓不相交。扫掠通常可以实现更好的控制,并能获得更出色的结果。

　　③倾斜角:在定义要求成一定倾斜角的零件方面,倾斜拉伸非常有用,例如定义铸造车间用来制造金属产品的铸模,如图 7.30 所示。

　　④方向:通过"方向"选项,可以指定两个点以设定拉伸的长度和方向。如图 7.31 所示,以直线的下端点到上端点为拉伸的长度和方向。

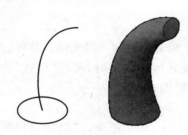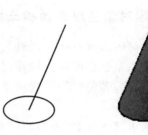

图 7.30　带倾斜角的路径拉伸　　　　　　　图 7.31　设定拉伸的长度和方向

　　⑤表达式:输入数学表达式可以约束拉伸的高度。

7.3.2.2　旋转

　　单击【实体】选项卡/【实体】面板/"旋转"按钮　或执行"revolve"命令,可以通过绕轴旋转曲线来创建三维对象,如图 7.32 所示。

图 7.32　通过绕轴旋转 270°、360°来创建三维对象

　　无论曲线是开放还是闭合,当"模式"选项设置为"曲面"时,将创建曲面;如果"模式"设置为"实体"将创建实体。创建实体时,只能使用 360°的旋转角度。

　　旋转选项如下:

　　①模式:设定旋转是创建曲面还是实体。

②起点角度:为旋转指定距旋转的对象所在平面的偏移。

③反转:更改旋转方向。

④表达式:输入公式或方程式来指定旋转角度。此选项仅在创建关联曲面时才可用。

7.3.2.3　扫掠

单击【实体】选项卡/【实体】面板/"扫掠"按钮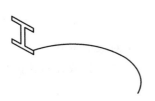或执行"sweep"命令,可以通过沿路径扫掠轮廓来创建三维实体或曲面,如图 7.33 所示。

"sweep"命令通过沿指定路径延伸轮廓形状(被扫掠的对象)来创建实体或曲面。沿路径扫掠轮廓时,轮廓将被移动并与路径垂直对齐。开放轮廓可创建曲面,而闭合轮廓可创建实体或曲面。

图 7.33　通过沿路径扫掠轮廓来创建三维实体或曲面

在实际应用中,可以沿路径扫掠多个轮廓对象。

扫掠对象时,可以指定以下任意一个选项:

①模式:设定扫掠是创建曲面还是实体。

②对齐:如果轮廓与扫掠路径不在同一平面上,请指定轮廓与扫掠路径对齐的方式。

③基点:在轮廓上指定基点,以便沿轮廓进行扫掠。

④比例:指定从开始扫掠到结束扫掠将更改对象大小的值。输入数学表达式可以约束对象缩放。

⑤扭曲:通过输入扭曲角度,对象可以沿轮廓长度进行旋转。输入数学表达式可以约束对象的扭曲角度。

7.3.2.4　放样

单击【实体】选项卡/【实体】面板/"放样"按钮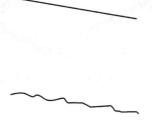或执行"loft"命令,可以在若干横截面之间的空间中创建三维实体或曲面。

通过在包含两个或更多横截面轮廓的一组轮廓中对轮廓进行放样来创建三维实体或曲面,如图 7.34 所示。横截面轮廓可定义所生成的实体对象的形状,应注意必须至少指定两个横截面。

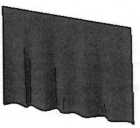

图 7.34　放样的窗帘

横截面轮廓可以是开放曲线或闭合曲线。开放的横截面创建曲面,闭合的横截面创建实体或曲面(具体取决于指定的模式),如图 7.35 所示。

图 7.35　放样创建的实体与曲面

放样选项:

①模式:设定放样是创建曲面还是实体。

②横截面轮廓:选择一系列横截面轮廓以定义新三维对象的形状。

创建放样对象时,可以通过指定轮廓穿过横截面的方式调整放样对象的形状(例如尖锐或平滑的曲线)。也可以放样后在"特性"选项板中修改设置。

③路径:为放样操作指定路径,以更好地控制放样对象的形状。为获得最佳结果,路径曲线应始于第一个横截面所在的平面,止于最后一个横截面所在的平面。

④导向曲线:指定导向曲线,以与相应横截面上的点相匹配。此方法可防止出现意外结果,例如结果三维对象中出现皱褶。每条导向曲线必须与每个横截面相交,且始于第一个横截面,止于最后一个横截面。

【例题 7.3】　绘制三维窗模型。

【解】

(1)用直线或多段线绘制图 7.36 所示的图形。

(2)使用 "region"命令把三个矩形创建成三个面域。

(3)单击【常用】选项卡/【实体编辑】面板/"差集"按钮◎◎或执行"subtract"命令,从外侧的大矩形区域中删除内侧的两个小矩形区域。

(4)单击【实体】选项卡/【实体】面板/"拉伸"按钮🗓或执行"extrude"命令,拉伸出窗框实体,如图 7.37 所示。

图 7.36　绘制的窗轮廓

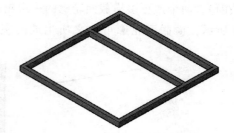

图 7.37　拉伸出窗框实体

(5)绘制图 7.38 所示的两个矩形,参照上述(2)~(4)步骤,创建一侧的窗扇,如图 7.39 所示。

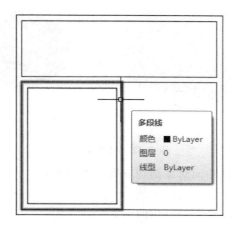

图 7.38　绘制窗扇的轮廓

（6）用"copy"命令复制出另一窗扇，如图 7.40 所示。

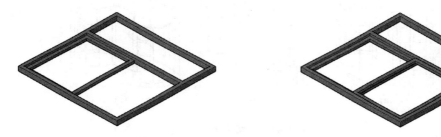

图 7.39　拉伸出窗扇实体　　　　　　　　　　　　**图 7.40　复制另一窗扇**

（7）利用"box"命令，结合捕捉，绘制出玻璃，并移动到合适的位置，如图 7.41 所示。

图 7.41　绘制窗玻璃

项目 7.4　三维实体的编辑

7.4.1　剖切

单击【常用】选项卡/【实体编辑】面板/"剖切"按钮或执行"slice"命令，可以通过剖切或分割现有对象，修改三维实体和曲面，如图 7.42 所示。

使用"slice"命令剖切三维实体或曲面时，必须指定剪切平面或选择某个曲面。

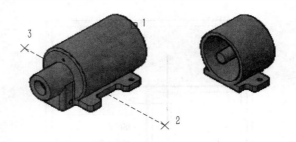

图 7.42　剖切实体

①可以使用指定的平面和曲面对象剖切三维实体对象；

②仅可以通过指定的平面剖切曲面对象；

③不能直接剖切网格或将其用作剖切曲面。

可以保留剖切对象的一半，或两半均保留，如图 7.43 所示。

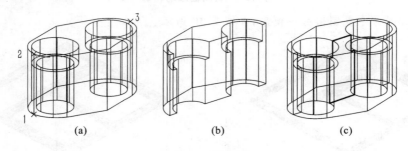

(a)　　　　　　　　　　(b)　　　　　　　　　　(c)

图 7.43　剖切实体

(a)指定用于定义剖切平面的三个点；(b)保留对象的一半；(c)两半都保留

　　剖切对象将保留原始对象的图层和颜色特性，但是生成的实体或曲面对象不会保留原始对象的历史记录。

7.4.2　加厚

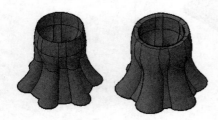

图 7.44　加厚曲面

　　单击【常用】选项卡/【实体编辑】面板 /"加厚"按钮 或执行"thicken"命令，可以以指定的厚度将曲面转换为三维实体，如图 7.44 所示。

　　创建复杂的三维曲线式实体的一种有用方法是：首先创建一个曲面，然后通过加厚将其转换为三维实体。如果选择要加厚某个网格面，则可以先将该网格对象转换为实体或曲面，然后再完成此操作。

命令行将显示以下提示：

要加厚的曲面：　　　　　　　　　　　// 指定要加厚成为实体的一个或多个曲面

厚度：　　　　　　　　　　　　　　　// 设定加厚对象的厚度或高度

7.4.3　压印

单击【实体】选项卡/【实体编辑】面板/"压印"按钮 或执行"imprint"命令，可以压印三维实体或曲面上的二维几何图形,从而在平面上创建其他边,如图 7.45 所示。

图 7.45 实体表面压印二维几何图形

位于某个面上的二维几何图形或三维几何实体与某个面相交获得的形状,可以与这个面合并,从而创建其他边。这些边可以提供视觉效果,并可进行压缩或拉长以创建缩进和拉伸。

为了使压印操作成功,被压印的对象必须与选定对象的一个或多个面相交。"压印"选项仅限于以下对象执行:圆弧、圆、直线、二维和三维多段线、椭圆、样条曲线、面域、体和三维实体。

命令行将显示以下提示:

选择三维实体或曲面:　　　　　　　　　　　//指定要进行压印的三维实体或曲面对象
选择要压印的对象:　　　　　　　　　　　　//指定与选定三维对象相交的对象
是否删除源对象:　　　　　　　　　　　　　//指定是否要删除形状用作压印轮廓的对象

通过压印其他对象(例如圆弧和圆),将面分割到三维实体和曲面上的其他镶嵌面。

使用"imprint"命令,可以通过压印与某个面重叠的共面对象向三维实体添加新的镶嵌面。压印提供可用来重塑三维对象的形状的其他边。

压印时可以删除或保留原始对象。

7.4.4 干涉

单击【常用】选项卡/【实体编辑】面板/"干涉"按钮 或执行"interfere"命令,可以通过两组选定三维实体之间的干涉创建临时三维实体。

干涉通过相交部分的临时三维实体亮显表示,如图 7.46 所示。也可以选择保留重叠部分。

图 7.46 干涉的临时三维实体亮显

命令行将显示以下提示:

第一组对象:　　　　//指定要检查的一组对象。如果不选择第二组对象,则会在此选
　　　　　　　　　　择集中的所有对象之间进行检查
第二组对象:　　　　//指定要与第一组对象进行比较的其他对象集。如果同一个对
　　　　　　　　　　象选择两次,则该对象将作为第一个选择集的一部分进行处理

检查：　　　　　　　　　　　　　　　　　　//为两组对象启动干涉检查
检查第一组对象：　　　　　　　　　　　　//仅为第一个选择集启动干涉检查
嵌套选择：　　　　　　　　　　　　//使用户可以访问嵌套在块和外部参照中的单个实体对象
选择嵌套对象：　　　　　　　　　　　//指定要将哪个嵌套对象包括到选择集中
退出：　　　　　　　　　　　　　　//恢复法线对象选择(而非嵌套对象)
设置：　　　　　　　　　　　　　　　　//显示"干涉设置"对话框

7.4.5　实体边的操作

(1)圆角边

单击【实体】选项卡/【实体编辑】面板/"圆角边"按钮 或执行"rilletedge"命令,可以选择多条边,输入圆角半径值或单击并拖动圆角夹点,为实体对象的边制作圆角,如图 7.47 所示。

(2)倒角边

单击【实体】选项卡/【实体编辑】面板/"倒角边"按钮 或执行"chamferedge"命令,可以同时选择属于相同面的多条边,输入倒角距离值,或单击并拖动倒角夹点,为三维实体边和曲面边建立倒角,如图 7.48 所示。

图 7.47　圆角边

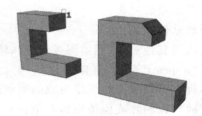

图 7.48　倒角边

7.4.6　实体面的操作

(1)倾斜面

单击【实体】选项卡/【实体编辑】面板/"倾斜面"按钮 或执行"solidedit"命令("倾斜"选项),可以以指定的角度倾斜三维实体上的面,如图 7.49 所示。倾斜角的旋转方向由选择基点和第二点(沿选定矢量)的顺序决定。默认角度为 0°,可以垂直于平面拉伸面。选择集中所有选定的面将倾斜相同的角度。

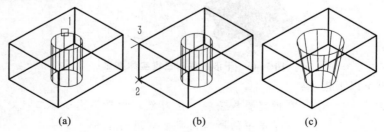

图 7.49　倾斜三维实体上的面

(a)选定面;(b)选定基点(第 2 点)和第 3 点;(c)倾斜 10°的面

（2）拉伸面

单击【实体】选项卡/【实体编辑】面板/"拉伸面"按钮📱或执行"solidedit"命令（"拉伸"选项），可以按高度拉伸。拉伸高度输入正值，则沿面的法向拉伸；输入负值，则沿面的反法向拉伸。拉伸的倾斜角度若为正角度，将往里倾斜选定的面；若为负角度则往外倾斜选定的面，如图 7.50 所示。默认角度为 0°，可以垂直于平面拉伸面。

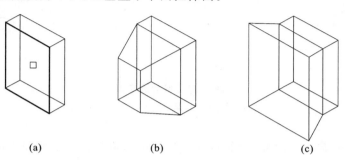

图 7.50 拉伸面

(a)选定面；(b)正角度拉伸面；(c)负角度拉伸面

也可以按路径拉伸，以指定的直线或曲线来设置拉伸路径。所有选定面的轮廓将沿此路径拉伸，如图 7.51 所示。

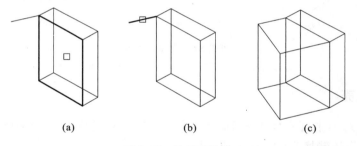

图 7.51 按路径拉伸

(a)选定面；(b)选定路径；(c)拉伸面

（3）偏移面

单击【实体】选项卡/【实体编辑】面板/"偏移面"按钮🔲或执行"solidedit"命令（"偏移"选项），可以按指定的距离，将面均匀地偏移，如图 7.52 所示。偏移距离为正值会增大实体的大小或体积，负值会减小实体的大小或体积。

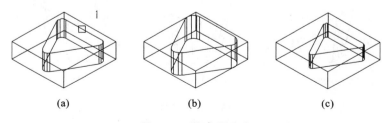

图 7.52 偏移面示意

(a)选定面；(b)面偏移距离＝1；(c)面偏移距离＝－1

（4）移动面

执行"solidedit"命令（"移动"选项），可以沿指定的高度或距离移动选定的三维实体对象的面，如图 7.53 所示。

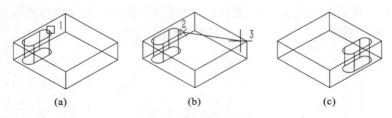

图 7.53　移动选定面
（a）选定面；（b）选定基点和第二点；（c）移动面

（5）旋转面

执行"solidedit"命令（"旋转"选项），可以绕指定的轴旋转一个或多个面或实体的某些部分，如图 7.54 所示。

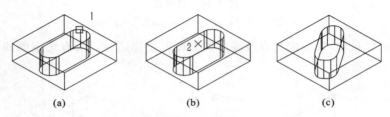

图 7.54　旋转选定面
（a）选定面；（b）选定旋转点；（c）与 Z 轴成 35°旋转的面

7.4.7　抽壳

单击【实体】选项卡/【实体编辑】面板/"抽壳"按钮▣或执行"solidedit"命令（"抽壳"选项），可以将三维实体转换为中空薄壁或壳体。

将实体对象转换为壳体时，可以通过将现有面朝其原始位置的内部或外部偏移来创建新面。指定抽壳偏移距离时，正偏移值沿面的正方向创建壳壁，负偏移值沿面的负方向创建壳壁，如图 7.55 所示。

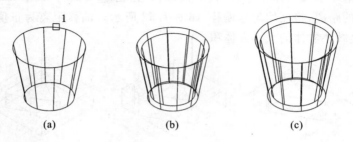

图 7.55　抽壳
（a）选定面；（b）抽壳偏移值＝0.5；（c）抽壳偏移值＝−0.5

连续相切面处于偏移状态时，可以将其看作一个面。

7.4.8　分割

单击【常用】选项卡/【实体编辑】面板/"分割"按钮🔳或执行"solidedit"命令（"分割实体"选项），可以将一个不相连的体（有时称为块）分割为几个独立的三维实体对象，如图 7.56所示。

使用并集操作组合离散的实体对象时可导致生成不连续的体。并集或差集操作时可导致生成一个由多个不相连的体组成的三维实体。使用"分割"命令可以将这些体分割为独立的三维实体。

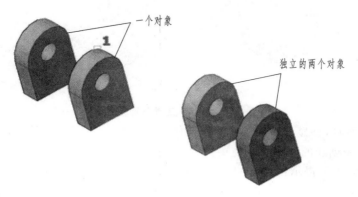

图 7.56　分割实体

> 提示：分割实体并不分割形成单一体积的 Boolean 对象。

7.4.9　截面

单击【常用】选项卡/【截面】面板/"截面平面"按钮◪或执行"sectionplane"命令，可以通过三维对象创建剪切平面的方式创建截面对象，如图 7.57 所示。截面平面对象可创建三维实体、曲面、网格和点云的截面。使用带有截面平面对象的活动截面分析模型，将截面另存为块，以便在布局中使用并从点云提取二维几何图形。

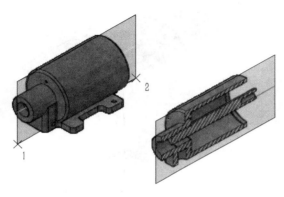

图 7.57　截面平面

7.4.10　活动截面

单击【常用】选项卡/【截面】面板/"活动截面"按钮◢或执行"livesection"命令,打开选定截面对象的活动截面,如图 7.58 所示。

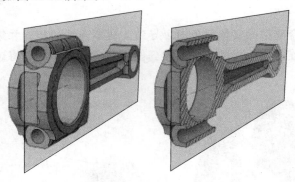

图 7.58　活动截面

打开活动截面时,将显示与截面对象相交的三维对象的横截面。活动截面仅可以与使用 "sectionplane"命令创建的对象一起使用。

命令行将显示以下提示:

选择截面对象:　　　　　　　　　　　　　　　　　　　//打开选定截面对象的活动截面

活动截面是用于在三维实体、曲面或面域中查看剪切几何体的分析工具。可以通过在对象中移动截面对象来使用活动截面分析模型。例如,在引擎部件中滑动截面对象可以帮助用户看到其内部部件。可以使用此方法创建可保存或重复使用的横截面视图。

7.4.11　添加弯折

单击【常用】选项卡/【截面】面板/"添加折弯"按钮◪ 或执行"sectionplanejog"命令,将折弯线段添加至截面对象,如图 7.59 所示。

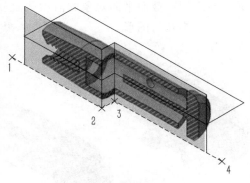

图 7.59　添加折弯

命令行将显示以下提示:

选择截面对象:　　　　　　　　　　　　　　　　　　　　　　//指定要修改的截面线

截面线上要添加折弯的点:　　　　　　　　　　　　　　　　　　//指定折弯的位置

可以创建具有多条线段（折弯）的截面平面，还可以将折弯添加到现有截面平面。

添加到现有截面对象的折弯将创建一个垂直于选定线段的线段，其视点的方向为方向夹点设定的方向。"最近点"对象捕捉会被临时打开，以帮助将折弯放置到截面上。

不能将折弯添加到截面对象的侧面线或背面线。

添加折弯后，可以通过拖动截面对象夹点来重新放置折弯截面和调整其大小。

7.4.12　使用夹点编辑三维实体和曲面的大小和形状

使用夹点可以更改三维实体和曲面的大小和形状，操作方法取决于对象的类型以及创建该对象使用的方法。

（1）网格对象

这种对象仅显示中心夹点，但可以使用三维移动小控件、三维旋转小控件或三维缩放小控件编辑网格对象。

（2）图元实体和多段体

这种对象可以拖动夹点以更改图元实体和多段体的形状和大小。例如，可以更改圆锥体的高度和底面半径，而不丢失圆锥体的整体形状。拖动顶面半径夹点可以将圆锥体变换为具有平顶面的圆台，如图 7.60 所示。

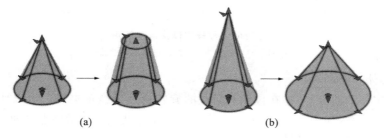

(a)　　　　　　　　　　　　　　　(b)

图 7.60　图元实体夹点的使用

（a）变换为圆台；（b）更改高度和底面半径

（3）拉伸实体和曲面

这种对象是通过拉伸二维对象创建的三维实体和曲面。选定拉伸实体和曲面时，将在其轮廓上显示夹点。轮廓是指用于定义拉伸实体或曲面的形状的原始轮廓。拖动轮廓夹点可以修改对象的整体形状。如果拉伸是沿扫掠路径创建的，则可以使用夹点来操作该路径。如果路径未使用，则可以使用拉伸实体或曲面顶部的夹点来修改对象的高度。

（4）扫掠实体和曲面

选定扫掠实体和曲面时，将在扫掠截面轮廓以及扫掠路径上显示夹点。可以拖动这些夹点以修改实体或曲面，如图 7.61 所示。在轮廓上单击并拖动夹点时，所作更改将被约束到轮廓曲线的平面上。

（5）放样实体和曲面

根据放样实体和曲面的创建方式，放样实体或曲面在其定义的横截面或路径上显示夹点，拖动夹点可以修改实体或曲面，如图 7.62 所示。如果沿路径放样对象，则只能编辑第一个和最后一个横截面之间的路径部分。用户不能使用夹点来修改使用导向曲线创建的放样实体或曲面。

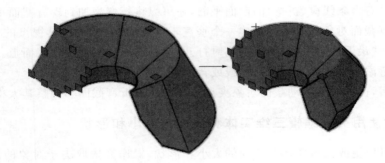

图 7.61　扫掠实体夹点的使用

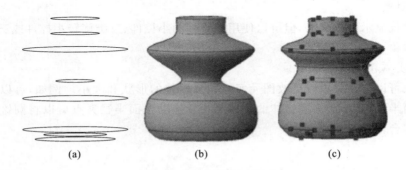

图 7.62　放样实体夹点的使用

(a)横截面;(b)放样实体;(c)修改过横截面的放样实体

(6)旋转实体和曲面

　　选定旋转实体和曲面时,将在位于其起点的旋转轮廓上显示夹点。可以使用这些夹点来修改曲面的实体轮廓,如图 7.63 所示。在旋转轴的端点处也将显示夹点。通过将夹点拖动到其他位置,可以重新定位旋转轴。

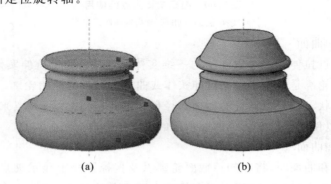

图 7.63　旋转实体夹点的使用

(a)旋转曲面;(b)修改轮廓后的旋转曲面

项目 7.5 三维实体的操作

7.5.1 布尔操作

通过合并、减去或找出两个或两个以上三维实体、曲面或面域的相交部分来创建复合三维对象的过程称作布尔操作。

复合实体是使用以下任意命令从两个或两个以上实体、曲面或面域中创建的：union、subtract 和 intersect。

三维实体将保存如何创建这些实体的历史记录。该历史记录允许用户查阅组成复合实体的原始形状。

创建复合对象（复合实体、曲面或面域）的方法有以下三种：

(1)并集：将两个或多个三维实体、曲面或二维面域合并为一个复合三维实体、曲面或面域。

依次单击【常用】选项卡/【实体编辑】面板/"并集"按钮◉或执行"union"命令，可以合并两个或两个以上对象的总体积或总面积，如图 7.64 和图 7.65 所示。

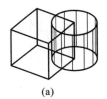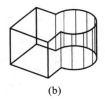

（a） （b）

图 7.64 实体的并集

(a)使用"union"命令之前的实体；(b)使用"union"命令之后的实体

（a） （b）

图 7.65 面域的并集

(a)使用"union"命令之前的面域；(b)使用"union"命令之后的面域

(2)差集：通过从一个对象减去与另一个对象的重叠面域或三维实体来创建新对象。

依次单击【常用】选项卡/【实体编辑】面板/"差集"按钮◉或执行"subtract"命令，可以从一组对象中删除与另一组对象的公共部分或区域，如图 7.66、图 7.67 所示。

(3)交集：通过重叠实体、曲面或面域创建三维实体、曲面或二维面域。

依次单击【常用】选项卡/【实体编辑】面板/"交集"按钮◉或执行"intersect"命令，可以从两个或两个以上重叠对象的公共部分或区域创建复合对象，如图 7.68 和图 7.69 所示。"intersect"命令用于删除非重叠部分，以及从剩余部分中创建复合对象。

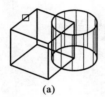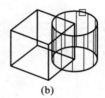

(a)　　　　　　　　(b)　　　　　　　　(c)

图 7.66　实体的差集

(a)选取要从中减去对象的实体;(b)选取要减去的实体;(c)使用"subtract"命令后的实体

(a)　　　　　　　　(b)　　　　　　　　(c)

图 7.67　面域的差集

(a)选取要从中减去面积的面域;(b)选取要减去的面域;(c)使用"subtract"命令后的面域

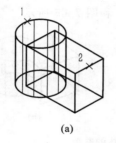

(a)　　　　　　　　　　　　(b)

图 7.68　实体的交集

(a)选取相交对象;(b)使用"intersect"命令后的实体

(a)　　　　　　　　　　　　(b)

图 7.69　面域的交集

(a)使用"intersect"命令之前的面域;(b)使用"intersect"命令之后的面域

除从相同对象类型创建复合对象外,也可以从混合曲面和实体创建复合对象。

混合交集:实体和曲面相交可生成曲面。

混合差集:从曲面减去三维实体会生成曲面。但是,无法从三维实体对象中减去曲面。

混合并集:无法在三维实体和曲面对象之间创建并集。

不能将实体与网格对象合并,但可以将网格对象转换为三维实体,再与实体合并。如果混合对象的选择集包含面域,则将忽略面域。

提示：

面域是具有物理特性(如质心)的二维封闭区域。可以使用【常用】选项卡/【绘图】面板/"面域"按钮，选择对象(这些对象必须各自形成闭合区域,例如圆或闭合多段线)以创建面域。也可以使用【常用】选项卡/【绘图】面板/"边界"按钮，在"边界创建"对话框的"对象类型"列表中,选择"面域",单击"拾取点",在图形中每个要定义为面域的闭合区域内指定一点并按 Enter 键,定义带边界的面域。面域可以进行布尔运算。

7.5.2　三维移动

单击【常用】选项卡/【修改】面板/"三维移动"按钮或执行"3dmove"(三维移动)命令,可以自由移动三维实体模型。

选择要移动的三维对象后,可以通过基点与目标点进行移动,如图 7.70 所示,也可以通过显示出的小控件进行移动。通过小控件可以进行以下两种约束移动。

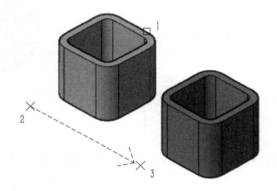

图 7.70　三维移动

(1)沿轴移动

将光标悬停在小控件上的轴控制柄上时,将显示与轴对齐的矢量,且指定轴将变为黄色,单击轴控制柄,则将移动约束到轴上,如图 7.71 所示。

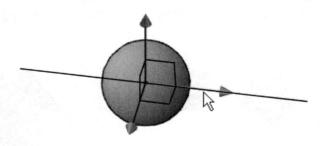

图 7.71　将移动约束到轴上

拖动光标时,选定的对象和子对象将沿约束到的亮显的轴移动,如图 7.72 所示。可以单击或输入值以指定距基点的移动距离,如果输入值,对象将沿光标移动的初始方向移动。

(2)沿平面移动

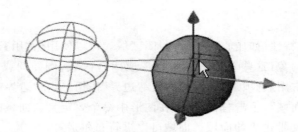

图 7.72　沿轴移动

单击轴之间的矩形区域,矩形变为黄色后,单击该矩形,将移动约束到该平面上,如图 7.73 所示。

拖动光标时,选定的对象和子对象将仅沿亮显的平面移动,如图 7.74 所示。单击或输入值可以指定距基点的移动距离。

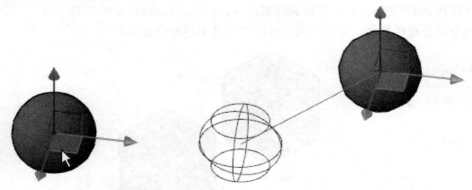

图 7.73　将移动约束到平面上　　　　　　　图 7.74　沿平面移动

7.5.3　三维旋转

单击【常用】选项卡/【修改】面板/"三维旋转"按钮⊕或执行"3drotate"(三维旋转)命令,可以自由地通过三维旋转小控件来旋转选定的三维实体模型。

选择要旋转的对象和子对象后,三维小控件将显示在选择集的中心。指定基点(设定旋转的中心点)以及在三维旋转小控件上指定旋转轴后,可以绕指定轴旋转对象,如图 7.75 所示。

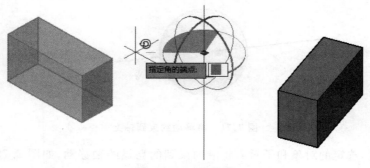

图 7.75　三维旋转

7.5.4　对齐

单击【常用】选项卡/【修改】面板/"对齐"按钮，或执行"align"（对齐）命令，可以在二维和三维空间中将对象与其他对象对齐。

可以指定一对、两对或三对源点和定义点以移动、旋转或倾斜选定的对象，从而将它们与其他对象上的点对齐，如图 7.76 所示。

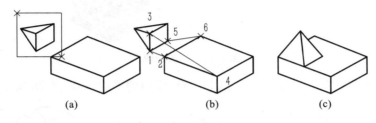

图 7.76　对齐
(a)选定对象；(b)指定六个点；(c)对齐结果

7.5.5　三维缩放

单击【常用】选项卡/【修改】面板 /"三维缩放"按钮，或执行"3dscale"（三维缩放）命令，可以统一更改三维对象的大小，也可以沿指定轴或平面进行更改。

将光标悬停在缩放小控件上时，中心三角区域变为黄色，单击鼠标，出现一条黄色虚线，随鼠标的移动，将统一缩放选定的对象和子对象，如图 7.77 所示。单击或输入值以指定选定基点的比例。

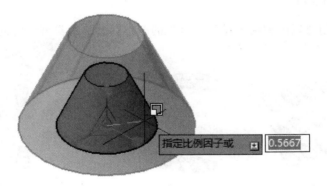

图 7.77　三维缩放

7.5.6　三维镜像

单击【常用】选项卡/【修改】面板/"三维镜像"按钮，或执行"mirror3d"（三维镜像）命令，可以通过指定镜像平面来镜像对象，如图 7.78 所示。

镜像平面可以是以下平面：

①平面对象所在的平面；

②通过指定点且与当前 UCS 的 XY、YZ 或 XZ 平面平行的平面；

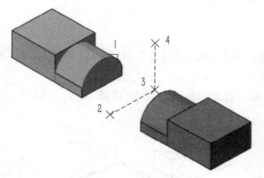

图 7.78　三维镜像

③由三个指定点(图 7.79 中 2 点、3 点和 4 点)定义的平面,如图 7.79 所示。

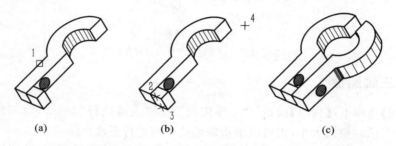

　　　　　(a)　　　　　　　　　　(b)　　　　　　　　　　(c)

图 7.79　由三个指定点定义的镜像平面

(a)要镜像的对象;(b)定义镜像平面;(c)镜像结果

7.5.7　三维阵列

三维阵列用于创建以阵列模式排列的对象的副本。有三种类型的阵列:矩形阵列、路径阵列和极轴阵列,如图 7.80 所示。

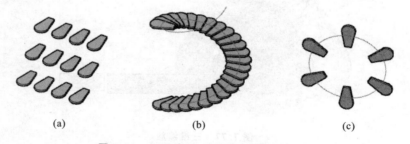

　　　　　(a)　　　　　　　　　　(b)　　　　　　　　　　(c)

图 7.80　矩形阵列、路径阵列和极轴阵列

(a)矩形阵列;(b)路径阵列;(c)极轴阵列

　　"array"命令是对"3darray"命令的增强。"3darray"命令保留传统行为,创建非关联三维矩形或环形阵列。增强的"array"命令,允许创建关联或非关联、二维或三维、矩形、路径或环形阵列。

　　执行"array"命令将显示以下提示:

选择对象:　　　　　　　　　　　　　　　　　　　　　　//指定要排列的对象

矩形:　　　　　　　　　　//将选定对象的副本分布到行数、列数和层数的任意组合

　　　　　　　　　　　　　　　　　　　　　　　　　　(与"arrayrect"命令相同)

路径：　　　　　//沿路径或部分路径均匀分布选定对象的副本(与"arraypath"命令相同)

极轴：　　　　　//在绕中心点或旋转轴的环形阵列中均匀分布对象副本

(与"arraypolar"命令相同)

(1)矩形阵列

单击【常用】选项卡/【修改】面板/"矩形阵列"
按钮 或执行"arrayrect"命令,可以进行矩形
阵列。

"矩形阵列"的菜单提供完整范围的设置,用于
调整间距、项目数和阵列层级。也可以使用选定矩
形阵列上的夹点来更改阵列配置,如图 7.81 所示。

(2)路径阵列

单击【常用】选项卡/【修改】面板/"路径阵列"按
钮 或执行"arraypath"命令,可以进行路径阵列。

"路径阵列"的菜单提供完整范围的设置,用于调
整间距、项目数和阵列层级。也可以使用选定路径阵
列中的夹点来更改阵列配置,如图 7.82 所示。

如果拖动方形基准夹点,可以将更多行添加到
阵列中,如图 7.83 所示。

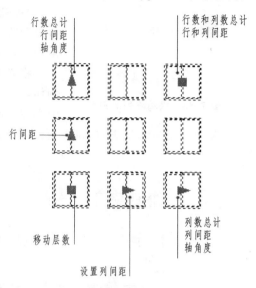

图 7.81　矩形阵列的夹点

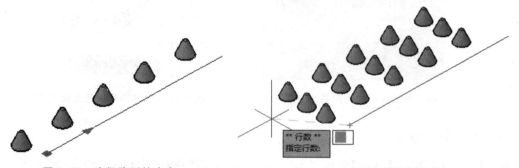

图 7.82　路径阵列的夹点　　　　　图 7.83　路径阵列的基准夹点

如果拖动三角形夹点,可以更改沿路径进行排列的项目数,如图 7.84 所示。

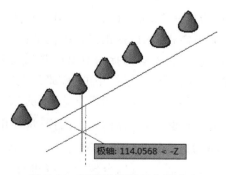

图 7.84　路径阵列的三角形夹点

（3）极轴阵列

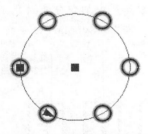

图 7.85　极轴阵列的夹点

　　单击【常用】选项卡/【修改】面板/"极轴阵列"按钮 ⊞ 或执行"arraypolar"命令，可以进行极轴阵列。

　　"极轴阵列"的菜单提供完整范围的设置，用于对间距、项目数和阵列中的层级进行调整。也可以在选定的极轴阵列上使用夹点来更改阵列配置，如图 7.85 所示。

　　将光标悬停在方形基准夹点上时，选项菜单可提供选择。例如，可以选择拉伸半径，然后拖动以放大或缩小阵列项目和中心点之间的间距，如图 7.86 所示。

　　如果拖动三角形夹点，可以更改填充角度，如图 7.87 所示。

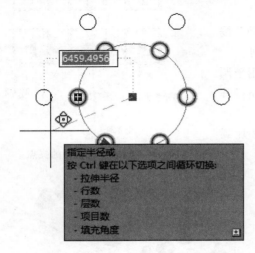

图 7.86　极轴阵列的方形基准夹点

图 7.87　极轴阵列的三角形夹点

7.5.8　平面摄影

　　单击【常用】选项卡/【截面】面板/"平面摄影"按钮 ⊘ 或执行"flatshot"命令，将显示"平面摄影"对话框，如图 7.88 所示。单击"创建"按钮，可以创建投影到 XY 平面上的三维模型的展平二维对象，如图 7.89 所示。

　　平面摄影生成的对象可作为块插入，也可以另存为独立的图形。由于仅可以在模型空间中执行平面摄影过程，且从设置所需视图（包括正交视图或平行视图）开始，将捕获模型空间视口中的所有三维对象。因此，请确保将不想捕捉的对象放置到处于关闭或冻结状态的图层上。

　　创建块时，可以通过调整"平面摄影"对话框中的"前景线"和"暗显直线"设置来控制隐藏线的显示方式。要获取最佳网格对象，请清除"暗显直线"下的"显示"框，以便不表示隐藏线。

提示：要针对图纸空间布局创建三维实体的轮廓图像，请使用"solprof"命令。

　　所有三维实体、曲面和网格的边均被视线投影到与观察平面平行的平面上。这些边的二维表示作为块插入到 UCS 的 XY 平面上，可以分解此块以进行其他更改，还可以将结果另存为独立的图形文件。

图 7.88 "平面摄影"对话框

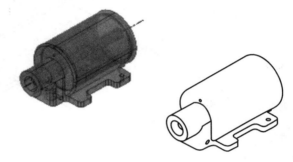

图 7.89 平面摄影生成的对象

项目 7.6 三维建筑建模实例

本项目以平面图为基础,灵活应用前面所学三维绘图基础知识,绘制图 7.90 所示的三维建筑模型。

图 7.90 三维建筑模型

绘制过程如下：

(1)一层地面及台阶的建模。

①打开一层平面图，关闭与建模无关的图层，并用东南轴测图显示，如图 7.91 所示。

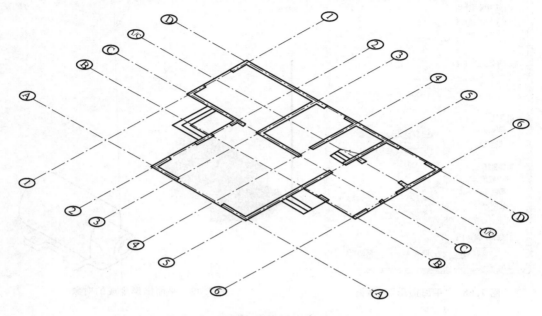

图 7.91　在东南轴测图中显示一层平面图

②新建"地面与台阶"图层，并设为当前层。利用多段线（宽度设为 0）勾勒出一层地面的轮廓，如图 7.92 所示。

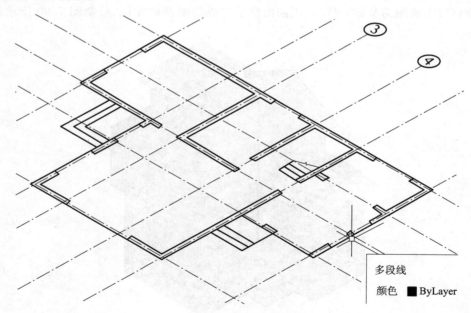

图 7.92　勾勒一层地面的轮廓

③利用拖动工具（"presspull"命令）按住刚形成的闭合多段线并拖动 450，形成地面，如图 7.93 所示。或者用面域工具（"region"命令）把刚形成的闭合多段线转化成面域，再用拉伸工具（"extrude"命令）形成地面。

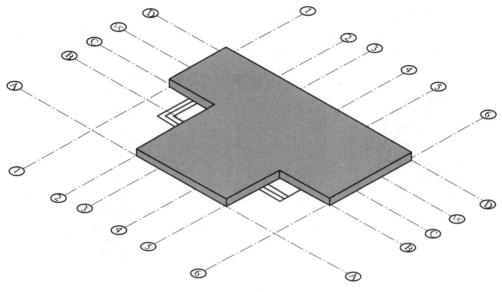

图 7.93　地面

④用与制作地面相同的方法制作每一层台阶。

提示：为了更好地操作，可以关闭平面图中不相关的图层，只显示台阶部分。在东南轴测图中制作东南方的台阶，在西南轴测图中制作西南方的台阶。第一级台阶高 150，第二级台阶高 300，第三级台阶高 450，在东南轴测图中地面与台阶显示如图 7.94 所示。

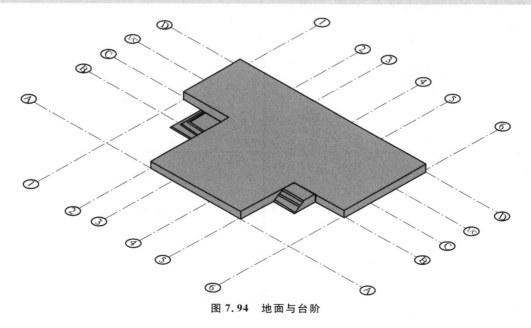

图 7.94　地面与台阶

（2）一层墙体的建模。

①新建"一层墙体"图层，并设为当前层。关闭"地面与台阶"图层。

②单击当前工作区左上角的视口控件【−】，展开图 7.95 所示的视口控件菜单，执行"四个：相等"菜单项。这时当前工作区就为四个视口所取代。

③单击激活右下角的视口，展开视图控件菜单，如图 7.96 所示，执行"东南等轴测"菜单项。这时当前视口就显示为"东南等轴测"视图。

图 7.95　打开四个视口　　　　　　　　　　图 7.96　显示"东南等轴测"视图

④重复第③步，把左上角的视口更改为"俯视"视图，把右上角的视口更改为"前视"视图，把左下角的视口更改为"左视"视图，如图 7.97 所示。

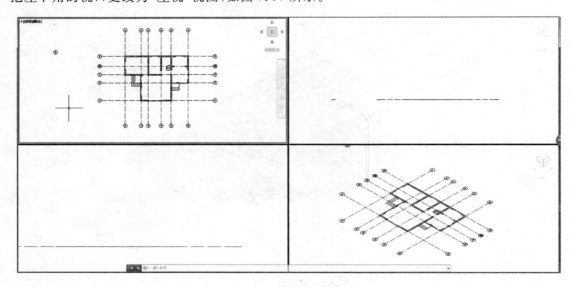

图 7.97　调整视口的视图

⑤激活左上角的视口。利用多段体(宽度设为240,高度设为3000,对正方式为"居中"),结合"捕捉"等工具,绘制出一层的墙体,如图7.98所示。在绘制墙体的过程中,同时要对其他三个视口中的不同的视图进行观察,若发现墙体的三维模型出现问题,及时纠正,如图7.99所示。

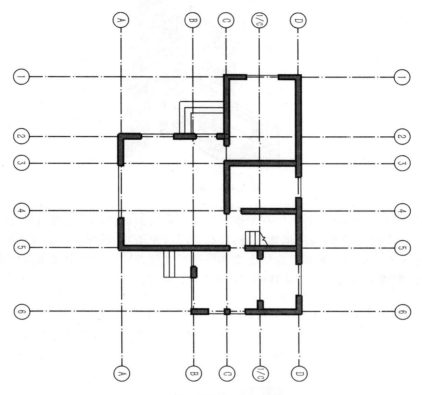

图 7.98 俯视图中的墙体

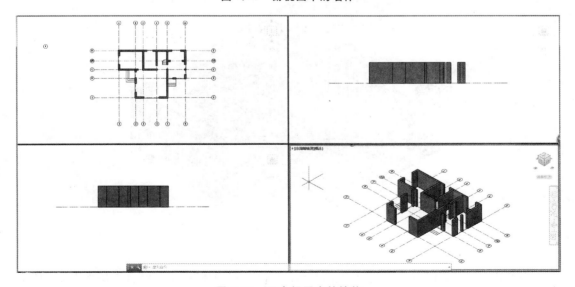

图 7.99 四个视图中的墙体

⑥门的上部和窗的上下部,用"长方体"结合不同的视图及捕捉工具进行填补,留下正确的门窗洞口,如图 7.100 所示。

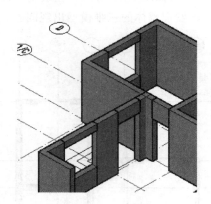

图 7.100　填补墙体

　提示:制作窗台下部的墙体时,在俯视图中非常容易捕捉窗口下方地面位置的两个对角点形成"长方形"的长宽值,高度值输入窗台的高度值(正值)。制作窗口上部的墙体时,在东南等轴测等视图中非常容易捕捉窗口上方和屋顶相交位置墙体的两个对角点形成"长方形"的长宽值,高度值输入窗口上部墙体的高度值(向下绘制长方体)。

(3)单击【常用】选项卡/【实体编辑】面板/"并集"按钮◎或执行"union"命令,把完成的墙体合并。打开"地面与台阶"图层,把墙体向上移动 450。在东南等轴测视图观察模型是否正确,若有问题则修正,如图 7.101 所示。

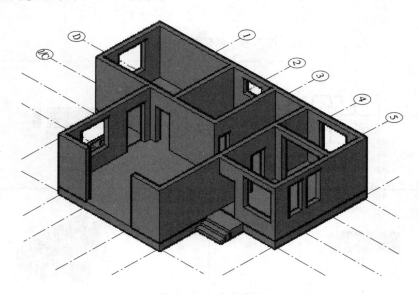

图 7.101　合并墙体

(4)新建"二层墙体"图层。关闭"地面与台阶"及"一层墙体"图层。结合二层平面图,用前面绘制一层地面与一层墙体的方法绘制二层楼板及墙体。绘制完成后,打开"地面与台阶"及"一层墙体"图层,把新绘制的二层楼板及墙体移动并对齐到一层墙体的上方,如图 7.102 所示。

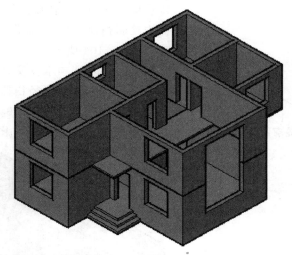

图 7.102 一层及二层主体模型

(5)阵列二层走廊边的栏杆,步骤如下:

①在状态栏上单击"动态 UCS"按钮 或按 F6 键,打开动态 UCS;

②在俯视图中,定位二层走廊栏杆所在的面,在栏杆所在的部位画一根线,作为阵列栏杆的路径;

③单击【常用】选项卡/【建模】面板/圆柱体 或执行"cylinder"命令,在路径的一侧端点创建一根半径为 15、高度为 1200 的实体圆柱体栏杆;

④单击【常用】选项卡/【修改】面板/"路径阵列"按钮 或执行"arraypath"命令,对圆柱体栏杆进行路径阵列,栏杆间距为 180;

⑤激活左视图,视觉样式改为二维线框,绘制栏杆上方的水平圆柱体扶手,在俯视图中或者在前视图中调整水平圆柱体扶手的位置,如图 7.103 所示。

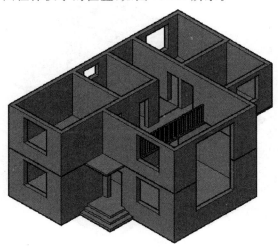

图 7.103 阵列二层走廊边的栏杆

(6)绘制西南进户门上方平台的女儿墙造型,步骤如下:

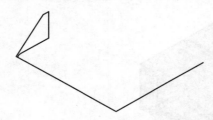

①在前视图中用多段线绘制女儿墙的截面轮廓,在俯视图中绘制扫掠路径,注意路径与截面轮廓的对正点要正确,如图 7.104 所示。

②单击【实体】选项卡/【实体】面板/"扫掠"按钮 或执行"sweep"命令,沿路径扫掠截面轮廓来创建门上方平台的女儿墙造型,如图 7.105 所示。把扫掠生成的女儿墙放置到门上方的位置,如图 7.106 所示。

图 7.104　女儿墙截面轮廓及扫掠路径

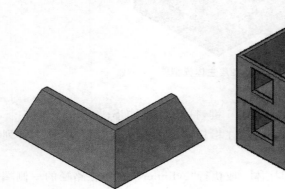

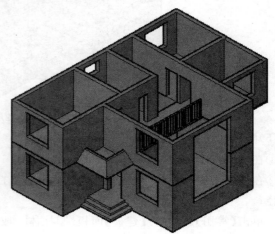

图 7.105　扫掠生成女儿墙　　　　　**图 7.106　放置门上方女儿墙后的模型**

(7)利用前面介绍的方法,绘制三层的墙体及阵列栏杆,扫掠女儿墙及尖顶屋顶,结果如图 7.107所示。

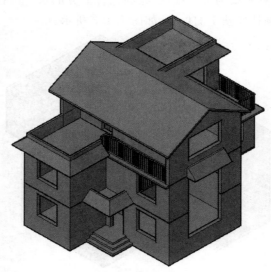

图 7.107　主体造型

（8）绘制三维楼梯，步骤如下：

①用多段线在左视图中绘制楼梯平台下部梯段的截面轮廓，如图 7.108 所示。

②用面域工具 ⬚（"region"命令）把刚形成的闭合多段线转化成面域，再用拉伸工具⬚（"extrude"命令）拉伸 1050，形成平台下部的梯段，如图 7.109 所示。

③用同样的方法绘制楼梯各梯段的截面轮廓，转化成面域，拉伸 1050，再和平台下部梯段拼接，并将楼梯井相对的区域用长方体填补，最后阵列出楼梯栏杆，如图 7.110 所示。

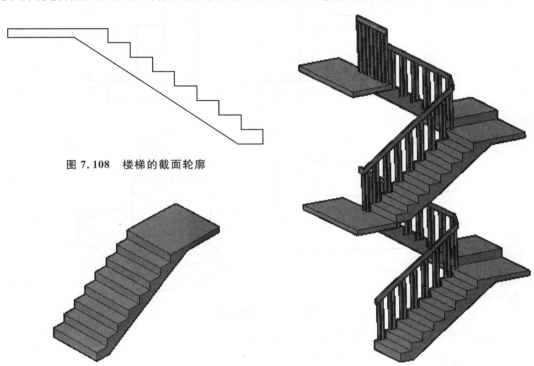

图 7.108　楼梯的截面轮廓

图 7.109　平台下部的梯段

图 7.110　三维楼梯

④把楼梯移动到室内的相应位置。

（9）绘制所有用到的三维门、窗模型。

（10）利用三维移动、旋转、复制等工具，安装三维门窗。

 本模块小结

本模块主要介绍了三维坐标、三维视图、三维建模和三维编辑四个方面的内容，尽管 AutoCAD 2016 是一个主要针对二维绘图的软件，但其中也有较强的三维绘图和编辑功能。利用 AutoCAD 2016 的导航工具，还可以从各种角度对三维实体进行观察。掌握本模块介绍的三维绘图功能，用户就可以具有三维绘图的基本理念，能够绘制出简单的三维图纸。

综合训练

1.根据尺寸绘制图 7.111 所示三维图形。

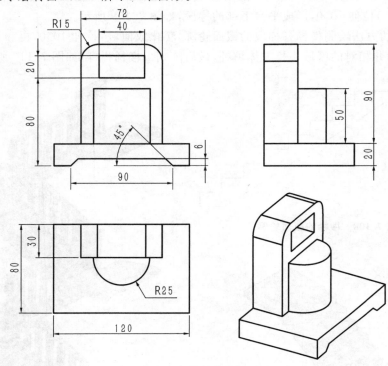

图 7.111　三维零件

2.根据尺寸绘制图 7.112 所示三维图形。

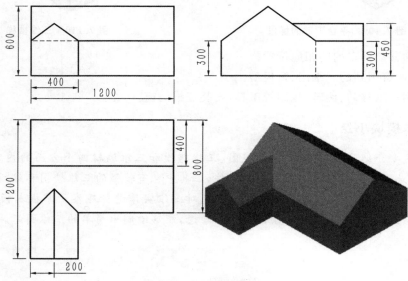

图 7.112　三维坡屋顶

3. 根据尺寸绘制图 7.113 所示三维图形。

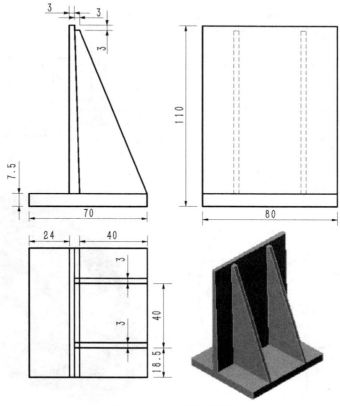

图 7.113　三维挡土墙

4. 根据尺寸绘制图 7.114 所示三维图形。

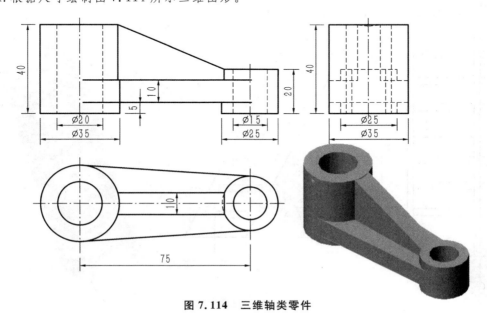

图 7.114　三维轴类零件

5. 根据尺寸绘制图 7.115 所示三维图形。

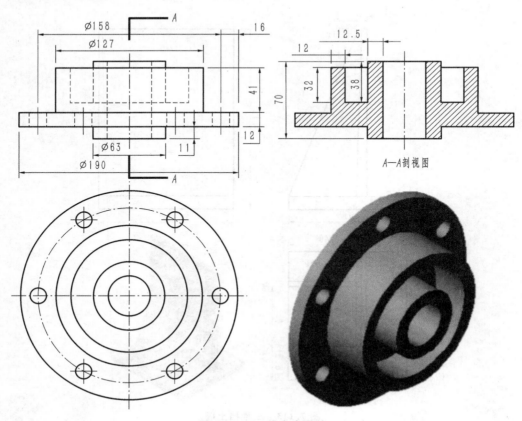

图 7.115　三维盘类零件

6. 根据尺寸绘制图 7.116 所示三维图形。

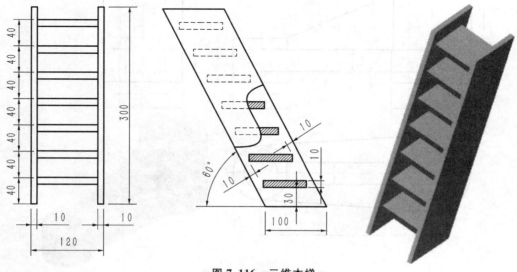

图 7.116　三维木梯

7. 根据尺寸绘制图 7.117 所示三维图形。

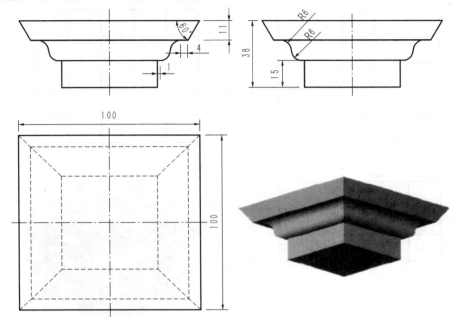

图 7.117 三维造型

8. 根据尺寸绘制图 7.118 所示三维图形。

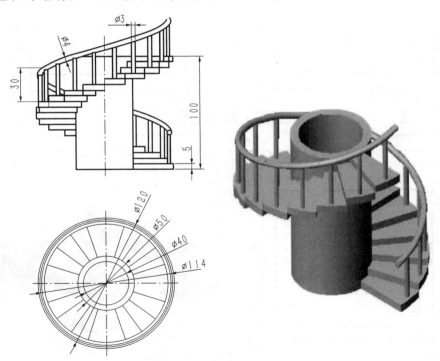

图 7.118 三维旋转楼梯

9. 根据尺寸绘制图 7.119 所示三维图形。

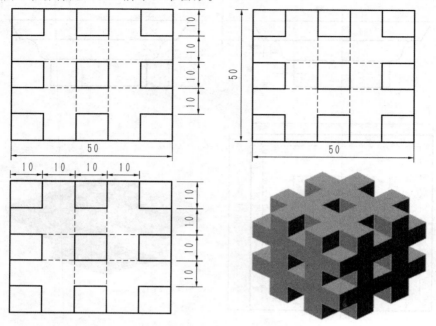

图 7.119　三维方形图形

10. 根据尺寸绘制图 7.120 所示三维图形。

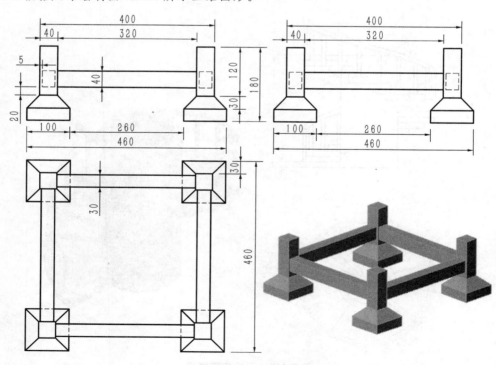

图 7.120　三维基础

11. 根据尺寸绘制图 7.121 所示三维图形。

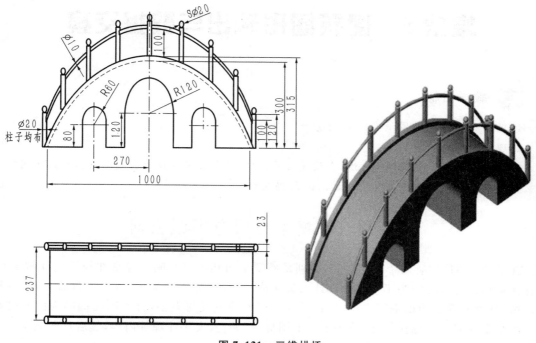

图 7.121　三维拱桥

12. 根据模块 4 图 4.2 所示平面图,绘制值班室与接待室的三维模型。假定窗台的高度为 1000mm,门的高度为 2000mm,窗的高度为 1500mm,屋内空间净高为 2700mm,室外台阶每级高度为 180mm,女儿墙高度为 700mm,屋顶厚度为 150mm。

13. 根据附录四所给别墅图纸,绘制别墅的三维模型。

模块 8　建筑图形输出与数据交换

 教学目标

1. 理解模型空间与图纸空间的概念。
2. 理解布局的概念。
3. 掌握建立和修改视口的方法,会设置当前视口,并会设置视口的出图比例和页面管理器。
4. 理解 AutoCAD 与其他软件之间的数据交换。

项目 8.1　模型空间与图纸空间

在 AutoCAD 中有两个工作空间,分别是模型空间和图纸空间。通常在模型空间按 1∶1 的比例进行设计、绘图;为了与其他设计人员交流、进行产品生产加工,或者工程施工,需要输出图纸,这就需要在图纸空间进行排版,即规划视图的位置与大小,将不同比例的视图安排在一张图纸上并对它们标注尺寸,给图纸加上图框、标题栏、文字注释等内容,然后打印输出。可以这么说,模型空间是设计空间,而图纸空间是表现空间。

8.1.1　模型空间

模型空间中的"模型"是指在 AutoCAD 中用绘制与编辑命令生成的代表现实世界物体的对象,而模型空间是建立模型时所处的 AutoCAD 环境,可以按照物体的实际尺寸绘制、编辑二维或三维图形,也可以进行三维实体造型,还可以全方位地显示图形对象,它是一个三维环境。因此,人们使用 AutoCAD 时首先是在模型空间工作。

当启动 AutoCAD 后,AutoCAD 默认处于模型空间,绘图窗口下面的"模型"卡是激活了的,而图纸空间是未被激活的。

8.1.2　图纸空间

图纸空间的"图纸"与真实的图纸相对应,图纸空间是设置、管理视图的 AutoCAD 环境。在图纸空间可以按模型对象不同方位地显示视图,按合适的比例在"图纸"上表示出来,还可以定义图纸的大小、生成图框和标题栏。模型空间中的三维对象在图纸空间中是用二维平面上的投影来表示的,因此,它是一个二维环境。

8.1.3　布局

所谓布局,相当于图纸空间环境。一个布局就是一张图纸,并提供预置的打印页面设置。在布局中,可以创建和定位视口,并生成图框、标题栏等。利用布局可以在图纸空间方便快捷地创建多个视口来显示不同的视图,而且每个视图都可以有不同的显示缩放比例,还能冻结指定的图层。

在一个图形文件中模型空间只有一个,而布局可以设置多个。这样就可以用多张图纸多侧面地反映同一个实体或图形对象。例如,将在模型空间绘制的某一工程的总图拆成多张不同专业的图纸。

8.1.4 模型空间与图纸空间的切换

在实际工作中,常需要在图纸空间与模型空间之间作相互切换。切换方法很简单,单击绘图区域下方的布局及模型选项卡即可。

项目 8.2 在模型空间中打印图纸

模型空间是一个三维环境,大部分的设计和绘图工作都是在模型空间的三维环境中进行的,即使是二维图形也是如此。如果仅仅是创建具有一个视图的二维图形,则可以在模型空间中完整创建图形并对图形进行注释,并且直接在模型空间中进行打印,而不使用布局选项卡。这是使用 AutoCAD 创建图形的传统方法。

激活打印命令的方法如下:

功能区:【输出】标签/【打印】面板/"打印"按钮 🖨。

命令行:plot。

以别墅楼立面图为例,在模型空间中打印的步骤如下:

(1)确保打开了文件"别墅楼(立面图).dwg",激活打印命令,弹出"打印-模型"对话框,如图 8.1 所示。

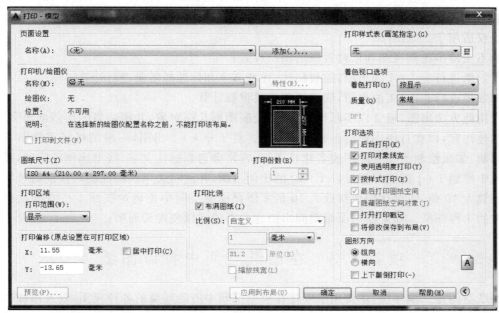

图 8.1 "打印-模型"对话框

（2）在"打印机/绘图仪"选项区的"名称"下拉列表中选择打印机。如果计算机上真正安装了一台打印机，则可以选择此打印机；如果没有安装打印机，则选择 AutoCAD 提供的一个虚拟的电子打印机"DWF6 ePlot.pc3"。

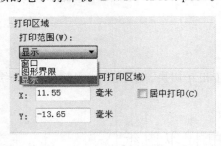

图 8.2　打印范围的选择

（3）在"图纸尺寸"选项区的下拉列表中选择纸张的尺寸，这些纸张都是根据打印机的硬件信息列出的。如果在第（2）步选择了虚拟电子打印机"DWF6 ePlot.pc3"，则在此选择"ISO full bleedA3（420.00mm × 297.00mm）"，这是一个全尺寸的 A3 图纸。

（4）在"打印区域"选项区的"打印范围"下拉列表中选择"窗口"，如图 8.2 所示。选择此选项后将会切换至绘图窗口供用户选择要打印的窗口范围，确保激活了"对象捕捉"中的"端点"，选择图形的左上角点和右下角点，将整个图纸包含在打印区域中，勾选"居中打印"。

（5）去掉"打印比例"选项区的"布满图纸"复选框的选择，在"比例"下拉列表中选择"1：1"，这个选项保证打印出的图纸是规范的 1：1 工程图，而不是随意的出图比例。当然，如果仅仅是检查图纸，可以使用"布满图纸"选项以最大化地打印出图形。

（6）单击"预览"按钮，可以看到即将打印出来图纸的样子，在预览图形的右键菜单中选择"打印"选项，或者在"打印-模型"对话框中单击"确定"按钮开始打印。由于选择了虚拟的电子打印机，此时会弹出"浏览打印文件"对话框，提示将电子打印文件保存到何处，选择合适的保存路径后单击"保存"按钮，打印便开始进行。

通过上面的步骤，可了解到模型空间中打印是比较简单的，但是有很多局限，具体如下：

①虽然可以将页面设置保存起来，但是和图纸并无关联，每次打印均须进行各项参数的设置或者调用页面设置；

②仅适用于二维图形；

③不支持多比例视图和依赖视图的图层设置；

④如果进行非 1：1 的出图，缩放标注、注释文字和标题栏需要进行计算；

⑤如果进行非 1：1 的出图，线型比例需要重新计算。

使用此方法出图，通常以实际比例 1：1 绘制图形几何对象，并用适当的比例创建文字、标注和其他注释，以在打印图形时正确显示大小。对于非 1：1 出图，一般的机械零件图并没有太多影响，如果绘制大型装配图或者建筑图纸，常常会遇到标注文字、线型比例等问题，比如模型空间中绘制 1：1 的图形想要以 1：10 的比例出图，在注写文字和标注的时候就必须将文字和标注放大 10 倍，线型比例也要放大 10 倍才能在模型空间中正确地按照 1：10 的比例打印出标准的工程图纸。如果使用图纸空间出图这一类的问题便迎刃而解。

项目 8.3　在图纸空间中打印图纸

图纸空间是二维环境，主要用于安排在模型空间中所绘对象的各种视图，以及添加诸如边框、标题栏等内容，最后输出图形。

　　图纸空间在 AutoCAD 中的表现形式就是布局,布局模拟了一张图纸页面,提供直观的打印设置。用户可以创建多个布局显示不同的视图,每个布局都可以包含不同的打印比例和图纸大小。布局中的图形就是打印输出时见到的图形。想要通过布局输出图形,首先要创建布局,然后在布局中打印出图。用户可以在图纸空间中打印图纸,即在图纸空间中可以创建多张用于布局的“图纸”,然后将多个图形插入“图纸”中打印。

8.3.1　单一比例打印建筑施工图

　　单一比例打印建筑施工图,即建立单个视口,并且视口比例为 1∶1。
　　在 AutoCAD 2016 中有如下 4 种方式创建布局:
　　①使用“布局向导”(layoutwizard)命令循序渐进地创建一个新布局。
　　②使用“来自样板的布局”(layout)命令插入基于现有布局样板的新布局。
　　③通过布局选项卡创建一个新布局。
　　④通过设计中心从已有的图形文件中或样板文件中把已建好的布局拖入到当前图形文件中。
　　为了加深对布局的理解,本书采用“布局向导”来创建新布局。激活布局向导的方法如下:
　　下拉菜单:【插入】/【布局】/【创建布局向导】。
　　命令行:layoutwizard。
　　如果要使用下拉菜单,需要将工作空间切换到“AutoCAD 经典”,默认工作空间可以直接在命令行输入命令。打开本书中文件“别墅楼(立面图).dwg”,如图 8.3 所示。

图 8.3　别墅楼(立面图)

（1）设置"视口"为当前层。

（2）在命令行输入"layoutwizard"，激活布局向导命令，屏幕上出现"创建布局-开始"对话框，在对话框的左边列出了创建布局的步骤。

（3）在"输入新布局的名称"编辑框中键入"别墅图"，如图 8.4 所示。然后单击"下一步"按钮。屏幕上出现"创建布局-打印机"对话框，为新布局选择一种已配置好的打印设备，例如虚拟电子打印机"DWF ePlot. pc3"。

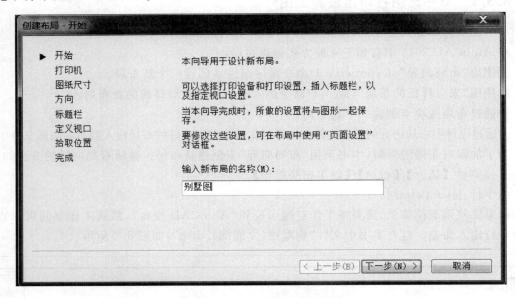

图 8.4　"创建布局-开始"对话框

（4）单击"下一步"按钮。屏幕上出现"创建布局-图纸尺寸"对话框，选择图形所用的单位为"毫米"，选择打印图纸为"A3"。

（5）单击"下一步"按钮，屏幕上出现"创建布局-方向"对话框，确定图形在图纸上的方向为横向。

（6）单击"下一步"按钮确认。之后屏幕上又出现"创建布局-标题栏"对话框。选择图纸的边框和标题栏的样式为"A3 图框"，在"类型"框中，可以指定所选择的图框和标题栏文件是作为块插入，还是作为外部参照引用。

（7）单击"下一步"按钮后，出现"创建布局-定义视口"对话框，如图 8.5 所示。

设置新建布局中视口的个数和形式，以及视口中的视图与模型空间的比例关系。对于此文件，设置视口为"单个"，视口比例为"1：1"，即把模型空间的图形按 1：1 显示在视口中。

（8）单击"下一步"按钮，继续出现"创建布局-拾取位置"对话框，单击"选择位置"按钮，AutoCAD 切换到绘图窗口，通过指定两个对角点指定视口的大小和位置，之后，直接进入"创建布局-完成"对话框。

（9）单击"完成"按钮完成新布局及视口的创建。所创建的布局出现在屏幕上（含视口、视图、图框和标题栏）。此外，AutoCAD 将显示图纸空间的坐标系图标，在这个视口中双击，可以透过图纸操作模型空间的图形，为此，AutoCAD 将这种视口称为"浮动视口"。

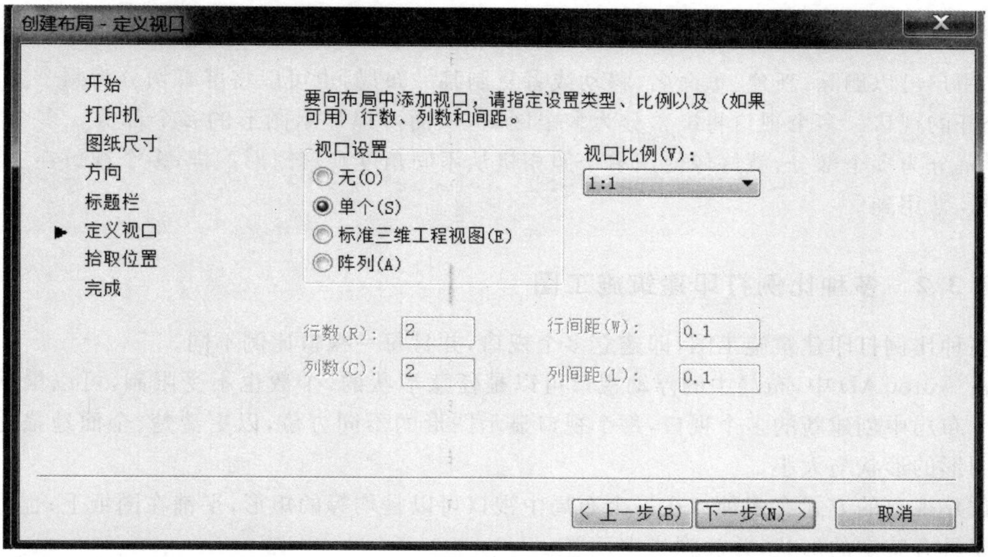

图 8.5　"创建布局-定义视口"对话框

为了在布局输出时只打印视图而不打印视口边框,可以将所在的层设置为"不打印"。这样虽然在布局中能够看到视口的边框,但是打印时边框却不会出现,读者可以将此布局进行打印预览,预览图形中不会出现视口边框。单击选择标题栏图框的块,使用图层下拉列表将其所在图层改为"图框",因为创建布局的当前图层是"视口",标题栏图框块被直接插入到"视口"图层中,这样如果"视口"图层不打印,图框也打印不出来,因此,需要更改图框的图层。

AutoCAD 对于已创建的布局可以进行复制、删除、更名、移动位置等编辑操作。实现这些操作的方法非常简单,只需在某个"布局"选项卡上单击鼠标右键,从弹出的快捷菜单(图 8.6)中选择相应的选项即可。在一个文件中可以有多个布局,但模型空间只有一个。

图 8.6　"布局"选项卡右键快捷菜单

提示：

　　用户可以删除、新建、重命名、移动或者复制某一布局，也可以将屏幕切分为两个或者多个分开的视口。多个视口将屏幕分为多个区域，从而可以显示图形的多个部分。多个视口将屏幕分为多个部分，就好像使用多个照相机从不同角度观察图形一样，多个视口在三维制图中经常用到。

8.3.2　多种比例打印建筑施工图

　　多种比例打印建筑施工图，即建立多个视口，并且每一视口比例不同。

　　在 AutoCAD 中，布局中的浮动视口可以是任意形状的，个数也不受限制，可以根据需要在一个布局中创建新的多个视口，每个视口显示图形的不同方位，以更清楚、全面地描述模型空间图形的形状与大小。

　　创建视口的方式有多种。在一个布局中视口可以是均等的矩形，平铺在图纸上；也可以根据需要具有特定的形状，并放到指定位置。

　　(1)打开文件

　　打开别墅图"一层平面图.dwg"，然后单击"布局 1"进入布局 1 内进行多重比例的布图，如图 8.7 所示。

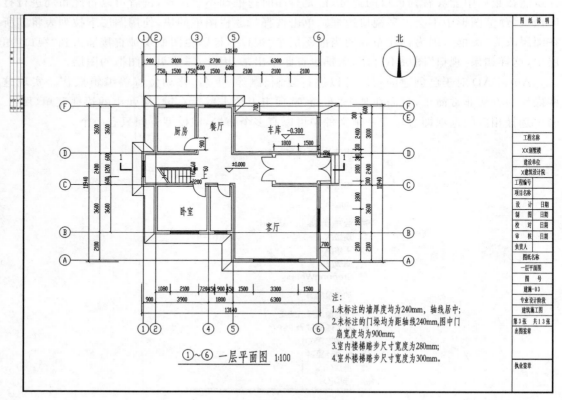

图 8.7　布局界面

（2）设置"页面设置管理器"。

①右键单击"布局 1"，弹出快捷菜单，然后选择"页面设置管理器"命令，打开"页面设置管理器"对话框。

②单击"修改"按钮，则进入"页面设置-布局 1"对话框，按照图 8.8 所示设置该对话框。

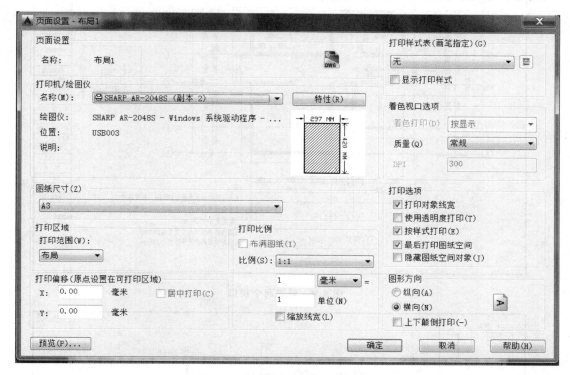

图 8.8　"页面设置-布局 1"对话框

（3）建立视口

①建立"视口"图层，所有视口均应绘制在"视口"图层上。这样，在打印时可以将该图层冻结，以免将视口线打印出来。

②光标对着任意一个按钮单击鼠标右键，弹出快捷菜单，选择"视口"命令调出"视口"工具栏，单击该工具栏上的"单个视口"按钮。

在"指定视口的角点或［开（ON）/关（OFF）/布满（F）/着色打印（S）/锁定（L）/对象（O）/多边形（P）/恢复（R）/2/3/4］＜布满＞:"提示下，在视口的左上角点单击鼠标左键。

在"指定对角点:"提示下，在视口的右下角点位置单击鼠标左键，这样就建立一个矩形视口。

③用"视口"工具栏上的"单个视口"命令建立图 8.9 所示的两个视口。注意观察图 8.9，左上角的视口线为粗线，另外两个视口线为细线，其中粗视口线的视口为当前视口。只需在某个视口内单击鼠标左键，就可以将该视口设定为当前视口。

④将左上角视口设为当前视口，并用窗口放大命令调整至只显示楼梯的状态，如图 8.10 所示。最后在"视口"工具栏右侧的文本框内设置该图的出图比例为 1：20。

⑤将右上角视口设定为当前视口，并假设将视图调整至只显示"指北针"状态，在"视口"工具栏右侧的文本框内设置该图的出图比例为 1：50。

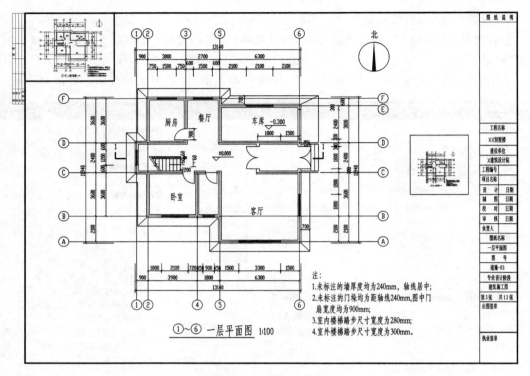

图 8.9　新建两个视口

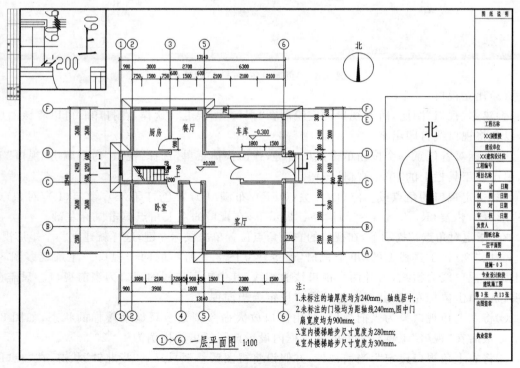

图 8.10　调整视图并设置出图比例

⑥将主图视口设定为当前视口,并在"视口"工具栏右侧的文本框内设置该图的出图比例为 1∶100。结果如图 8.11 所示。

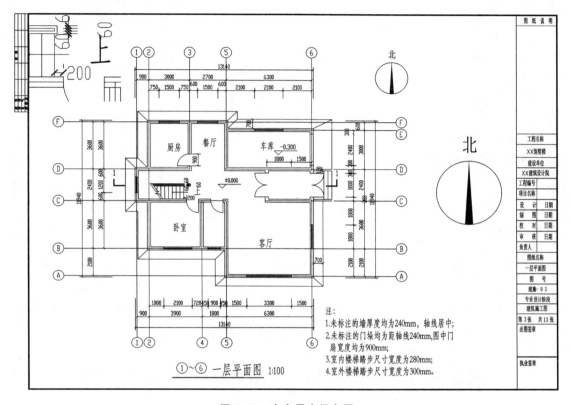

图 8.11　在布局空间布图

(4)打印

①将"视口"图层冻结。

②右键单击"布局 1",弹出快捷菜单,然后选择"打印"命令,打开"打印-布局 1"对话框,如图 8.12 所示,单击"确定"按钮即可打印图形。

提示:

(1)用户在模型空间中实现图形的设计和绘制,图形输出时,就可以使用布局功能创建图形的多个视图的布局,以满足不同要求,输出满意的图形。

(2)图形绘制好后,运用布局或打印图形通常的步骤是:①在模型空间中创建图形;②配置打印设备;③创建布局或激活已有布局;④指定布局的页面设置;⑤根据需要在布局中添加图框、说明、标题栏等;⑥打印布局。

(3)用 AutoCAD 绘制好的图形,可以打印在图纸和文件上,文件的格式有 plt 和 dwf 两种,其中 dwf 为电子打印,plt 为打印文件。plt 格式的文件可以脱离 AutoCAD 环境进行打印。

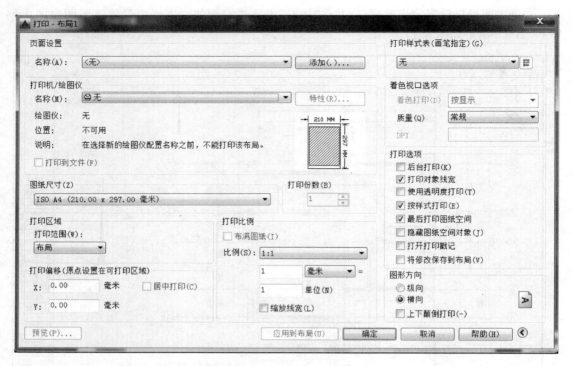

图 8.12 "打印-布局 1"对话框

项目 8.4　AutoCAD 与其他软件的数据交换

当代的世界是多媒体的世界,多媒体技术研究文字、图像、图形、音频、动画和视频等信息,AutoCAD 研究的主要内容是图形。在绘图设计过程中,除了要使用 AutoCAD 外,还可能会使用到其他软件,如 Sketchup、Photoshop、Lightspace、3ds Max、SnagIt、Coreldraw、Word、Excel 等,AutoCAD 有时会与各个软件产生交互。

以最常用的字处理软件 Word 为例,要将 CAD 图形在 Word 中显示,可以直接在 AutoCAD 中复制所需图形,然后到 Word 中粘贴即可。但这样显示的图形可能空白过大,还需要使用 Word 中的"图片"工具栏中的"裁剪"工具进行修改,比较烦琐。这时可以利用一些第三方软件,如 BetterWMF 程序就可以很方便地将 CAD 图形粘贴到 Word 中,还可以在此软件中设置是否删除底色,是否统一颜色等。与其他软件交互需要读者在长期的绘图设计过程中总结。

AutoCAD 与 3ds Max 都支持多种图形文件格式,常见的格式是 dxf 格式。此种格式是一种常用的数据交换格式,即在 3ds Max 中可以直接读入该格式的 AutoCAD 图形,而不需要经过第三种文件格式。使用此种格式进行数据交换,可能为用户提供图形的组织方式(如图层、图块)上的转换。

(1)选择菜单栏中的【视图】/【三维视图】/"西南等轴测"命令,使视图成为轴测视图。

(2)选择菜单栏中的【文件】/"另存为"命令,弹出"图形另存为"对话框,打开"文件类型"下拉列表,选择 AutoCAD R12 的 dxf 格式,如图 8.13 所示。由于很多软件只支持 AutoCAD

R12 的 dxf 格式,因此选择此选项。

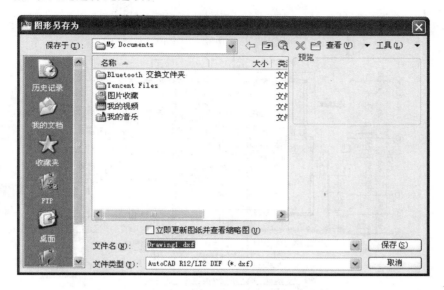

图 8.13   AutoCAD 保存的格式类型

(3)单击"确定"按钮关闭对话框。

AutoCAD 绘制的图形,除了可以用 3ds Max 处理外,同样也可以用 Photoshop 对其进行更细腻的光影、色彩等处理。单击菜单栏中【文件】/"输出"命令,打开"输出数据"对话框,将"文件类型"设置为"bitmap(＊. bmp)"选项,再确定一个合适的路径和文件名,即可将当前 CAD 图形文件输出为位图文件,在 Photoshop 中可以对图样进行细腻的处理。

虽然 AutoCAD 可以输出 bmp 格式图片,但 Photoshop 不能输出 AutoCAD 格式图片,不过在 AutoCAD 中可以通过"光栅图像参照"命令插入 bmp、jpg、gif 等格式的图形文件。执行菜单栏中的【插入】/"光栅图像参照"命令,即可激活该命令,如图 8.14 所示。

图 8.14   "光栅图像参照"命令

本模块小结

本模块介绍了模型空间与图纸空间的概念,并在此基础上介绍了较难理解的多重比例出图的方法,实际工作中经常会在一张图纸上布置不同比例的图形。

另外,本模块还提及了 AutoCAD 与 3ds Max、Photoshop 之间的数据交换,即这几种软件中图纸的相互转换。在模仿课本实例的基础上,大家需要用心体会各软件的优缺点。

综合训练

用所学多种比例将图 8.15(a)按照"全图出图"比例为 1∶100、"客厅"出图比例为 1∶20、"卫生间"出图比例为 1∶50 输出,如图 8.15(b)所示。

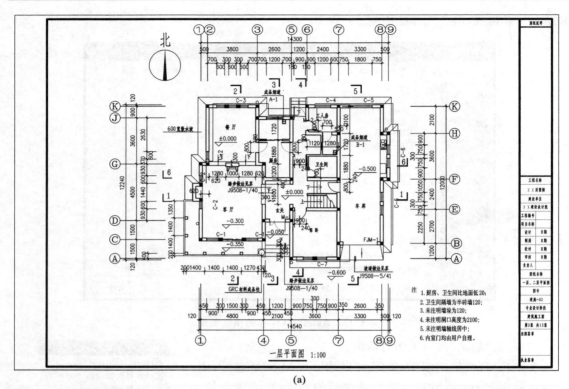

(a)

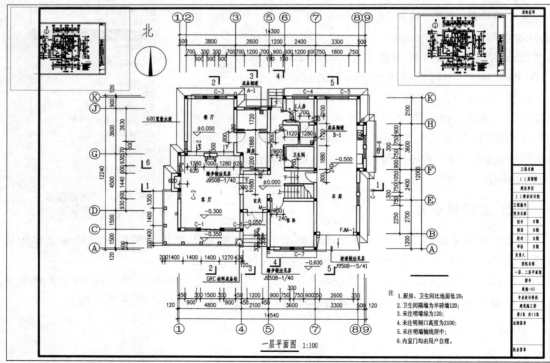

(b)

图 8.15 一层平面图

"绘图提示"

(1)建立三个单独的视口,如图 8.15(b)所示。

(2)将左上角视口设为当前视口,并将视口调整至只显示"客厅"状态,在"视口"工具栏右侧的文本框内设置该图的出图比例为 1∶20。

(3)将右上角视口设为当前视口,并将视口调整至只显示"卫生间"状态,在"视口"工具栏右侧的文本框内设置该图的出图比例为 1∶50。

(4)将主图视口设定为当前视口,并在"视口"工具栏右侧的文本框内设置该图的出图比例为 1∶100。

附录1　建筑制图标准

"建筑CAD"绘图主要参考的绘图标准有《房屋建筑制图统一标准》(GB/T 50001—2010)、《建筑制图标准》(GB/T 50104—2010)、计算机辅助设计绘图员国家职业标准、制图员国家职业标准、CAD工程制图规则,其中《房屋建筑制图统一标准》(GB/T 50001—2010)是具有总纲性质的,本附录介绍的是此标准的最新版本。

1.图纸幅面规格

(1)图纸幅面

《房屋建筑制图统一标准》(GB/T 50001—2010)对图纸幅面与格式、标题栏格式均提出了具体的要求,其中对图纸幅面的规定应符合附图1.1、附图1.2的格式及附表1.1的规定。

附表1.1　幅面及图纸尺寸(mm)

尺寸代号 ＼ 幅面代号	A0	A1	A2	A3	A4
$b \times l$	841×1189	594×841	420×594	297×420	210×297
c	10			5	
a	25				

另外还有以下规定:

图纸以短边作为垂直边称为横式,以短边作为水平边称为立式。一般A0～A3图纸宜横式使用;必要时,也可立式使用。

一个工程设计中,每个专业所使用的图纸,一般不宜多于两种幅面,不含目录及表格所采用的A4幅面。

图纸的短边一般不应加长,长边可加长,但应符合附表1.2的规定。

附表1.2　图纸长边加长尺寸(mm)

幅面尺寸	长边尺寸	长边加长后尺寸
A0	1189	1486(A0+1/4l)　1635(A0+3/8l)　1783(A0+1/2l)　1932(A0+5/8l) 2080(A0+3/4l)　2230(A0+7/8l)　2378(A0+1l)
A1	841	1051(A1+1/4l)　1261(A1+1/2l)　1471(A1+3/4l)　1682(A1+1l) 1892(A1+5/4l)　2102(A1+3/2l)
A2	594	743(A2+1/4l)　891(A2+1/2l)　1041(A2+3/4l)　1189(A2+1l) 1338(A2+5/4l)　1486(A2+3/2l)　1635(A2+7/4l)　1783(A2+2l) 1932(A2+9/4l)　2080(A2+5/2l)
A3	420	630(A3+1/2l)　841(A3+1l)　1051(A3+3/2l)　1261(A3+2l) 1471(A3+5/2l)　1682(A3+3l)　1892(A3+7/2l)

注:有特殊要求的图纸,可采用$b \times l$为841mm×891mm与1198mm×1261mm的幅面。

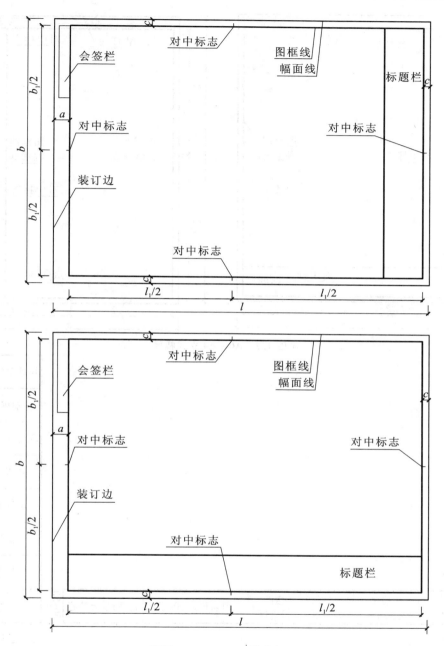

附图 1.1　A0～A3 横式幅面

(2)标题栏和会签栏

图纸的标题栏及装订边的位置,应按附图 1.1 和附图 1.2 的形式布置。

标题栏应按附图 1.3 所示,根据工程需要选择确定其尺寸、格式及分区。签字区应包含实名列和签名列。

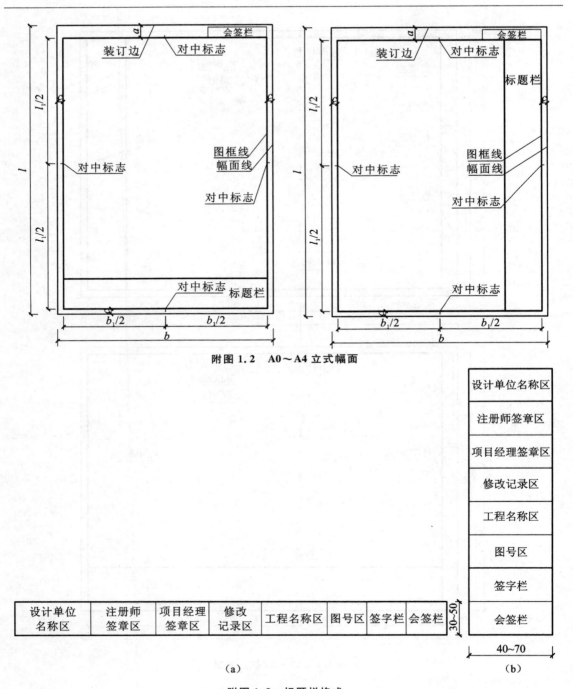

附图 1.2　A0～A4 立式幅面

设计单位名称区	注册师签章区	项目经理签章区	修改记录区	工程名称区	图号区	签字栏	会签栏

（a）

设计单位名称区
注册师签章区
项目经理签章区
修改记录区
工程名称区
图号区
签字栏
会签栏

（b）

附图 1.3　标题栏格式

（a）横式标题栏；（b）竖式标题栏

2.图线

（1）基本规定

每个图样,应根据复杂程度与比例大小,先选定基本线宽 b,再选用附表 1.3 中相应的线宽组。图线的宽度 b 宜从下列线宽系列中选取：1.4mm、1.0mm、0.7mm、0.5mm。

附表 1.3　线宽组（mm）

线宽比	线宽组			
b	1.4	1.0	0.7	0.5
$0.7b$	1.0	0.7	0.5	0.35
$0.5b$	0.7	0.5	0.35	0.25
$0.25b$	0.35	0.25	0.18	0.13

注：①需要微缩的图纸，不宜采用 0.18mm 及更细的线宽；

　　②同一张图纸内，各不同线宽中的细线，可统一采用较细的线宽组的细线。

　　同一张图纸内，相同比例的各图样，应选用相同的线宽组。附图 1.4 是建筑图例中线宽的示意。

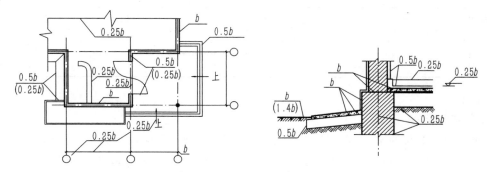

附图 1.4　建筑图例中线宽的选择示意图

（2）工程建设制图的线型与线宽

工程建设制图应选用附表 1.4 所示的图线。

附表 1.4　工程建设制图的线型与线宽

名称		线型	线宽	一般用途
实线	粗	——————	b	主要可见轮廓线
	中粗	——————	$0.7b$	可见轮廓线
	中	——————	$0.5b$	平、剖视图中被剖切的次要建筑构造轮廓线；平、立、剖视图中建筑构配件的轮廓线
	细	——————	$0.25b$	图例填充线、家具线；细部可见轮廓线、分隔线、尺寸线、尺寸界线、图例线、索引符号、标高符号等
虚线	粗	— — — —	b	新建建筑物的不可见轮廓线；结构图上不可见的钢筋和螺栓线
	中粗	— — — —	$0.7b$	不可见轮廓线
	中	— — — — —	$0.5b$	建筑构造不可见的轮廓线；平面图中的起重机（吊车）轮廓线；拟扩建的建筑物轮廓线
	细	—————————	$0.25b$	图例线，细部的不可见轮廓线

续附表 1.4

名称		线型	线宽	一般用途
单点长画线	粗	—— · —— · ——	b	起重机(吊车)轨道线
	细	—— · —— · ——	$0.25b$	分水线、中心线、对称线、定位轴线等
细双点长画线		—— ·· —— ·· ——	$0.25b$	假想的轮廓线;成型前的原始轮廓线
折断线		——/——	$0.25b$	不需画全的断开界线
波浪线		～～～	$0.25b$	不需画全的断开界线;构造层次的断开界线

(3)图框和标题栏线的线宽

图纸的图框和标题栏线可采用附表 1.5 所示的线宽。

附表 1.5　图框线、标题栏线的宽度(mm)

幅面代号	图框线	标题栏外框线	标题栏分格线、会签栏线
A0、A1	b	$0.5b$	$0.25b$
A2、A3、A4	b	$0.7b$	$0.35b$

3.字体

(1)字高与字宽

图纸上所需书写的文字、数字或符号等,均应笔画清晰、字体端正、排列整齐;标点符号应清楚正确。文字的字高,应从附表 1.6 中选择。字高大于 10mm 的文字宜采用 True type 字体,如需书写更大的字,其高度应按 $\sqrt{2}$ 的比值递增。习惯上,在绘制 A3、A4 图时,一般采用 3.5 号字;绘制 0A、A1、A2 图纸时,一般采用 5 号字。

附表 1.6　文字的字高(mm)

字体种类	中文矢量字体	True type 字体及非中文矢量字体
字宽	3.5　5　7　10　14　20	3　4　6　8　10　14　20

图样及说明中的汉字,其宽度与高度的关系应符合附表 1.7 的规定。

附表 1.7　长仿宋体字高宽关系(mm)

字高	20	14	10	7	5	3.5
字宽	14	10	7	5	3.5	2.5

(2)字体

图样及说明中的汉字,宜采用长仿宋体,AutoCAD 本身提供了可标注符合国家制图标准的中文字体:gbcbig. shx。另外,当中英文混排时,为使标注出的中、英文的高度协调,AutoCAD 还提供了符合国家制图标准的英文字体:gbenor. shx 和 gbeitc. shx,前者用于标注正体,后者用于标注斜体。

4. 比例

(1)基本规定

图样的比例,应为图形与实物相对应的线性尺寸之比。比例的大小,是指其比值的大小,如 1：50 大于 1：100。比例的符号为"：",比例应以阿拉伯数字表示,如 1：1、1：2、1：100 等。比例宜注写在图名的右侧,字的基准线应取平;比例的字高宜比图名的字高小一号或二号。

(2)常用比例

建筑制图中常用图例如附表 1.8 所示。

附表 1.8　建筑制图常用比例

图名	常用比例	必要时可用比例
总平面图	1：500,1：1000,1：2000,1：5000	1：2500,1：10000
竖向布置图、管线综合图、断面图等	1：100,1：200,1：500,1：1000,1：2000	1：300,1：500
平面图、立面图、剖面图、结构布置图、设备布置图	1：50,1：100,1：200	1：150,1：300,1：400
详图	1：1,1：2,1：5,1：10,1：20,1：25,1：50	1：3,1：15,1：30,1：40

5. 常用符号

(1)索引符号和详图符号

索引符号是由直径为 8~10mm 的圆和水平直径组成,圆和水平直径均应以细实线绘制,如附图 1.5 所示。

索引符号用于索引剖面详图时,应在被剖切的部位绘制剖切位置线,并以引出线引出索引符号,引出线所在的一侧应为剖视方向,如附图 1.6 所示。

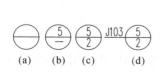

附图 1.5　索引符号

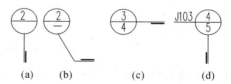

附图 1.6　用于索引剖面详图的索引符号

(2)引出线

引出线应以细实线绘制,宜采用水平方向的直线,与水平方向成 30°、45°、60°、90°的直线,或经上述角度再折为水平线,如附图 1.7 所示。

附图 1.7　引出线

(a)单引出线;(b)共用引出线

多层构造或多层管道共用引出线,应通过被引出的各层,如附图 1.8 所示。

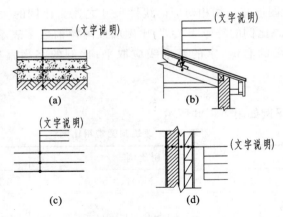

附图 1.8　多层构造引出线

（3）定位轴线及其编号

定位轴线应以细点画线绘制。定位轴线一般应编号，编号应注写在轴线端部的圆内。圆应用细实线绘制，直径为 8～10mm。定位轴线圆的圆心，应在定位轴线的延长线上或延长线的折线上。平面图上定位轴线的编号，宜注写在图样的下方与左侧。横向编号应用阿拉伯数字，从左至右顺序编写；竖向编号应用大写拉丁字母，从下至上顺序编写，如附图 1.9 所示。

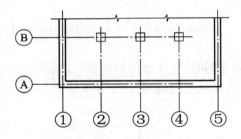

附图 1.9　定位轴线的编号顺序

拉丁字母的 I、O、Z 不得用作轴线编号。如字母数量不够使用，可增用双字母或单字母加数字注脚。

（4）标高

标高是标注建筑物高度的尺寸形式。标高符号应以直角等腰三角形表示，按附图 1.10 (a)所示形式用细实线绘制，如标注位置不够，也可按附图 1.10(b)所示形式绘制。标高符号的具体画法如附图 1.10(c)、附图 1.10(d)所示。

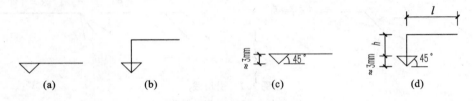

附图 1.10　标高符号

总平面图室外地坪标高符号，宜用涂黑的三角形表示，如附图 1.11 所示。标高符号的尖端应指至被注高度的位置,尖端一般应向下,也可向上。标高数字应注写在标高符号的上侧或下侧,如附图 1.12 所示。标高数字应以米为单位,注写到小数点以后第三位。在总平面图中,可注写到小数点以后第二位。在图样的同一位置需表示几个不同标高时,标高数字可按附图 1.13 的形式注写。

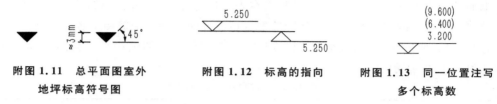

附图 1.11　总平面图室外地坪标高符号图　　　附图 1.12　标高的指向　　　附图 1.13　同一位置注写多个标高数

(5)其他符号

对称符号由对称线和两端的两对平行线组成。对称线用细点画线绘制,如附图 1.14 所示。

指北针是一种用于指示方向的工具,其圆的直径宜为 24mm,用细实线绘制,指针尾部的宽度宜为 3mm;指针头部应注"北"或"N"字,如附图 1.15 所示。

风向频率玫瑰图是在极坐标图上绘出一地在一年中各种风向出现的频率。因图形与玫瑰花朵相似,故名"风向频率玫瑰图",如附图 1.16 所示。它是一个给定地点一段时间内的风向分布图,通过它可以得知当地的主导风向。最常见的风向频率玫瑰图是一个圆,圆上引出 16 条放射线,它们代表 16 个不同的方向,每条直线的长度与这个方向的风的频度成正比。静风的频度放在中间。有些风向频率玫瑰图上还指示出了各风向的风速范围。

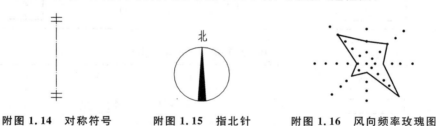

附图 1.14　对称符号　　　　附图 1.15　指北针　　　　附图 1.16　风向频率玫瑰图

6.常用建筑材料图例

(1)一般规定

《房屋建筑制图统一标准》(GB/T 50001—2010)只规定了常用建筑材料的图例画法(附表 1.9),对其尺度比例并没有作具体规定。使用时,应根据图样大小而定,并使图例线应间隔均匀、疏密适度,做到图例正确、表示清楚。

(2)其他常用图例

建筑总平面图图例示意见附表 1.10。由于建筑总平面图的绘图比例较小,故采用图例表示新建和原有建筑物、构筑物的形状、位置及各建筑物的层数;附近道路、围墙、绿化的布置;地形、地物(如水沟、河流、池塘、土坡)的情况等。用细实线画出的图形表示原有建筑物。房屋的层数可用平面图形内的点数或数字表示。

建筑平面图常用的建筑配件见附表 1.11。建筑平面图的绘图比例较小,所以在平面图中某些建筑构造、配件和卫生器具等都不能按其真实投影画出,而是要用规定的图例表示。如楼梯、洗脸盆、门窗等均用图例符号表示。门窗的代号分别用 M 和 C 表示，代号的后面注写编号，如 M—1、M—2、C—1、C—2 等。同一编号表示同一种类型（即大小、形式和材料都相同）的门窗。如门窗的类型较多，则可单列门窗表，表达门窗的编号、尺寸和数量等内容。对于门窗的具体做法可查阅其构造详图。

钢筋混凝土构件图又可称为配筋图，它在表示构件形状、尺寸的基础上，将构件内钢筋的种类、数量、形状、等级、直径、尺寸、间距等配置情况反映清楚。配筋图上各类钢筋的交叉重叠很多，为了更方便地区分它们，建筑结构设计规范对配筋图上的钢筋画法与图例也有规定，常见的如附表 1.12 所示。

附表 1.9 常用建筑材料图例

名称	图例	名称		图例	名称	图例
砖		玻璃及其他透明材料			混凝土	
自然土壤		木材	纵剖面		钢筋混凝土	
夯实土壤			横剖面		多孔材料	
砂、灰土		木质胶合板（不分层数）			金属材料	

附表 1.10 建筑总平面图图例示意

名称	图例	名称	图例	名称	图例
新建建筑物		原有铁路		新建的道路	
新建构筑物		新建围墙，大门		规划道路	
原有的建筑物		原有围墙		规划建筑物	
新建挡土墙		铺砌路面		人行道	
露天堆场		拆除围墙		斜坡栈桥，卷扬机道	
敞棚或敞廊		拆除建构筑物		新建铁路	
道路坡度	0.3(坡度%)/50(距离 米)	填挖边坡或护坡		花坛，绿化地	
室内、外地坪标高		排水明沟		行道树	

附表 1.11 建筑平面图常用的建筑配件

名称	图例	名称	图例
墙体	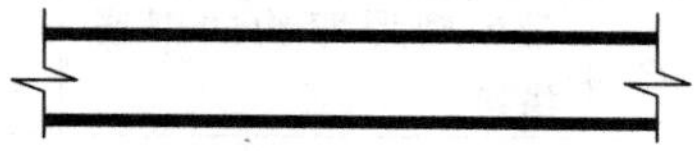	长坡道	
单扇门		双扇门	
单层固定窗	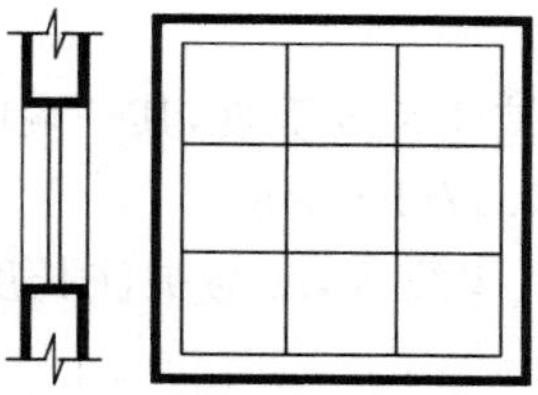	单层外开上悬窗	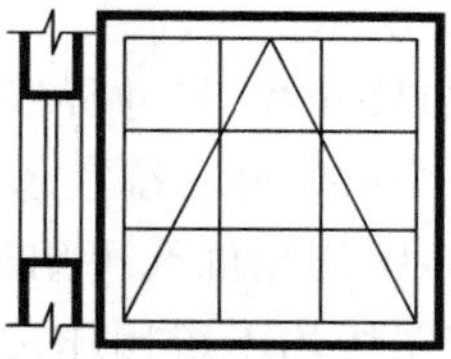
孔洞		烟道	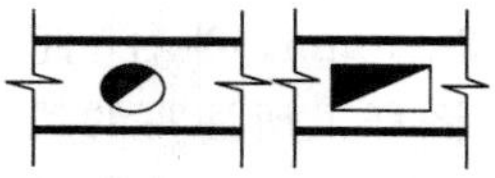
底层楼梯	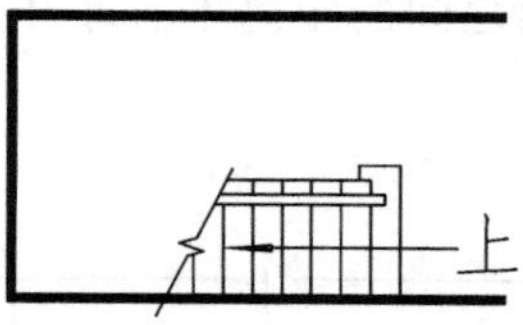	顶层楼梯	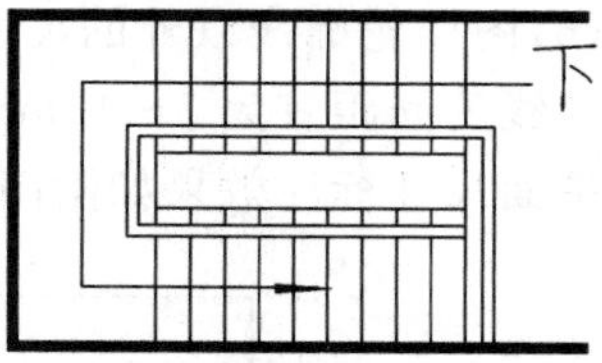
平面高差	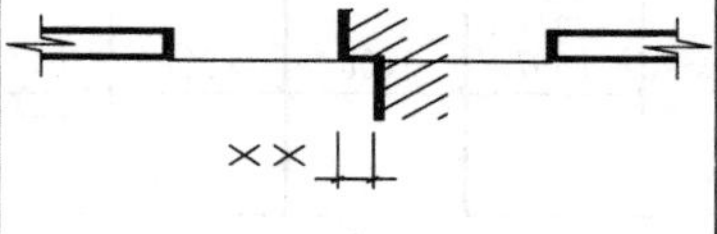 ××↓	标准层楼梯	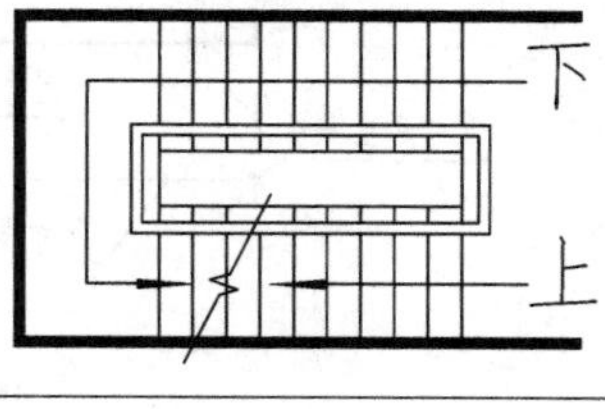
门口坡道	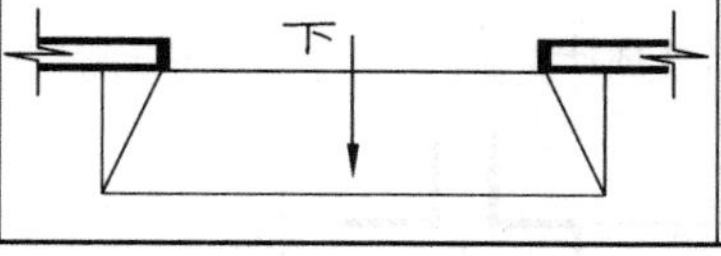 下	墙预留槽	宽×高或 ϕ 底（顶或中心）标高××.××× 

附表 1.12 钢筋一般表示方法

序号	名称	图例	序号	名称	图例
1	钢筋横断面	•	3	带半圆形弯钩的钢筋端部	
2	无弯钩的钢筋端部		4	带直钩的钢筋端部	

续附表 1.12

序号	名称	图例	序号	名称	图例
5	带丝扣的钢筋端部		7	带半圆形弯钩的钢筋搭接	
6	无弯钩的钢筋搭接		8	带直钩的钢筋搭接	

7. 尺寸标注

(1)图样上的尺寸,应包括尺寸界线、尺寸线、尺寸起止符号和尺寸数字四要素,如附图 1.17(a)所示。

(2)尺寸线、尺寸界线应用细实线绘制,一般应与被注长度垂直,其一端应离开图样轮廓线不小于 2mm,另一端宜超出尺寸线 2~3mm,如附图 1.17(b)所示。

(3)图样轮廓线可用作尺寸界线,尺寸线应用细实线绘制,应与被注长度平行。图样本身的任何图线均不得用作尺寸线。

(4)尺寸起止符号一般用中粗斜短线绘制,其倾斜方向应与尺寸界线成顺时针 45°角,长度宜为 2~3mm。半径、直径、角度与弧长的尺寸起止符号,宜用箭头表示。

(5)图样上所注写的尺寸数字是物体的实际尺寸,除标高和总平面图以米(m)为单位外,其他均以毫米(mm)为单位。

(6)图样轮廓线以外的尺寸线,距图样最外轮廓之间的距离不宜小于 10mm。平行排列的尺寸线的间距宜为 7~10mm,并保持一致。

平面尺寸标注效果如附图 1.18 所示。

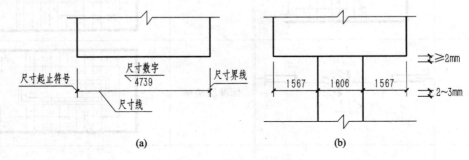

附图 1.17　尺寸标注

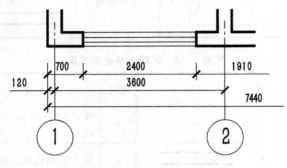

附图 1.18　平面尺寸标注示意图

8. 计算机绘图一般原则

(1)方向与指北针

①平面图与总平面图的方向宜保持一致；

②绘制正交平面图时，宜使定位轴线与图框边线平行；

③绘制由几个局部正交区域组成且各区域相互斜交的平面图时，可选择其中任意一个正交区域的定位轴线与图框边线平行；

④指北针应指向绘图区的顶部，在整套图纸中保持一致。

(2)坐标系与原点

①计算机绘图时，可以选择世界坐标系或用户定义坐标系；

②绘制总平面图工程中有特殊要求的图样时，也可使用大地坐标系；

③坐标原点的选择，应使绘制的图样位于横向坐标轴的上方和纵向坐标轴的右侧并紧邻坐标原点；

④在同一工程中，各专业宜采用相同的坐标系与坐标原点。

(3)布局

①计算机制图时，宜按照自下而上、自左至右的顺序排列图样；宜优先布置主要图样(如平面图、立面图、剖面图)，再布置次要图样(如大样图、详图)；

②表格、图纸说明宜布置在绘图区的右侧；

③图框不要和图形绘制在一个图层上。

(4)比例

①计算机绘图时，一般采用 1∶1 的比例绘制图样，最后在布局中控制输出比例；

②计算机绘图时，说明、表格及标注等处的文字可采用字号乘以出图比例倒数的方法，输出时控制出图比例，打印出图即符合制图标准规定。

(5)样板文件

设定图形界限、单位和图层，常用的设置如图层、文字样式、标注样式、多线样式等应保存为样板文件。新建图形文件时，直接利用样板生成初始绘图环境。

附录2 建筑CAD绘图设置说明

按照附录1的绘图标准,"建筑CAD"绘图应符合国家出台的《房屋建筑制图统一标准》(GB/T 50001—2010)、《建筑制图标准》(GB/T 50104—2010)、计算机辅助设计绘图员国家职业标准、制图员国家职业标准、CAD工程制图规则,建筑CAD一般需要进行如下设置。

1.图线线宽设置

(1)菜单【格式】/【线宽】设置方法

单击菜单【格式】/【线宽】,在弹出的"线宽设置"对话框中(附图2.1)可以设置所需要的线宽。

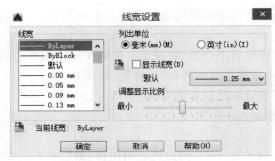

附图2.1 线宽设置

(2)AutoCAD的图层线宽设置

在AutoCAD中,实现同一线型和线宽要求的习惯做法是:建立一系列具有不同线型和线宽、不同绘图颜色的图层;绘图时,将具有同一线型和线宽的图形对象放在同一图层,即具有同一线型的图形对象会以相同的颜色显示。

附表2.1列出了常用的图层设置(用户可以根据实际需要来设置图层),附图2.2是在Auto-CAD图层特性管理器中对线型、颜色和线宽的设置示例,附图2.3是图层中"线宽"对话框。

附表2.1 AutoCAD常用图层设置

绘图线型	颜色	线宽	AutoCAD线型
粗实线	白色	b	默认
细实线	白色	$0.25b$	默认
波浪线	绿色	$0.25b$	默认
虚线	黄色	$0.25b$	DASHED
中心线	红色	$0.25b$	CENTER
尺寸标注	绿色	$0.25b$	默认
文字标注	绿色	$0.25b$	默认
剖面线	白色	$0.25b$	默认
其他	黄色	$0.25b$	默认

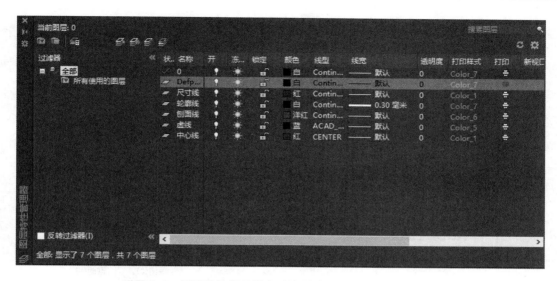

附图 2.2　图层特性管理器中对线型、颜色和线宽的设置示例

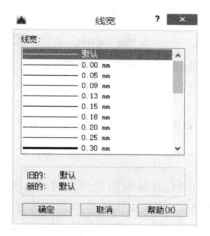

附图 2.3　图层中"线宽"对话框

提示：

系统默认方式赋予新层使用颜色号 7(白色)，系统默认方式赋予新层使用实线线型(Continuous)。线宽的默认值为 default(线宽为 0.01in 或 0.25mm)。

2. 字体

在 AutoCAD 中，所有文字都要有与之相关联的文字样式。用户可以根据需要创建文字样式，单击菜单【格式】/【文字样式】，在弹出的"文字样式"对话框中来进行字体的设置。附图 2.4 所示为设置好的文字样式，设置需要的文字样式应单击"新建"按钮，在弹出的附图 2.5 所示"新建文字样式"对话框中，单击"确定"按钮返回"文字样式"对话框，新建的样式名称即出现在"样式"列表框中，此时即可对新建的文字样式进行设置。

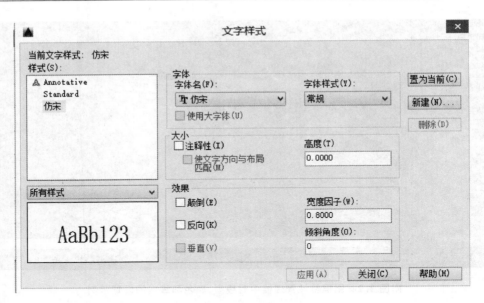

附图 2.4　文字样式的设置

附图 2.5　"新建文字样式"对话框

提示：

（1）文字高度为零（即 0.0000），这样做的好处是可以在输入单行文字时任意设定文字的高度；而一旦设定某个具体数值，则使用该文本样式的所有文字的高度均为该数值。

（2）仿宋体的宽度因子设置值在 0.6～0.8 之间，满足宽高比要求。

3. 尺寸标注

单击菜单【格式】/【标注样式】，打开"标注样式管理器"对话框（附图 2.6），单击"新建"按钮，打开"创建新标注样式"对话框（附图 2.7），新建样式名定义为"建筑标注"，单击"继续"按钮，则进入"新建标注样式"对话框。

以出图比例为 1∶100 为例，常用的具体样式设置如下（附图 2.8～附图 2.12）：

（1）"线"选项卡的设置如附图 2.8 所示。

提示：基线间距取值 8～10mm，尺寸界线超出尺寸线 2～3mm，起点偏移量不小于 2mm。

（2）"符号和箭头"选项卡的设置如附图 2.9 所示。

提示：建筑图箭头采用"建筑标记"或"倾斜"，箭头大小一般在 1.5～2.5mm 之间。

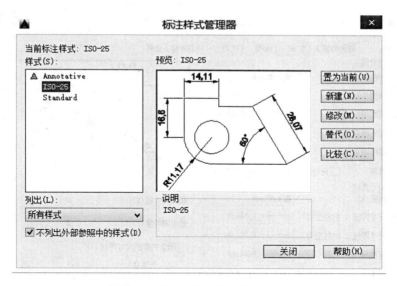

附图 2.6　"标注样式管理器"对话框

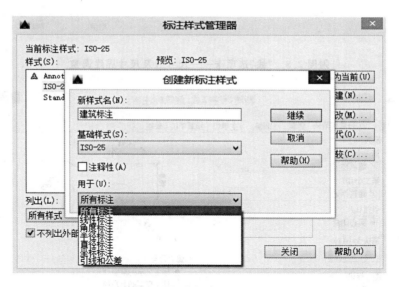

附图 2.7　"创建新标注样式"对话框

(3)"文字"选项卡的设置如附图 2.10 所示。

　　提示:"仿宋"文字样式的高度为 0,在本选项卡中文字高度直接输入字高(3.5 号字),文字位置和对齐方式根据需要进行选择。

(4)"调整"选项卡的设置如附图 2.11 所示。

　　提示:"标注特征比例"项的"使用全局比例"的比例值的大小是出图比例的倒数。

(5)"主单位"选项卡的设置如附图 2.12 所示。

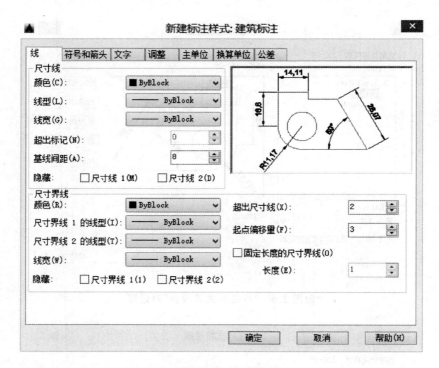

附图 2.8　"线"选项卡——尺寸线及尺寸界线调整

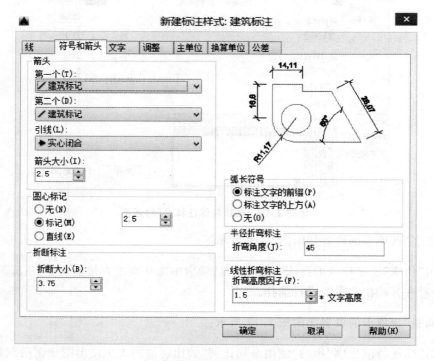

附图 2.9　"符号和箭头"选项卡——符号箭头调整

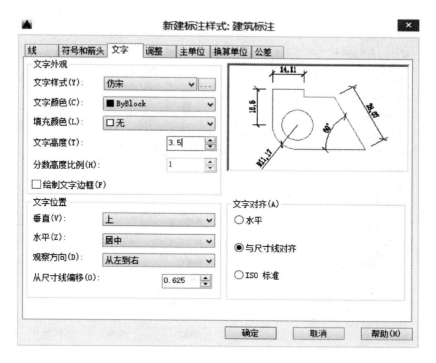

附图 2.10　"文字"选项卡——文字调整

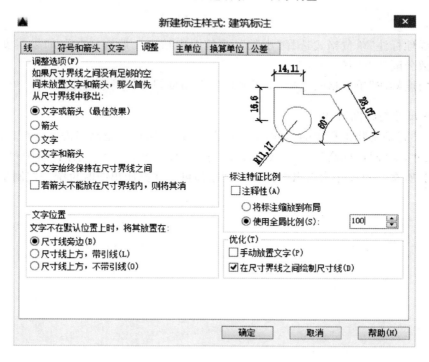

附图 2.11　"调整"选项卡——调整全局比例因子

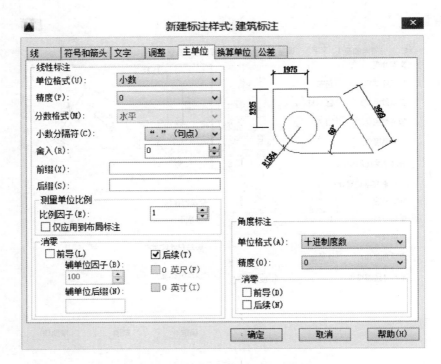

附图 2.12　"主单位"选项卡——主单位设置

提示：

(1)"线性标注"单位格式选择"小数"，建筑图中精度一般选择"0"，如果精度有小数部分，则"小数分隔符"选择"句点"。

(2)"角度标注"单位格式选择"十进制度数"，精度视具体情况确定。

4. 工程尺寸与绘图尺寸

工程尺寸就是实际工程中的尺寸，如门窗洞口等，绘图尺寸是制图需要的符合国家标准规定的图形尺寸，如轴号、标高等。在 AutoCAD 中，工程尺寸按 1：1 绘图，绘图尺寸要和工程尺寸相匹配，所有绘图尺寸乘以出图比例的倒数即可。在打印出图时再统一控制出图比例。

附录3 房屋建筑施工图相关概念

将一栋拟建房屋的总体布局、内外形状、平面布置、建筑构造、供暖通风和给水排水等内容,按照规定,运用投影原理,详细准确地画出的图样,称为建筑施工图。广义的建筑施工图包括建筑施工图、结构施工图和设备施工图;而一般的建筑施工图包括建筑总平面图、建筑平面图、建筑立面图、建筑剖面图和建筑详图。

1.房屋建筑施工图的基本构成与编排顺序

(1)房屋的基本构成

房屋基本配件通常有:基础、墙(柱、梁)、楼板层和地面、屋顶、楼梯和门窗等,此外,尚有台阶和坡道、雨篷、阳台、壁橱、烟道和散水等其他构配件以及装饰物等(附图3.1),这些主要构建及其作用如附表3.1所示。

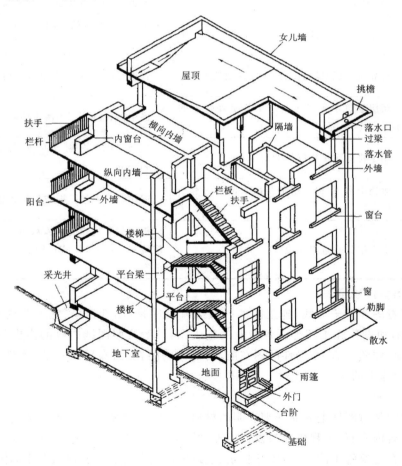

附图3.1 房屋组成示意图

附表 3.1　房屋建筑主要构件及作用

名称	作用	常见类型
基础	房屋的地下承重结构部分,将各种荷载传递至地基	条形、独立、井格式、筏形、箱形
柱	在框架结构中起承重作用	截面形式有方柱和圆柱两种
梁	承重结构中的受弯构件	框架梁、非框架梁、次梁、连系梁、井字梁、过梁、圈梁
板	沿水平方向分隔上下空间的结构构件,起承重、隔音、防火、防水作用	木楼板、砖拱楼板、钢筋混凝土楼板(单向板、双向板)、钢衬板
墙	建筑物室内外及室内之间垂直分隔的实体部分,起着承重、围护和分隔空间的作用	外墙、内墙、山墙、横墙、纵墙;承重墙和非承重墙
窗	采光、通风和眺望,起分隔、保温、隔声、防水、防火作用	平开窗、推拉窗、旋窗;木窗、钢窗、铝合金窗、塑钢窗
门	起交通、分隔、联系空间、通风或采光作用	平开门、弹簧门、推拉门、折叠门、转门、卷帘门
台阶	外界进入建筑物内部的主要交通要道	普通台阶、圆弧台阶和异形台阶
阳台	楼房建筑中各层房间用于与室外接触的小平台	挑阳台、凹阳台、半挑半凹阳台和转角阳台
散水	用于排除建筑物周围的雨水	散水与建筑物之间的宽度一般不超过800mm
雨篷	遮挡雨水、保护外门免受雨水侵害的水平构件	钢筋混凝土悬臂板或预制式悬臂板
楼梯	上下层的垂直交通设施	板式和梁式;直跑式、双跑式、双分平行式、螺旋式、剪式和弧式;开放式、封闭式和带有前室式

（2）施工图编排顺序

为了便于看图和易于查找,施工图的一般编排顺序是:图纸目录、施工总说明、建筑施工图、结构施工图和设备施工图等。各专业的施工图,一般按照图纸内容的主次关系系统地排列:基本图在前,详图在后;全局性的图在前,局部性的图在后;布置图在前,构件图在后;先施工的图在前,后施工的图在后等。

2.施工总说明

施工总说明是对图样上未能详细表明的材料、做法、具体要求及其他有关情况做出的具体文字说明。主要内容有:工程概况与设计标准、结构特征、构造做法等。中小型房屋建筑的施工总说明一般在建筑施工图内,与图纸目录、建筑做法说明、门窗表、建筑总平面图共同形成建筑施工图的首页,称为首页图。

3. 建筑总平面图

建筑总平面图是将新建房屋及其附近一定范围的建筑物、构筑物及周围环境的情况按水平投影的方法和规定的图例绘制出的图样。它主要反映新建房屋的平面形状、位置、朝向、标高以及与原有建筑和周围环境的关系。总平面图是新建房屋定位,施工放线,土方施工及室外水、暖、电等管线布置设计的依据。

4. 建筑平面图

假想经过门窗洞沿水平面将房屋剖开,移去上部,由上向下投射所得到的水平剖视图,称为平面图。平面图表示房屋的平面布局,反映各个房间的分隔、大小、用途、门窗以及其他主要构配件和设施的位置等内容。如果是楼房,还应表示楼梯的位置、形式和走向。对于多层建筑,应画出各层平面图,但当有些楼层的平面相同,或者仅有局部不同时,则可以画一个共同的平面图(称为标准层平面图),对于局部不同之处,则需要另画局部平面图。

5. 建筑立面图

将房屋立面向与之平行的投影面上投射,所得到的正投影图称为建筑立面图。建筑立面图主要表达房屋的外部形状、房屋的层数和高度、门窗的形状和高度、外墙面的装修做法及所用材料等。建筑立面图在施工过程中,主要用于室外装修。

6. 建筑剖面图

假想用一个或两个铅垂的剖切平面把房屋垂直切开,移去构造简单的一半,将剩余部分向投影面投射,所得到的剖视图称为建筑剖面图。用剖面图表示房屋,通常是将房屋横向剖开,必要时也可纵向将房屋剖开。剖切面选择在能显露出房屋内部结构和构造比较复杂、有变化、有代表性的部位,并应通过门窗洞口的位置。若为多层房屋应选择在楼梯间和主要入口,当一个剖切平面不能同时剖到这些部位时,可转折成两个平行的剖切平面。

建筑剖面图主要用于反映房屋内部在高度方面的情况。如屋顶的形式、楼房的层次、房间和门窗各部分的高度、楼板的厚度等。同时也可以表示出房屋所采用的结构形式。

7. 建筑详图

建筑平、立、剖面图一般以小比例绘制,许多细部难以表达清楚。因此在建筑图中常用较大比例绘制若干局部性的图样,以便施工,这种图样称为建筑详图(大样图)。详图的特点是比例大、图示清楚、尺寸标注齐全、文字说明详尽。建筑详图包括建筑构件、配件详图和剖面节点详图。对于采用标准图或通用详图的建筑构、配件和剖面节点,只要注明所采用的图集名称、编号或页次即可,可不画详图。详图所用比例视图形本身复杂程度而定。一般采用1∶5、1∶10、1∶20等;建筑物或构筑物的局部放大详图常用比例有1∶10,1∶20、1∶25、1∶30、1∶50;配件及构造详图常用比例有1∶1、1∶2、1∶5、1∶10、1;15、1∶20、1∶25、1∶30、1∶50等。详图的数量视需要而定,如墙身详图只需一个剖面图;楼梯详图需要平面图、剖面图、踏步、栏杆等详图;门窗详图需要立面图、节点图、断面图和门窗扇立面图等。详图的剖面区域上应画出材料图例。

(1)外墙详图

外墙详图是假想用一剖切平面在窗洞门处将墙身完全剖开,并用大比例分别画出的墙身剖面图。也可在建筑剖面图外墙上各点处标注索引符号,分别用大图绘出,整齐排列在一起,构成外墙身详图。外墙身详图详尽地表示出外墙身从基础以上到屋顶各节点,如防潮层、勒脚、散水、窗台、门窗过梁、地面、各层楼面、屋面、檐口、外墙内外墙面装修等的尺寸、材料和构造做法,是施工的重要依据。

（2）楼梯详图

楼梯是多层房屋垂直交通的重要设施。楼梯由楼梯段、平台和栏板（栏杆）组成。楼梯段简称梯段,包括楼梯横梁、楼梯斜梁和踏步。踏步的水平面称踏面,垂直面称踢面。平台包括平台板和平台梁。楼梯详图包括楼梯平面图、楼梯剖面图、踏步和栏板（栏杆）节点详图。

楼梯详图应尽可能画在同一张图纸上。平面图、剖面图比例应一致,一般为 1∶50,踏步、栏板（栏杆）节点详图比例要大一些,可采用 1∶5、1∶10、1∶20 等。

楼梯详图一般分为建筑详图和结构详图,它们分别绘制并编入建筑施工图和结构施工图中,但对于较简单的楼梯,两图可合并绘制,编入结构施工图中。

8. 结构施工图

为了满足房屋建筑的安全与经济施工的要求,对组成房屋的承重构件,如基础、柱、梁、板等,依据力学原理和有关的设计规程、规范进行计算,从而确定它们的形状、尺寸以及内部构造等,并将计算、选择结果绘成图样,这样的图称为结构施工图,简称"结施"。

结构施工图包括:结构设计与施工的总说明、结构布置图、结构构件详图。绘制结构施工图,除应遵守《房屋建筑制图统一标准》（GB/T 50001—2010）、《建筑制图标准》（GB/T 50104—2010）外,还应遵守《建筑结构制图标准》（GB/T 50105—2010）。

房屋结构的基本构件,如基础、板、梁、柱等,种类繁多,布置复杂,为了图示效果的简捷明了和提高工作效率、减少事故,图样上的各类构件均有统一规定的代号,常用构件代号如附表 3.2 所示。

附表 3.2　常用的构件代号（部分）

序号	名称	代号	序号	名称	代号	序号	名称	代号
1	板	B	11	过梁	GL	21	柱	Z
2	屋面板	WB	12	连系梁	LL	22	框架柱	KZ
3	空心板	KB	13	基础梁	JL	23	构造柱	GZ
4	槽形板	CB	14	楼梯梁	TL	24	桩	ZH
5	楼梯板	TB	15	框架梁	KL	25	挡土墙	DQ
6	盖板	GB	16	屋架	WJ	26	地沟	DG
7	梁	L	17	框架	KJ	27	梯	T
8	屋面梁	WL	18	刚架	GJ	28	雨篷	YP
9	吊车梁	DL	19	支架	ZJ	29	阳台	YT
10	圈梁	QL	20	基础	J	30	预埋件	M

9. 房屋施工图识读的一般原则

（1）掌握正投影基本规律

施工图是根据投影原理绘制的,用图纸表明房屋建筑的设计及构造做法,掌握投影原理和熟悉房屋建筑的基本构造才能读懂施工图。

（2）掌握建筑制图的相关国家标准

房屋施工图除符合一般的投影原理，剖面、断面等基本图示方法外，为了保证制图质量、提高效率、表达统一以及便于识读工程图，国家还颁布了《房屋建筑制图统一标准》（GB/T 50001—2010）和《建筑制图标准》（GB/T 50104—2010）。无论绘图与读图，都必须熟悉这些有关的国家标准。同时要牢记常用符号和图例，对于不常用的符号，会附有解释，这些符号必须要牢记。

（3）看图要先粗后细、先大后小，互相对照

一般是先看图纸目录、总平面图，大致了解工程概况，如设计单位、建设单位、新建房屋的位置、周围环境、施工技术要求等；对照图纸目录检查图纸是否齐全，采用了哪些标准图并收集齐全这些标准图。然后开始阅读建筑平、立、剖面图等基本图样，还要深入细致地阅读构件图和详图，详细了解整个工程的施工情况及技术要求；要注意互相对照，如建筑平、立、剖面图的对照，基本图和详图的对照，建筑图和结构图的对照，图形和文字的对照等。

（4）注意尺寸单位

一般平面图以 mm 为单位，而标高和总平面图以 m 为单位，要检查当前图样是否是这样设置的。要想熟练地识读施工图，还应该经常深入施工现场，对照图纸，观察实物，提高识图能力。

附录4 ××别墅建筑施工图

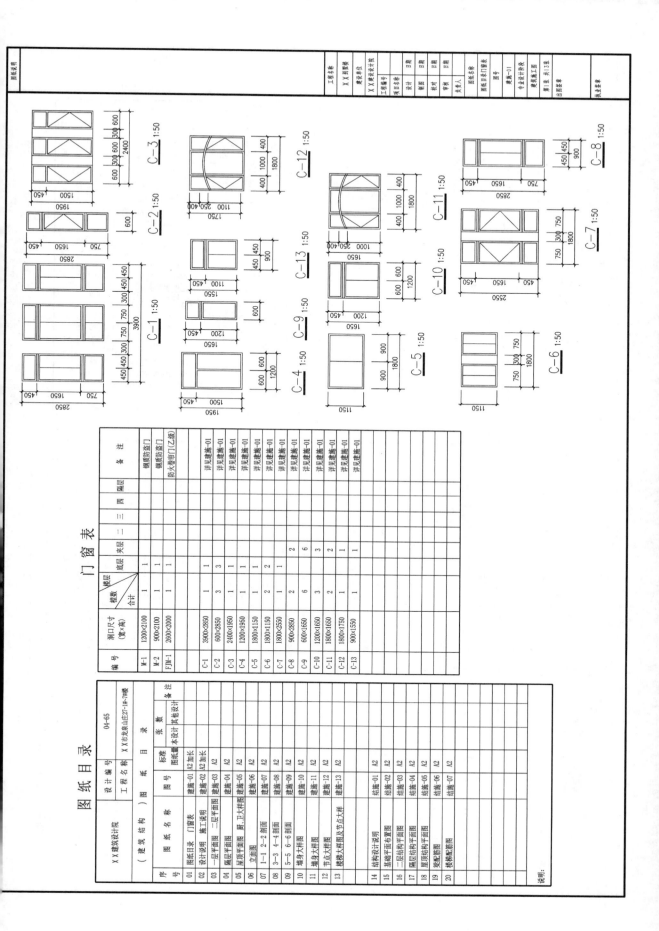

门窗表

编号	洞口尺寸（宽×高）	樘数合计	楼层底层	夹层二三三四	隔层	备注
M-1	1200×2100	1	1			钢质防盗门
M-2	900×2100	1	1			钢质防盗门
FJM-1	2600×2000	1	1			防火卷帘门[乙级]
C-1	3900×2850	1		1		详见建施-01
C-2	600×2850	3		3		详见建施-01
C-3	2400×1950	1		1		详见建施-01
C-4	1200×1950	1		1		详见建施-01
C-5	1800×1150	1		1		详见建施-01
C-6	1800×1150	2		2		详见建施-01
C-8	1800×2550	1		1		详见建施-01
C-9	900×2850	2			2	详见建施-01
C-10	600×1650	6			6	详见建施-01
C-11	1200×1650	3			3	详见建施-01
C-12	1800×1650	2			2	详见建施-01
C-13	1800×1750	1			1	详见建施-01
C-13	900×1550	1			1	详见建施-01

图纸目录

工程名称	××别墅楼
建设单位	
×××建筑设计院	
工程编号	
项目名称	
设计	日期
制图	日期
校对	日期
审核	日期
负责人	
图纸名称	图纸目录门窗表
图号	建施-01
专业设计阶段	建筑施工图
第1张 共13张	
出图签章	

建筑设计说明

一、本工程为xx房地产开发有限公司xx别墅楼。

二、建筑面积：247.15m²，车库、阁层建筑面积：41.54 m²；
建筑层数：二层，(层高：底层3.600m 其余为3.000m。
结构形式：砖混结构。

三、建筑定位详总平面图。

四、建筑标高：室内地坪±0.000相当于青海标高见图表；
室外标高-0.600；
本工程标高以m为单位，其余尺寸以毫米为单位。

五、设计依据：
1. 经有关部门审批的建筑设计方案。
2. 甲方对本工程初步设计的修改意见。
3. 国家及北京市有关现行规范。
4. 建筑耐久年限为二级50年。
5. 建筑物抗震设防烈度为。
6. 建筑耐火等级：二级。
7. 屋面防水等级：Ⅲ级。

六、施工注意事项：
1. 施工中严格按照国家现行颁布的施工规范及有关工程验收规范办理。
2. 工程施工中不得任意改变施工图纸内容，必须变更时应由设计及有关设计人员签字后方允许在改建过程中由设计人员一并解决。
3. 凡是钢筋混凝土表面做装修的工程处，如粉刷、油漆等、表面油漆应用界面处理剂涂刷，以增强砂浆与基层的粘结力。
4. 卫生间、厨房间现浇板四周（除门洞外）均应上翻混凝土板高120或C20混凝土捣出止水带，与楼板、梁整浇。宽与上墙体同。所有卫生间、厨房间楼面与墙面基层应做防水处理。
管道转角处应做防水处理。
5. 所有阴阳角、护角详图见苏J9501。
6. 墙体材料选用详见结构专业说明图，图中构造柱布置见给构图。
7. 凡砖砌入儿童顶部应有混凝土反边及其上工种及地工种应留墙孔洞和孔眼处之处，如有错需要做防腐处有穿处，过楼梯的孔洞，严格做好施工和预留好以及穿插室内装修的孔，无任其全现行过门应做过的预应力孔应时联系解决。
8. 本工程门窗尺寸以所注尺寸为洞口尺寸，加工制作应以洞尺寸制作，度的制和窗底或墙面内厚度全依现场实地做样而定。

9. 预埋件件做一度红丹，外露铁件均做铺锌镀铬铬涂漆层、油漆、涂料均先做样。
面漆颜色选料均需与设计单位商量。

10. 水管采用PVC，管径100mm。

11. 水管立面建议低于900mm的外备均应护窗栏杆，未注护窗栏杆均采用苏J9505-2/21。

12. 本说明未尽事宜均按现行建筑国家制造现行建筑施工安装均先执行。

13. 铝合金玻璃幕墙由选择有相应资质的单位进行设计、制作、安装。

14. 每个房间设置与-75mm的空调孔，位置见平面图，孔底离楼面1900mm。
每个房间设置与-75mm的空调孔，位置见平面图，孔底离楼面200mm。
各个中岩离地面为单位，其余尺寸以毫米为单位。
孔中心离墙边为单位。

七、墙体：
1. 外墙，内墙注明约者外采用200厚。
2. 儿童墙为200厚碎墙，钢筋混凝土压面。

八、厨房、卫生间选用入一通风管道，见苏J19-2004挡选。

九、配电箱：所有配电箱均做墙内装。

十、阳台：甲方自行封闭，栏板高度1050mm。

十一、选用图集：
苏J9501:通工说明；苏J9503-屋面建筑构造；苏J9504-阳台；苏J9505-楼梯，苏J9506-楼梯；苏J9601-铝合金门窗图集；03J601-2木门
J9607-零星建筑配件；苏J9508-室外工程；苏J9601-铝合金石门窗构造；苏J601-保温屋面构造；苏J02-2003地下工程防水
图集；苏J19-2004烟气道图集，苏J119-2004挡选。

十二、本次以行国家现行的施工安装和验收规范，各工种应切配合，发现问题及时与设计人员联系，未经图纸会审不得进行施工。

十三、东南商贸出入口均做活动垂直式，由用户自理。

表一 建筑标高

1#	室内地坪±0.000相当于青海标高10.300m
2#	室内地坪±0.000相当于青海标高10.400m
3#	室内地坪±0.000相当于青海标高10.100m
4#	室内地坪±0.000相当于青海标高10.800m
5#	室内地坪±0.000相当于青海标高10.500m
6#	室内地坪±0.000相当于青海标高10.400m
7#	室内地坪±0.000相当于青海标高10.800m

工程做法

分项	使用部位	工程做法
墙基防潮层	防水砂浆防潮层	20厚1:2水泥砂浆抹5厚遮水浆 位置正地面-0.060标高处
	墙体做法	见结构设计说明
地面做法	水泥地面	20厚1:2水泥砂浆，压实抹光 60厚C15混凝土 100厚碎石或砂砾夯实 素土夯实
楼面做法	各厅及卧室、阁楼房间	10厚1:2水泥砂浆层压实抹光 15厚1:3水泥砂浆找平 现浇钢筋混凝土楼板
	卫生间	20厚1:3水泥砂浆找平层 12厚1:6水泥石灰砂浆打底 现浇钢筋混凝土楼板
	楼梯间	10厚1:2水泥砂浆压实抹光 15厚1:3水泥砂浆找平 现浇钢筋混凝土楼板
内墙面做法	厨(灶)内墙面	刷内墙白色涂料一度（乳胶漆） 5厚1:0.3:3水泥石灰膏砂浆粉面 12厚1:1:6混合砂浆打底 刷内墙白色涂料一度（乳胶漆）
	楼梯房间和阁楼房间	5厚1:0.3:3水泥石灰膏砂浆粉面 12厚1:3水泥石灰砂浆压实抹光
其他做法	车库层	刷内墙白色涂料压实抹光 12厚1:2水泥砂浆找平层压实抹光
	水泥护角线	粉面同墙面 15厚1:3水泥砂浆每边加宽40，高2000锋线
油漆		木门为木本色酯油漆 埋入墙大涂木料需浸沥青防腐 暴露室内者需做油丹涂治 进行白做防治

分项	使用部位	工程做法
外墙做法	涂料墙面	外墙防水涂料，6厚1:1水泥石灰砂浆粉面 12厚1:6水泥灰砂打底
	面砖墙面	1:1水泥砂浆（细砂）勾缝 6~12厚面砖（在面砖粘结面上随铺随刷一道混凝土界面处理剂、增面粘结） 10厚1:0.2:3水泥砂浆粘结层 10厚1:3水泥砂浆打底扫毛
屋面做法	瓦屋面（钢筋混凝土基层）	8厚屋面防渗防裂砂浆、再铺面砖 12厚TT复合保温砖 水瓦屋面（用专用钢钉固定在基层上） 1:2.5水泥砂浆找平 PVC波板防水层 高分子防水聚氨酯改性沥青卷材防水层 20厚1:3水泥砂浆找平层 现浇钢筋混凝土屋面板
	平屋面（防水等级Ⅲ级）	SBS（做法见苏J9501-61-B） 20厚1:2.5水泥砂浆找平（掺5%遮水剂） 30厚挤塑保温层 高分子防水聚氨酯改性沥青卷材防水层 20厚1:3水泥砂浆找平层 现浇钢筋混凝土屋面板
平顶做法	平顶	刷乳胶漆6厚1:0.3:3水泥石灰膏砂浆粉面 6厚1:0.3:3水泥石灰膏砂浆打底扫毛 刷素水泥浆一道（掺建筑胶3%~5%或107胶） 现浇混凝土楼板
屋排面做法	女儿墙	女儿墙出水-φ100PVC水落管及泄水斗 定做铁出水口（落水头550mm）
	入口坡道	参见建筑平面图
其他做法	楼梯扶手	做法见建筑详图节点
	散水	20厚1:2水泥砂浆压实抹光 60厚C15混凝土 素土夯实向外坡

（注：每隔6m做伸缩缝一道，房屋与散水之设10mm宽缝，沥青砂浆填缝）

图纸说明		
工程名称		XX别墅楼
建设单位		XXX房地产开发有限公司
设计		日期
制图		日期
校核		日期
审核		日期
负责人		
项目名称		
工程编号		
专业设计号		
图别	建施	
图号	建施-02	
第2张 共13张		
出图日期		
执业签章		

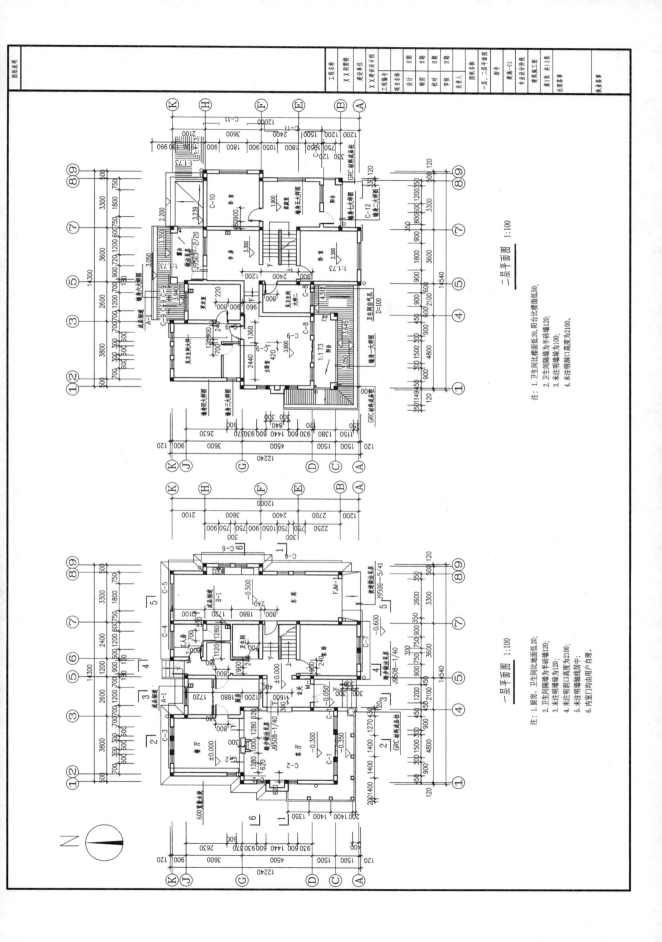

二层平面图 1:100

注：卫生间比楼面低20，阳台比地面低50；
1. 卫生间隔墙为半砖墙120；
2. 未注明墙垛为100；
3. 未注明洞口高度为2100。

一层平面图 1:100

注：1. 厨房、卫生间比地面低20；
2. 卫生间隔墙为半砖墙120；
3. 未注明墙垛为120；
4. 未注明洞口高度为2100；
5. 未注明墙体轴线居中；
6. 内室门均由用户自理。

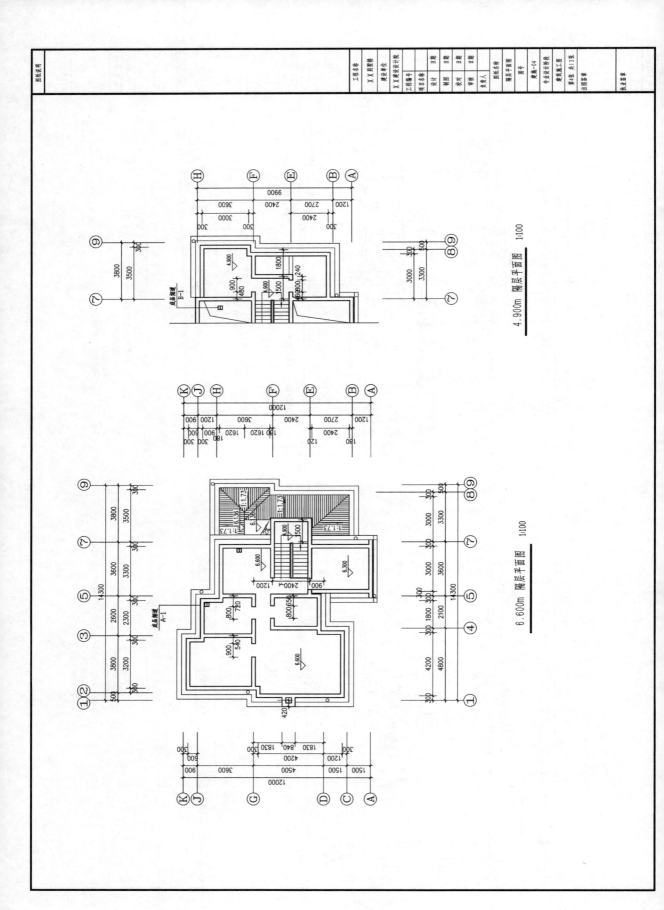

4.900m 阁层平面图 1:100

6.600m 阁层平面图 1:100

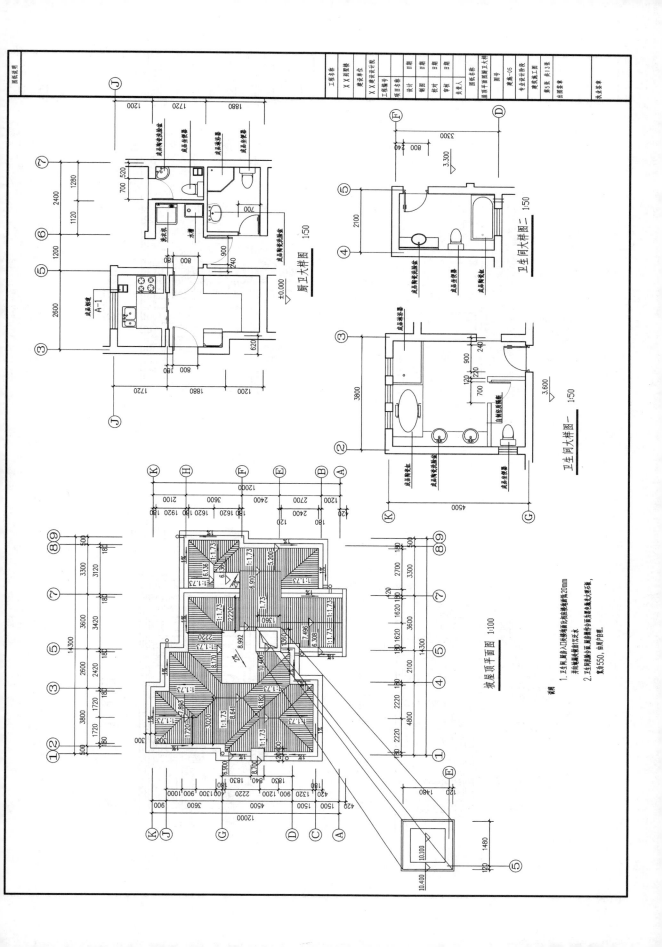

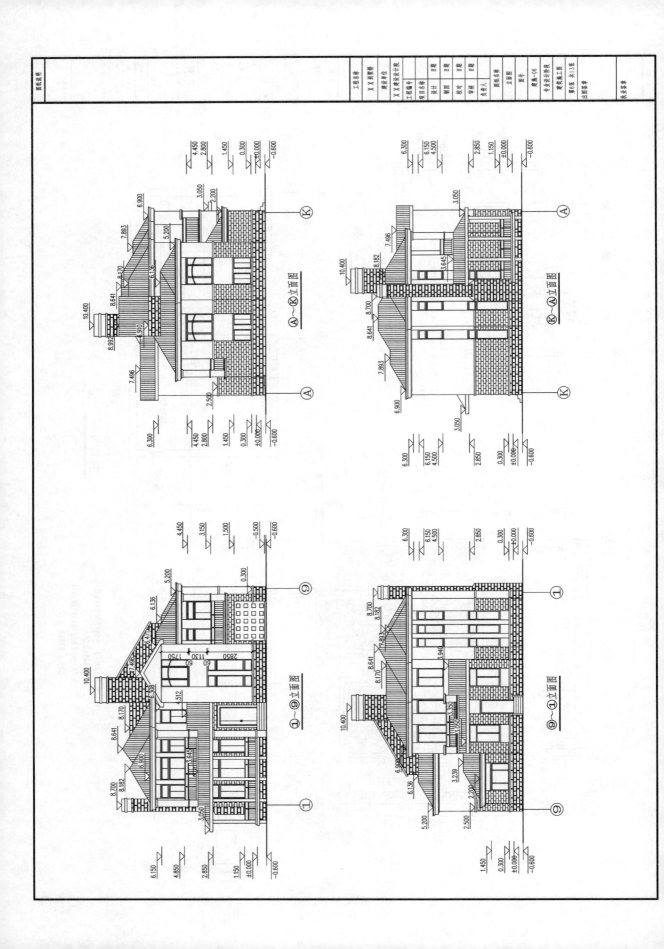

Ⓚ~Ⓐ立面图

Ⓐ~Ⓚ立面图

①~⑨立面图

⑨~①立面图

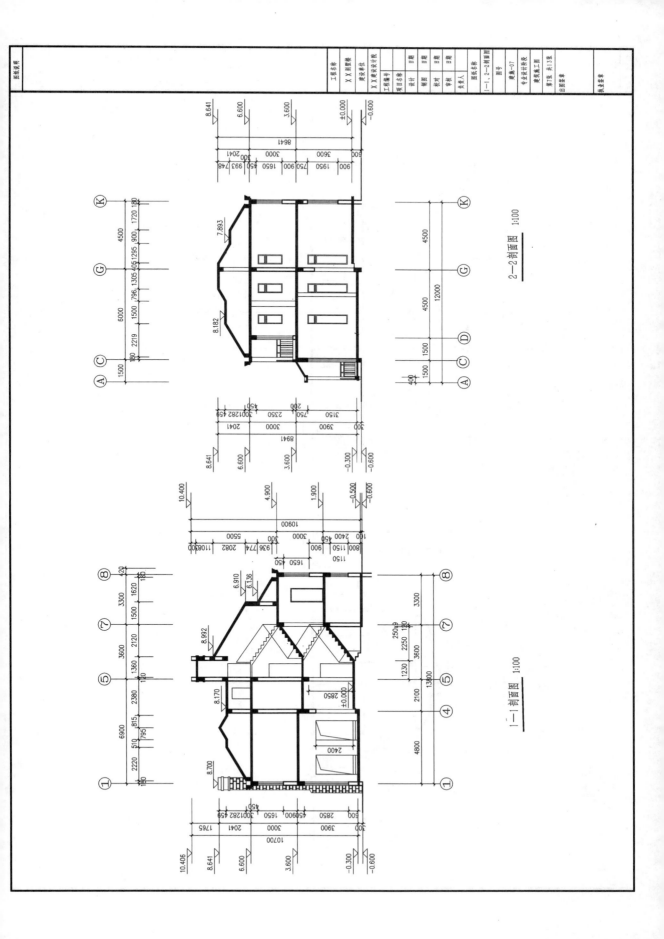

2—2剖面图 1:100

1—1剖面图 1:100

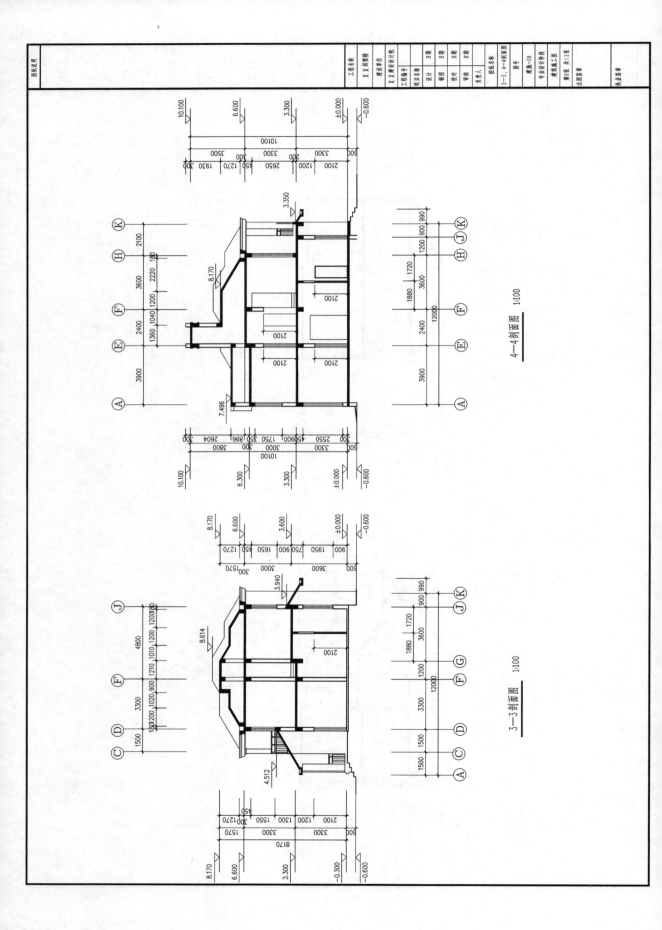

4—4剖面图 1:100

3—3剖面图 1:100

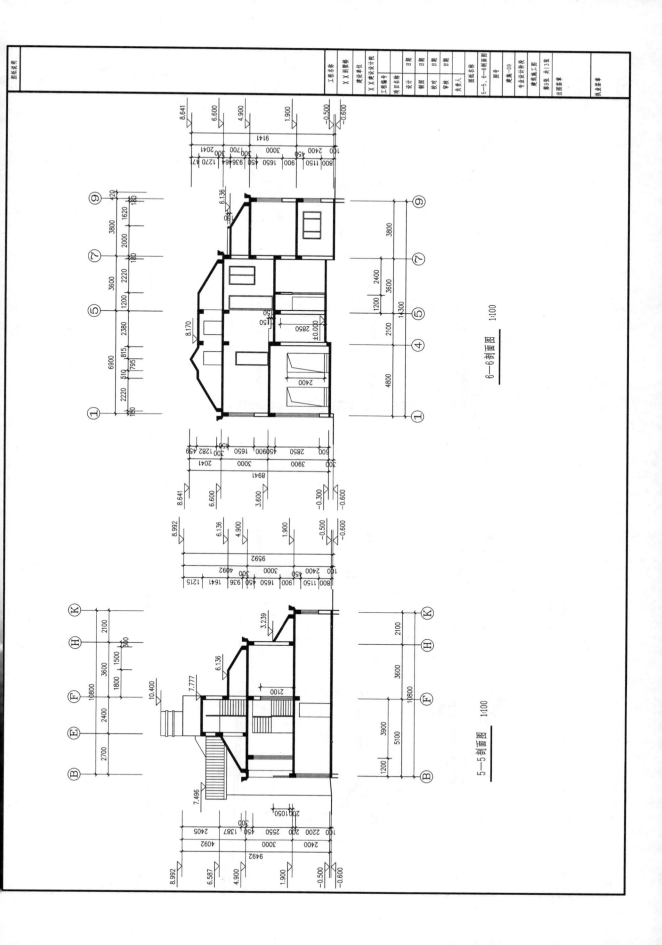

6—6剖面图 1:100

5—5剖面图 1:100

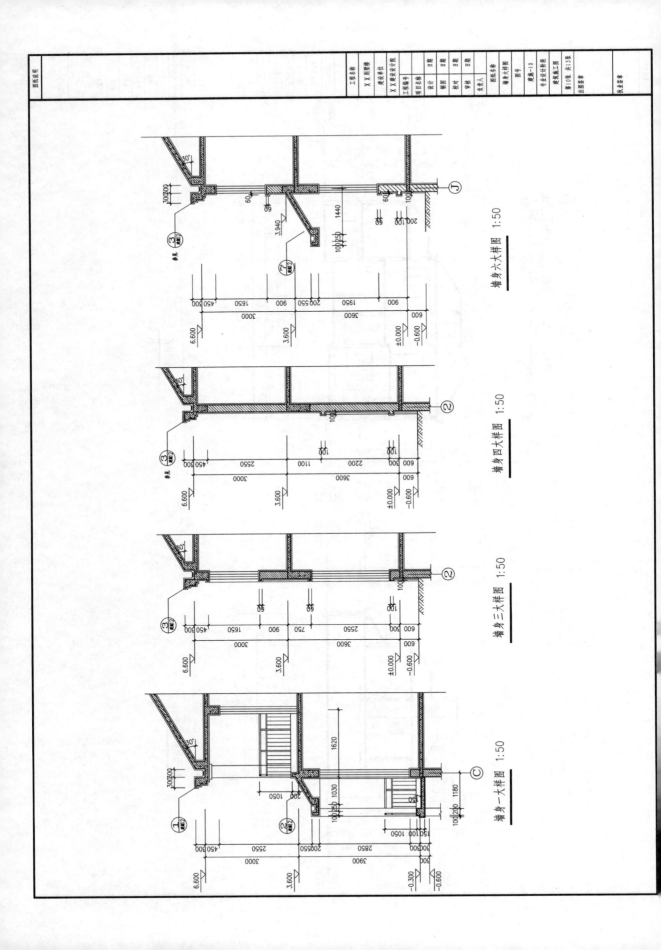

墙身六大样图 1:50

墙身四凹大样图 1:50

墙身三大样图 1:50

墙身一大样图 1:50

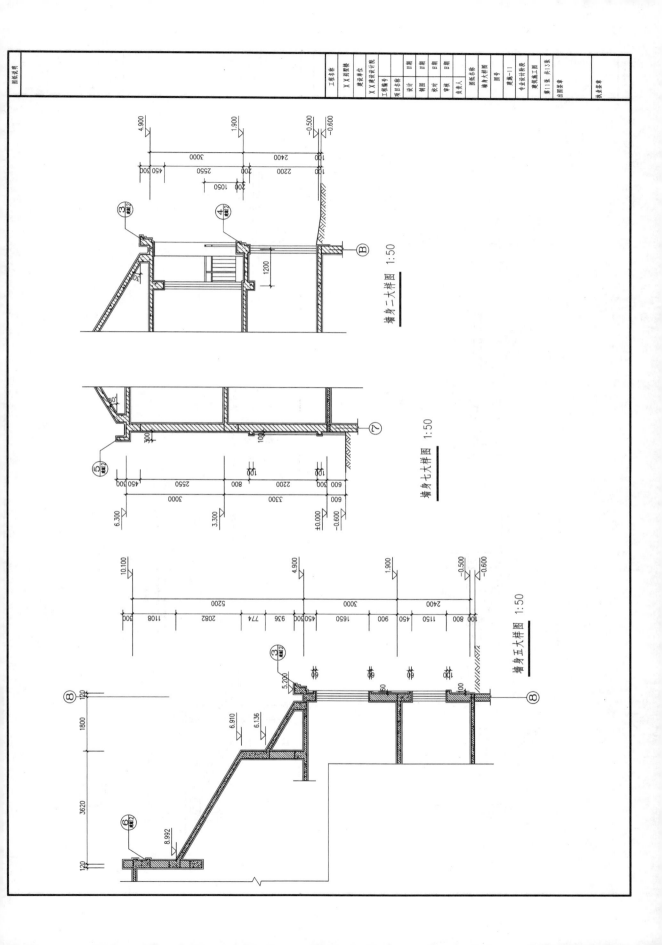

墙身二大样图 1:50

墙身七大样图 1:50

墙身五大样图 1:50

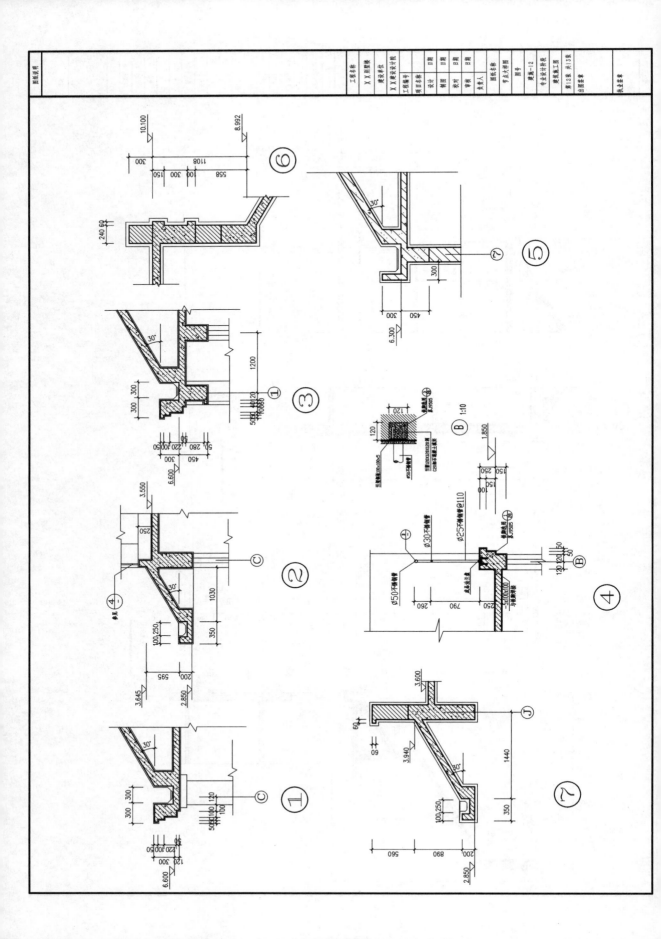

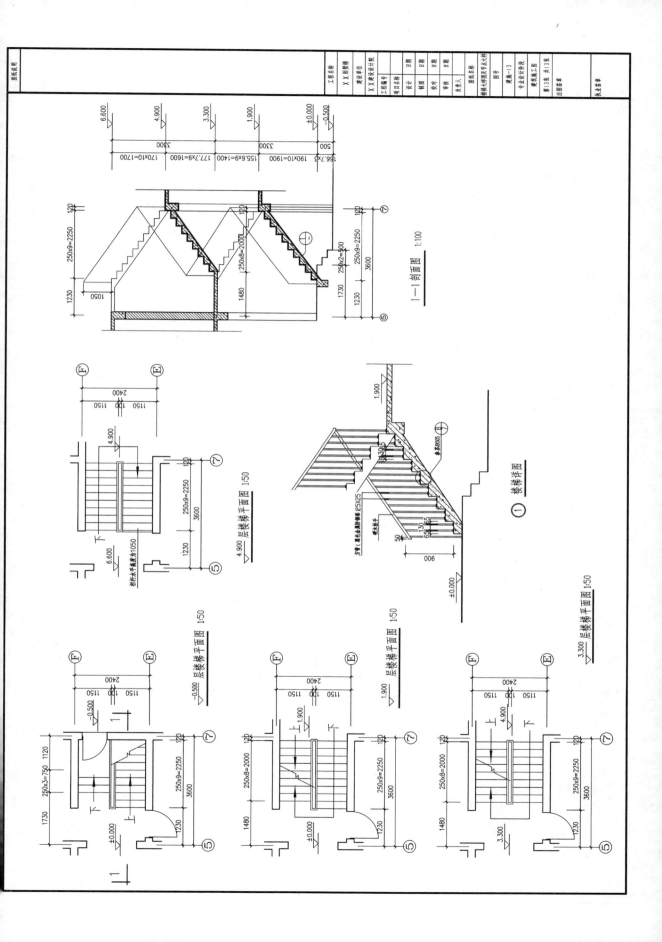

图纸说明

工程名称　Ｘ Ｘ 区新建楼
建设单位　Ｘ Ｘ 大学设计院
工程编号
项目名称
设计　　　日期
制图　　　日期
校对　　　日期
审核　　　日期
负责人
图纸名称　楼梯大样图平面大样
图号　　　集集－13
专业设计阶段
建筑施工图
第13张　共13张
出图签字
执业签字

1—1 剖面图 1:100

4.900 层楼梯平面图 1:50

① 楼梯详图

3.300 层楼梯平面图 1:50

1.900 层楼梯平面图 1:50

4.900 层楼梯平面图 1:50

-0.500 层楼梯平面图 1:50

参 考 文 献

［1］ 老虎工作室.从零开始 AutoCAD 2015 中文版建筑制图基础培训教程［M］.北京:人民邮电出版社,2015.

［2］ 张保善.建筑工程 CAD［M］.武汉:武汉理工大学出版社,2009.

［3］ 巩宁平.建筑 CAD［M］.4 版.北京:机械工业出版社,2013.

［4］ 曾令宜.AutoCAD 2010 工程绘图技能训练教程［M］.北京:高等教育出版社,2010.

［5］ 韦清权,张风琴.建筑制图与 AutoCAD［M］.2 版.武汉:武汉理工大学出版社,2013.

［6］ 孙明.AutoCAD 建筑制图实用教程［M］.北京:清华大学出版社,2010.

［7］ 赵武.AutoCAD 2010 建筑绘图精解［M］.北京:机械工业出版社,2010.

［8］ 刘剑飞.建筑 CAD 技术［M］.2 版.武汉:武汉理工大学出版社,2012.

［9］ 曹志民,万红.AutoCAD 建筑制图实用教程［M］.北京:清华大学出版社,2010.

［10］ 胡中杰,施勇.中文版 AutoCAD 2014 建筑图形设计［M］.北京:清华大学出版社,2014.